LA

TERRE ET LE CIEL

35072. — PARIS, IMPRIMERIE LAHURE
9, rue de Fleurus, 9.

BIBLIOTHÈQUE DES ÉCOLES ET DES FAMILLES

LA TERRE ET LE CIEL

PAR

AMÉDÉE GUILLEMIN

OUVRAGE ILLUSTRÉ DE 128 GRAVURES

TROISIÈME ÉDITION

PARIS
LIBRAIRIE HACHETTE ET Cie
79, BOULEVARD SAINT-GERMAIN, 79

1897

LA TERRE ET LE CIEL

PREMIÈRE PARTIE

LA TERRE

ÉRUPTION DU VÉSUVE EN AVRIL 1872.

I

PEUT-ON DESCENDRE DANS UN VOLCAN?

Quelqu'un est-il jamais descendu dans un volcan?

La tradition, une tradition vieille de vingt-quatre siècles, un peu suspecte dès lors, nous dit bien que le philosophe Empédocle se précipita la tête la première dans le cratère de l'Etna. Si le fait est vrai, fut-ce un suicide par orgueil, ainsi que certains l'affirmèrent? Couvert de gloire aux jeux olympiques, où il venait de remporter le prix de poésie, Empédocle aspira-t-il à l'apothéose et, en se précipitant dans le gouffre, eut-il la pensée qu'on ignorerait sa mort et qu'il passerait pour immortel? Ses sandales trouvées, assure-t-on, sur le bord de l'abîme, rejetées par le cratère, auraient déçu ce calcul héroïque.

N'est-il pas plus probable, toujours dans la même hypothèse de l'exactitude du fait, que, tourmenté par le désir de voir de plus près ce qui se passait au sein de la mystérieuse fournaise, Empédocle aurait été simplement la victime de sa curiosité, surpris sans doute par un flot de lave incandescente, de même que Pline, cinq cents ans plus tard, périt pour avoir osé affronter la pluie de pierres et de cendres qui couvrit et ensevelit Pompéi et Herculanum? Cette seconde version d'un événement peut-être légendaire me paraît plus vraisemblable que la première. La foule, en effet, ne comprend guère qu'on risque sa vie pour arracher à la nature un de ses secrets; elle est plus disposée à croire aux mobiles personnels, vanité ou intérêt, dans des circonstances de ce genre.

Quoi qu'il en soit, on ne sait rien, et pour cause, de ce qu'Empédocle a pu voir en descendant, de gré ou de force, le revers du cratère de l'Etna. Et cependant il serait bien intéressant d'avoir le récit véridique d'une visite de ce genre, de tenir d'un témoignage authentique la description des phénomènes terribles, des scènes grandioses qui doivent se passer au sein de ces gouffres, d'où s'échappent parfois avec tant de fureur de sombres vapeurs, puis des blocs de rochers, des pierres incandescentes, et finalement des torrents d'une matière que la haute température du foyer souterrain a liquéfiée. Le malheur est qu'on peut bien, à la rigueur, comme Empédocle, être précipité ou se précipiter soi-même dans un cratère en éruption, mais qu'alors on n'en revient guère. Cependant est-il absolument impossible d'explorer l'intérieur d'un volcan, de descendre même sur les flancs de ses parois intérieures, et d'en tirer quelques données curieuses sur les phénomènes volcaniques internes? Interrogeons dans ce but quelques-uns des explorateurs, modernes ou contemporains, des volcans.

LE CRATÈRE DE L'ETNA.

Un naturaliste célèbre du dernier siècle, dont les recherches originales sur les infiniment petits ont marqué dans l'histoire des sciences de la vie, Spallanzani, fut un des premiers à donner une description précise des montagnes ignivomes. En 1788, il visita les trois principaux cratères de l'Italie méridionale, le Vésuve, le Stromboli, l'Etna. Il allait atteindre sa soixantième année quand il entreprit cette exploration, bien plus périlleuse alors qu'aujourd'hui. Mais le courageux savant ne se laissa pas rebuter par des obstacles sérieux, qui ont été bien aplanis depuis. A l'heure qu'il est, un chemin de fer funiculaire ne transporte-t-il pas les touristes à moins de 100 mètres du sommet du Vésuve? L'ascension de l'Etna reste toujours une excursion pénible, qui n'est pas sans difficulté; mais le zèle des touristes et l'aide des guides en viennent à bout aisément. Il n'en était pas de même il y a un siècle. De rares visiteurs, tels que d'Orville en 1721, plus tard Hamilton, Bridone, avaient seuls gravi les flancs abrupts du colosse sicilien.

Quand le premier de ces intrépides explorateurs fut arrivé au bord du cratère, des nuages de vapeurs et de flammes rougeâtres sortaient du gouffre : pour l'observer de près sans danger d'y tomber, il se fit lier par une corde que trois hommes retenaient. Il put distinguer au centre du cratère, et à soixante pieds environ plus bas que le bord, un petit cône de laves. Des cônes de ce genre se forment fréquemment soit à l'intérieur, soit sur les flancs des cratères volcaniques. Celui que vit d'Orville n'existait plus quand Hamilton visita l'Etna.

Spallanzani raconte dans son voyage la peine qu'il eut à gravir la partie du mont qui aboutit au sommet. Tant que l'on marche dans la région boisée, cette merveilleuse ceinture de bois ombreux, de châtaigneraies, de vignobles, que tendent à réduire chaque jour l'action destructive des laves et la cognée du bûcheron, bien plus expéditive encore, l'ascension de l'Etna ne se distingue en rien de celle d'une montagne ordinaire dans les mêmes contrées. Mais plus l'on monte, plus on s'approche du sommet, plus l'accumulation des scories rend la marche pénible. C'est ce qui arriva à Spallanzani, dont les jambes pénétraient profondément dans le mélange de cendres, de laves, de débris rocailleux, d'autant plus difficiles à franchir que leur mobilité ne permet point au pied d'y trouver un appui. Tantôt il dut traverser un lit de laves encore brûlantes, tantôt les scories formaient des crêtes s'opposant à son passage : il dut plus d'une fois se hisser d'un bloc à l'autre. En certains points, des fissures laissaient entrevoir la lave encore incandescente, brillante, malgré la clarté du jour, comme un fer chauffé au rouge. « De l'une de ces crevasses, dit-il, j'approchai l'extrémité d'un bâton qui me servait d'appui dans ce pénible trajet : il fuma sur-le-champ et il s'enflamma un moment après. »

Il était sur le point de parvenir au but de ses efforts, quand il rencontra un obstacle qui faillit l'arrêter. C'était un étroit couloir par où il devait nécessairement passer, entre des rocs que sa fatigue ne lui permettait point d'escalader et un précipice affreux ; le sol crevassé laissait s'exhaler des vapeurs suffocantes, au milieu desquelles il était dangereux de s'avancer. Spallanzani le fit en courant, mais au sortir de l'épreuve il perdit un instant connaissance. Peu après, reprenant ses sens, il se vit au sommet de l'Etna. « Je m'assis, dit-il, sur les bords du cratère; je restai deux heures dans cette position, et, pendant que je me remettais de ma faiblesse, je regardais avec étonnement la configuration de cette vaste caverne, son fond, une ouverture qu'on y découvrait, la matière en fusion qu'on y voyait bouillir et la fumée qui s'en exhalait : alors tout cela se montrait à découvert. »

Le cratère de l'Etna, tel que le vit Spallanzani en 1788, avait la forme d'un entonnoir, d'une coupe ovale aux bords dentelés, ayant environ un mille et demi à sa circonférence supérieure, un mille seulement à son fond, qui était à peu de chose près un plan horizontal. C'est au milieu de ce fond que se voyait l'orifice véritable, la cheminée du volcan. Les parois, comme le fond du cratère, laissaient passer çà et là des bouffées de vapeurs ; mais c'est du puits, bouche du volcan, que s'élançait verticalement et avec force une blanche colonne de fumée, que le vent chassait heureusement dans une direction opposée à celle où Spallanzani était parvenu. Grâce à cette circonstance, ses regards purent pénétrer à l'intérieur de la cheminée volcanique, dont le diamètre mesurait environ trente pieds. Il y vit une matière liquide, embrasée, animée de mouvements tumultueux qui la faisaient « se tourner, monter, descendre, sans néanmoins se répandre sur le plan; c'était la lave dissoute dans le sein du volcan qui s'élevait jusque-là ». Il fit rouler quelques grosses pierres du haut du roc où il s'était assis;

L'ETNA, VU DU CÔTÉ DU SUD.

les unes tombèrent en rebondissant autour du puits; les autres entrèrent dans le gouffre où bouillonnait la lave en fusion, et le son qu'elles rendirent indiquait une matière pâteuse, tenace.

Quelque intéressant que soit le récit de Spallanzani, dont je ne donne ici que la substance, on peut voir qu'il ne répond point tout à fait au sentiment de curiosité qui nous faisait dire : *quelqu'un est-il jamais descendu dans un volcan?* Le savant italien a gravi l'Etna, a vu et étudié la structure de son cratère, mais il est trop évident que, avec tout le courage du monde, il ne pouvait songer à s'aventurer au delà, ne fût-ce que sur le bord de ce gouffre où s'élabore en bouillonnant la matière des éruptions. Empédocle poussa-t-il la hardiesse jusque-là? C'est ce qu'on ignore; mais, dans ce cas, il n'y a rien d'extraordinaire s'il a payé cette hardiesse de sa vie.

Ne quittons pas encore le géant sicilien, celui dont le poids formidable, selon la légende fabuleuse, recouvrait Encelade, l'un des Titans foudroyés par Jupiter. L'imagination des Anciens était merveilleuse pour envelopper ainsi sous des mythes poétiques la raison cachée des grands phénomènes de la nature. Les feux, les vapeurs rutilantes du volcan, c'était pour eux l'haleine embrasée d'Encelade, gémissant sous la masse qui l'accable. Le géant vient-il à se retourner par un violent effort et à secouer le poids qui l'écrase, la terre s'ébranle tout autour des flancs du monstre, et c'est ainsi que s'expliquaient les tremblements de terre qui annoncent ou accompagnent les éruptions.

Aujourd'hui la science envisage les faits naturels sous un aspect tout différent : elle les analyse, en étudie le développement et cherche à en rattacher les circonstances à d'autres faits bien définis, jusqu'à ce qu'elle ait découvert une loi qui les relie, une cause physique qui les engendre. Cette manière de faire tend sans doute à dépouiller les phénomènes naturels de ce qu'ils ont de vivant pour ainsi dire, et à leur substituer des formules abstraites. Mais ce n'est pas à dire pour cela que le savant ne soit, à ses heures, susceptible d'émotion, lorsqu'il contemple dans toute leur majesté les spectacles grandioses et terribles, ou bien les scènes gracieuses que la nature offre aux regards de ses enfants.

Écoutez notre grand géographe Élisée Reclus dépeignant, dans une page splendide, l'impression que lui causa la vue de l'incomparable panorama du sommet de l'Etna, qu'il venait de gravir (avec moins de peine que Spallanzani) au commencement du printemps de 1865 :

« Il serait bien difficile de rêver, dit-il, un spectacle supérieur en beauté à celui qu'offrent les trois mers d'Ionie, d'Afrique et de Sardaigne, entourant de leurs eaux plus bleues que le ciel le grand massif triangulaire des montagnes de la Sicile, tout hérissé de villes et de forteresses, les hautes péninsules de la Calabre et les volcans épars de l'Éolie, fils de l'Etna, que les forces à l'œuvre dans le fond de la mer ont fait lentement surgir du fond de la Méditerranée. La puissante masse du volcan, dont le diamètre n'a pas loin de quinze lieues, s'étale largement au-dessous du cratère terminal avec les zones concentriques de neige, de scories, de verdure, de villages et de cités. Tous les détails de l'immense architecture se révèlent à la fois : on distingue les contreforts et les abîmes, les courants de lave et les monticules d'éruption pareils à de grandes fourmilières. Suivant les diverses heures du jour, on voit l'ombre gigantesque de l'Etna, accompagnée, comme par une armée, des ombres de toutes les montagnes qui lui font cortège, diminuer lentement ou s'allonger peu à peu et se projeter au loin sur les plaines et sur la mer. Les nuages qui flottent dans l'étendue au-dessus de la cime du volcan modifient incessamment l'aspect de l'immense tableau : les uns s'effrangent aux cimes inférieures et se déroulent en écharpes transparentes; les autres s'amassent en lourdes assises et voilent tantôt un groupe de montagnes, tantôt une région de la mer; parfois aussi ils remontent les pentes de l'Etna sous forme de brouillard, puis, après avoir limité le champ de la vue à un horizon de quelques centaines de mètres, se déchirent pour laisser voir de nouveau l'espace illimité. D'ailleurs, rien de plus facile, même lorsque le temps est parfaitement clair, que d'être le témoin de cette transition soudaine. En se plaçant au milieu des épaisses fumerolles qui jaillissent le plus souvent de l'une des pointes du cône, on reste quelques instants comme perdu dans la fumée d'une fournaise[1]; puis, qu'une bouffée de vent emporte les vapeurs, et l'on revoit comme par magie les flancs de l'Etna, les côtes si gracieusement dessinées de la Sicile, et la mer, tellement rapprochée en apparence, qu'on est tenté de faire un saut pour s'y plonger ! »

Tout cela est fort beau sans doute, mais ne le serait pas moins si l'Etna était une montagne ordinaire. Pour celui qui arrive au sommet,

1. L'évanouissement de Spallanzani n'est-il pas une preuve du danger que peut présenter l'expérience indiquée ici par Reclus ?

avec l'ardente curiosité du mystère que recèle sous son immense masse l'agent de tant d'éruptions fameuses, la cause de tant de désastres et de victimes, une impression doit dominer, celle de chercher à connaître le secret de ces convulsions de la nature. Plus cette nature apparaît à l'entour belle et riante et fertile, plus il semble étrange qu'elle cause ainsi la mort sous les apparences d'une vie intense, plus on brûle de contempler, sinon le foyer même, tout au moins le gouffre par lequel une communication s'établit de temps à autre entre ce foyer et la surface de la Terre, entre l'atmosphère et l'abîme intérieur. C'est ce qu'éprouva le savant explorateur, lorsque, après avoir décrit les merveilles qu'on aperçoit de la cime de l'Etna, il ajoute :

« Quelle que fût la magnificence de cette vue d'ensemble, embrassant un espace de plus de 200 kilomètres de rayon, néanmoins mon regard était toujours ramené vers le trou noir que je voyais fumer à une quarantaine de mètres plus bas, dans le fond du cratère. Ce puits a tout au plus une dizaine de mètres en largeur, mais il me suffisait de savoir que ses parois perpendiculaires descendent jusqu'à des profondeurs inconnues, jusqu'à l'abîme souterrain des laves, pour que je le contemplasse avec une admiration mêlée de frayeur. Presque transparents à leur issue du gouffre, à cause de la température élevée qui les pénétrait, les jets de vapeur se condensaient très rapidement dans l'air froid, et, se déroulant dans le cratère en épais tourbillons, prenaient aussitôt les proportions d'un nuage considérable. Celui-ci montait en colonnes dans l'atmosphère tranquille jusqu'à une hauteur que d'en bas j'avais évaluée à 2000 mètres, puis, arrivant dans une zone de l'atmosphère où passait un courant dirigé vers le sud, se recourbait gracieusement et se déployait en écharpe sur toute la rondeur du ciel, pour aller se confondre avec les brumes qui pesaient au loin sur la mer d'Afrique. Et cette immense nuée qui se développait dans l'espace comme une arcade entre deux continents, je la voyais presque sous mes pieds s'élancer de la terre, j'en entendais le souffle caverneux, comparable à la respiration d'un monstre; j'y distinguais parfois une lueur rougeâtre provenant de la réverbération des laves bouillonnant dans les profondeurs!

« J'employai plus d'une heure et demie à faire le tour du cratère, qui pourtant n'a guère qu'un kilomètre de circonférence, et qui le cède beaucoup en grandeur à celui de l'île éolienne de Volcano, mais je ne pouvais me lasser de la vue du gouffre et de l'étonnant contraste que présentaient les abruptes parois du cratère, rayées de rouge et de jaune d'or, et les plaines verdoyantes déployées autour de la montagne.

COULÉE DE LAVES DE L'ETNA, AU MILIEU D'UNE FORÊT DE PINS.

Du reste, aucun danger dans cette exploration. Le pas le plus difficile à franchir était la corne septentrionale, où de nombreuses fumerolles d'une haute température avaient fracturé le sol et réduit les scories en une sorte de bouillie chaude et gluante[1]. »

C'est à l'occasion de l'éruption de 1865, l'une des plus remarquables de ce siècle, qui en a vu déjà plusieurs, qu'Élisée Reclus visitait le célèbre volcan et écrivait le récit de son excursion. Les extraits que nous venons de citer se rapportent, ainsi que la description de Spallanzani, au cratère central ou terminal de l'Etna. Or c'était ailleurs qu'avait eu lieu l'éruption; car l'Etna, dont le profil majestueux dessine au loin l'apparence d'un cône unique, ayant à son sommet son unique cratère, où débouchent une ou deux cheminées, est en réalité tout un monde de volcans, de cônes d'éruption greffés sur le cône principal : sur la carte de l'Etna, dressée en 1845 par Sartorius de Waltershausen, on comptait déjà deux cents de ces cônes secondaires, et depuis il s'en est formé de nouveaux, notamment en 1852 et en 1865.

Le plus souvent ces éruptions latérales sont plus dangereuses que celles du cône central. Les déjections de ce dernier n'atteignent pas les villes et villages qui s'élèvent si nombreux à la base de l'Etna. « Les habitants de la côte, dit Fuchs, peuvent alors contempler à loisir ce grandiose feu d'artifice. Il en était ainsi le 8 décembre 1868, où une gerbe de scories incandescentes s'élevait à 1000 et 2000 mètres, et retombait, en décrivant des courbes paraboliques, soit sur les pentes de la montagne, soit dans l'intérieur du cratère. »

Quand, au contraire, la poussée du flux intérieur incandescent est telle que les parois de la cheminée principale sont impuissantes à le contenir, les flancs de l'Etna s'entr'ouvrent, des fissures plus ou moins longues s'y forment, et de nouveaux cratères apparaissent. La lave vomie par ces bouches sort en bouillonnant, et, suivant la pente, va tout ravager sur son passage. C'est ce qui est arrivé dans l'éruption de 1865.

Le 30 janvier, à dix heures et demie du soir, après une secousse d'une extrême violence, on vit des gerbes de feu s'élever sur le côté nord-ouest de l'Etna, en un point élevé d'environ 1700 mètres au-dessus du niveau de la mer. Le sol s'entr'ouvrit et la lave commença à couler rapidement. En moins de trois jours, elle s'avança de six kilomètres, sur une largeur de 3 à 4000 mètres. Cette masse incandescente avait une épaisseur variable, atteignant fréquemment 10 à 20 mètres. Sa vitesse était donc, en moyenne, de 100 mètres par heure, vitesse

1. *La Sicile et l'éruption de l'Etna en 1865.*

considérable si l'on songe à la force irrésistible d'un tel torrent de matières embrasées.

Un savant géologue français, M. Fouqué, qui explora l'Etna pendant l'éruption, raconte que le courant de lave, parvenu en un point où il se trouvait encaissé entre le mont Stornello et la Serra de la Boffa, se précipita d'une hauteur de 50 mètres, charriant à sa surface des blocs solidifiés, qui tombaient avec fracas du haut de cette cascade de feu.

Sept cratères situés à la base d'autant de cônes échancrés étaient les foyers d'où sortaient la lave et les autres déjections. Les quatre cratères inférieurs, les plus actifs, projetaient dans l'air de la lave liquide, incandescente en plein jour, avec une fumée à peu près incolore. Les trois bouches supérieures vomissaient de la lave déjà solidifiée, des pierres noires, avec une épaisse fumée chargée de vapeur d'eau et de cendres d'un brûn foncé. Au 10 mars, plus d'un mois après le début de l'éruption, l'activité de ces bouches était encore telle, que M. Fouqué ne put étudier les gaz qui en sortaient; l'abondance des pierres et des fragments de lave projetés dans toutes les directions, à de prodigieuses hauteurs, lui rendirent impossible l'approche des cratères.

Au point de vue du bruit, les sept cratères se distinguaient les uns des autres : les trois supérieurs, les moins actifs, produisaient environ deux ou trois fois par minute de fortes détonations, pareilles au roulement du tonnerre; les cratères inférieurs, au contraire, faisaient entendre une telle série de bruits redoublés, qu'on ne les pouvait compter : très éclatants et distincts les uns des autres, ils se succédaient sans trêve ni repos. « Je ne puis mieux les comparer, dit M. Fouqué, qu'au bruit produit par une série de coups de marteau tombant sur une enclume. Si les anciens ont entendu semblable bruit dans une antique éruption, je conçois fort bien comment l'idée leur est venue d'imaginer une forge au centre de l'Etna, avec des cyclopes pour ouvriers. »

LE VÉSUVE. — LE STROMBOLI. — LE MASAYA.

Je ne sais si je me trompe, mais il me semble que les descriptions qu'on vient de lire, les circonstances, prises sur le vif, de ce qui se passe dans une éruption volcanique, suffiraient déjà à donner une idée de ces étranges phénomènes, de la physionomie du théâtre ou de la scène où ils se produisent.

Quant à la descente à l'intérieur d'un volcan, qui ne sent combien c'est une entreprise chimérique? Nous venons de voir divers explorateurs gravir les flancs de l'Etna, atteindre sa plus haute cime, pénétrer dans l'enceinte du cratère, mais c'est tout.

De là ils ont pu contempler les puits, les abîmes d'où s'échappe la matière éruptive, entrevoir cette matière en fusion, bouillonnant dans la marmite infernale; mais, alors même que le volcan est en repos relatif, il ne semble pas possible d'aller plus loin. Pendant les éruptions, il est défendu d'approcher sous peine de mort : les projectiles lancés à des distances souvent considérables écraseraient l'imprudent que sa curiosité pousserait à franchir les limites de la zone dangereuse.

On peut le plus souvent éviter la lave, dont les coulées sont généralement assez lentes. Encore faut-il n'être pas pris entre deux feux par deux coulées convergentes. Parfois les fissures se forment sous les pieds des curieux. C'est ce qui est arrivé au Vésuve, lors de l'éruption d'avril 1872. Le 24, vers quatre heures de l'après-midi, une lave abondante s'échappa de la cime du cône principal formé en 1867; deux heures après, elle était déjà parvenue à la base de la montagne. A sept heures, la fissure vomissait des torrents de lave et toute une moitié du grand cône, visible de Naples, était couverte de feu, de la cime à la base. Ce spectacle splendide dura toute la nuit, mais disparut dans la matinée du 25. Il n'en provoqua pas moins, pour la soirée suivante, une grande affluence de visiteurs. Curieux d'observer, pendant ce calme relatif, les projections de blocs incandescents lancés par le cratère, ils étaient tout entiers à l'admiration de ce grandiose spectacle, quand tout à coup, vers trois heures et demie du matin, se produisit une formidable explosion. Un gouffre vomissant des torrents de lave se forma dans l'Atrio, presque sous les pieds des imprudents spectateurs. Un grand nombre périrent, les uns anéantis par la coulée incandescente, les autres écrasés par la chute des scories, ou enfin brûlés et asphyxiés par la vapeur d'eau, la cendre, les vapeurs acides.

L'Etna, le Vésuve et un grand nombre des volcans de toutes les parties du monde ne donnent que par intervalles des signes de leur activité éruptive; quelquefois le repos des montagnes ignivomes se

VÉSUVE.

prolonge si longtemps que l'oubli se fait sur les dernières éruptions, et que les populations d'alentour finissent par perdre l'idée de la nature du mont qui les domine. C'est ce qui est arrivé pour le Vésuve lui-même.

Ce célèbre volcan, dont les éruptions connues sont au nombre de plus de cinquante, était depuis si longtemps éteint au début de l'ère vulgaire, qu'on ne soupçonnait pas qu'il y avait là, sous ces flancs couverts d'une abondante végétation, si riants et si fertiles, un feu terrible qui devait éclater soudain, sans autres signes précurseurs que des tremblements de terre. Trois villes ensevelies sous une pluie de cendres, de nombreuses victimes, écrasées par les pierres, asphyxiées, étouffées, les campagnes d'alentour ravagées, c'est par ces catastrophes épouvantables que le Vésuve révéla aux Anciens terrifiés sa ressemblance avec l'Etna, et sortit de son sommeil séculaire. Bien d'autres volcans, qu'on croyait éteints, qui l'étaient en réalité depuis de longues périodes d'années, se sont ainsi rallumés en diverses régions du globe : le plus souvent les éruptions de cet ordre sont d'une extrême violence.

D'autres volcans, en plus petit nombre, sont au contraire dans un état d'activité continue; les cheminées de leurs cratères restant ouvertes émettent en tout temps des vapeurs, de la fumée, lancent des scories, et même laissent épancher fréquemment de la lave à l'état liquide, incandescent. Tel est le Stromboli, ce petit cône de 900 mètres de hauteur, qui constitue à lui seul l'île de ce nom, et dont les feux continus servent de phare aux marins qui naviguent dans cette partie de la mer Tyrrhénienne.

Cet évent des feux souterrains semble, par sa position presque en ligne droite entre le Vésuve et l'Etna, servir à une sorte de communication entre le géant sicilien et le volcan napolitain. Et de fait, on a remarqué que le Stromboli lance avec plus d'abondance ses fumées et ses scories quelque temps avant les éruptions de chacun de ces volcans.

Stromboli mérite d'être visité par les curieux des mystères de la nature. Spallanzani n'y manqua point en 1788, cette même année où il gravit l'Etna, le Vésuve, et explora toutes les curiosités physiques et naturelles de Sicile et d'Italie. Il a décrit le cratère et ses bouches, et toutes les particularités des phénomènes dont elles sont le siège. Un géologue anglais, Poulett Scrope, qui visita le Stromboli en 1820, trouva tout dans le même état que le savant italien. « Je pus, dit-il, vérifier l'exactitude du récit de Spallanzani, et m'assurer que les phé-

LAVES DU VÉSUVE REFROIDIES.

nomènes de cette époque étaient précisément les mêmes que ceux qu'il a décrits en 1788. » Citons Scrope sur ce point; les détails qu'il donne nous renseignent bien sur l'état intérieur des bouches volcaniques en activité.

« On distingue, dit-il, deux ouvertures grossières parmi les noirs rochers chaotiques de lave scoriforme qui constituent le plancher du cratère. Une de ces ouvertures semble vide; mais cependant, à de courts intervalles, il en jaillit un jet de vapeur rougissante comme d'une fournaise lorsque la porte est ouverte, mais avec infiniment plus de bruit, et cela pendant environ une minute. Dans l'autre ouverture, qui a environ 20 pieds de diamètre, et est située à quelques pieds de distance, on aperçoit nettement une masse de matières fondues, brillant d'un vif éclat, qui s'élève et retombe à des intervalles d'environ dix minutes. Chaque fois que cette masse, en s'élevant, atteint le bord du cratère, elle s'ouvre à son centre comme une grande ampoule qui crève, et vomit, dans son explosion, un volume d'épaisse vapeur, accompagné d'un jet de fragments de lave incandescente et de scories informes, s'élevant à quelques centaines de mètres au-dessus des bords du cratère. Plusieurs de ces fragments n'atteignent pas cette hauteur. Une grande partie retombe dans le cratère, pour en être rejetée de nouveau. Une quantité considérable cependant, tombant sur le raide talus (qui forme le côté nord ébréché du Stromboli), roule jusque dans la mer. »

Cette ébullition continuelle de la matière embrasée qui monte jusqu'au sommet de la gigantesque chaudière, est un phénomène bien étrange. On l'observe depuis la plus haute antiquité dans le Stromboli, et il ne paraît pas qu'on en ait jamais constaté l'interruption.

Un volcan de l'Amérique Centrale, le Masaya, présente dans son cratère les mêmes conditions réalisées sur une échelle plus vaste, et partant plus grandiose. Seulement, le Masaya se distingue du Stromboli en ce qu'il a subi, entre 1670 et 1853, une longue période de repos; avant comme après cet intervalle de près de deux cents ans, le volcan se trouvait et est resté en état d'éruption continue.

Un Espagnol, Oviedo, le visita et le décrivit en 1529.

Le Masaya ou Massaya (*la Montagne brûlante* dans la langue chorotagane) était célèbre depuis l'époque de la conquête de la contrée par les Espagnols : l'activité furibonde de son cratère où la lave bouillonnait, montant et descendant périodiquement tantôt jusqu'aux bords du gouffre, tantôt à plus de 200 mètres de profondeur, éclairant de ses feux jusqu'à vingt lieues à l'entour, cet aspect grandiose d'une montagne isolée de 4000 mètres de hauteur, tout contribuait à frapper les

ÉRUPTION DU VÉSUVE.

conquérants d'une terreur superstitieuse; ils le surnommèrent l'Enfer de Masaya, *el infierno de Masaya.*

Oviedo exprime naïvement ce sentiment de crainte, et il paraît que, dans sa pensée, *el infierno de Masaya* n'est pas seulement une métaphore. Qu'on en juge. Après avoir décrit le cratère, dont l'ouverture était si large qu'une balle de fusil aurait eu de la peine à la traverser de part en part[1], et qui renfermait un second cratère vers le milieu de son fond circulaire, il ajoute :

« Dans le fond du second cratère, j'ai vu des matières en combustion liquides comme de l'eau et de la couleur de l'airain. Le feu qui y brûlait me parut plus violent qu'aucun autre que j'aie vu. De temps en temps, ces matières s'élevaient en grandes masses à la hauteur de plusieurs pieds; quelquefois ces masses restaient suspendues aux flancs du cratère et y brûlaient assez longtemps pour qu'on pût répéter six fois le *Credo;* après s'être éteintes, elles avaient l'aspect des scories d'une forge. Je ne saurais croire qu'un chrétien pût contempler un pareil spectacle sans penser à l'enfer et se repentir de ses péchés, surtout en comparant cette poignée de soufre embrasé à l'incommensurable grandeur du feu éternel qui attend ceux qui sont ingrats envers Dieu. »

Cette citation, que nous empruntons au bel ouvrage de M. A. Boscowitz sur *les Volcans*, peut donner une idée des préventions avec lesquelles un explorateur comme Oviedo devait aborder l'étude des phénomènes de la nature. En voici une autre, relative à la légende qui avait cours, à la même époque, chez les indigènes du Nicaragua. Elle montre, ce me semble, que la superstition des Indiens n'était ni plus forte au fond, ni plus étrange dans la forme, que celle des Européens qui avaient envahi leur pays.

« J'ai entendu dire au cacique de Tendiri qu'il est souvent allé, avec d'autres caciques, sur le bord du cratère, et qu'il en sortait une vieille femme complètement nue, avec laquelle ils tenaient des conseils secrets. Ils la consultaient pour savoir s'ils devaient faire la guerre ou conclure une trêve avec leurs ennemis. Ils ne faisaient rien sans lui avoir demandé conseil, car elle leur disait s'ils devaient être vainqueurs ou vaincus; elle leur prédisait aussi la pluie, le résultat de la

1. N'oublions pas qu'en 1520 la portée des fusils espagnols était loin d'être celle d'un fusil Gras ou Lebel.

récolte de maïs prochaine, enfin tous les événements futurs; et toujours ses prédictions se réalisaient. Dans ces occasions, on lui sacrifiait des victimes humaines, qui s'offraient volontairement. Il ajoutait que depuis que les chrétiens étaient venus dans le pays, la vieille femme ne s'était plus montrée qu'à de longs intervalles, qu'elle leur avait dit que les chrétiens étaient méchants et qu'elle ne voulait avoir aucun rapport avec les Indiens jusqu'à ce qu'ils eussent chassé les chrétiens.

« Je lui demandai comment ils descendaient dans le cratère; il me répondit qu'il y avait autrefois un chemin, mais que la cavité s'était élargie peu à peu et avait détruit le sentier. Je le questionnai également sur l'aspect de la vieille femme et sur ce que faisaient les caciques après avoir tenu conseil avec elle. Il me répondit qu'elle était toute ridée; que ses seins pendaient sur son ventre, que sa chevelure était peu abondante et droite, ses dents longues et aiguës comme celles d'un chien; que sa peau était plus foncée que ne l'ont ordinairement les Indiens; qu'elle avait les yeux caves et brillants; en un mot, il me la représenta semblable au démon, et c'était lui sans nul doute. S'il m'a dit la vérité, il est incontestable que les Indiens étaient en relations avec l'être infernal.

« Après le conseil, la vieille femme rentrait dans le cratère, pour ne plus sortir qu'à l'époque du conseil suivant. Les Indiens parlent souvent de cette coutume et de bien d'autres; dans leurs livres, ils représentent le diable avec autant de queues et aussi maigre que nous le faisons nous-mêmes quand nous le peignons aux pieds de l'archange Michel ou de saint Barthélemy. Je crois donc qu'il s'est montré à eux: son image est dans leurs temples, théâtres de leurs diaboliques idolâtries.

« Il y a sur les bords du cratère du Masaya un monceau de tasses, d'assiettes et de plats en très bonne poterie, faite dans la contrée. Les uns sont brisés, d'autres entiers. Les Indiens les y portaient pleins de toutes sortes de mets qu'ils y laissaient, disant que c'était pour que la vieille femme les mangeât. Leur but était de lui plaire ou de l'apaiser dans les moments de tempête ou de tremblement de terre; aujourd'hui encore ils lui attribuent tout le bien ou tout le mal qui leur arrive. Quant à la matière ignée, dans laquelle, au dire du cacique, la vieille se retirait, elle me parut semblable à du verre, ou au métal des cloches à l'état de fusion. Les murs intérieurs du cratère sont faits d'une pierre dure en certains endroits, mais presque partout cassante.

La fumée sort du cratère du côté de l'est, mais elle est portée à l'ouest par la brise. Il s'en échappe aussi un peu du côté du nord.

« La montagne de Masaya est à six ou sept lieues de la mer du Sud, et à 12° 1/2 de l'équateur. — J'ai dit maintenant tout ce que j'avais promis de dire. »

Si les Espagnols, et Oviedo tout le premier (le récit qui précède en est un naïf témoignage), inclinaient à croire que le Masaya était un soupirail de l'enfer, il n'est pas moins certain que cette croyance n'affaiblissait en rien leur avide cupidité pour les trésors de la terre. Ils craignaient Satan, mais ne renonçaient ni à ses pompes, ni à ses œuvres. Cette substance en fusion, en ébullition au fond du gouffre, qu'était-elle en réalité? N'était-ce point de l'or? Cela leur parut vraisemblable dans une contrée où ils avaient trouvé l'or partout, dans les temples des indigènes, dans leurs armes et leurs ustensiles, coulant en paillettes dans le sable des rivières, incrusté en lingots dans les roches des montagnes. Quoi d'étonnant à ce que la source de tout cet or fût enfouie sous terre, et se montrât fondue par la chaleur du foyer infernal jusqu'aux bords de la bouche d'un volcan!

Des expéditions furent tentées pour puiser dans ce Pactole, et la terreur qu'inspirait le redoutable cratère fut vaincue, étouffée par la soif de l'or, *auri sacra fames*. En 1534, un moine, Blas de Castillo, se fit suspendre dans le cratère, et, à l'aide de seaux en fer retenus par une chaîne, puisa dans la masse en fusion. Le seau remonta, dit-on, une matière d'aspect grisâtre (de la lave), non de l'or. Une seconde tentative, faite peu de temps après la première, ne réussit pas davantage. On dit même qu'au contact du liquide incandescent, chaîne et seau entrèrent en fusion. Les Espagnols, saisis de frayeur à l'aspect de ces prodiges, renoncèrent à toute entreprise de ce genre. Ils crurent sans nul doute à une vengeance du démon envers ces chrétiens maudits.

Si ces récits sont exacts, si l'amour du merveilleux n'en a point brodé ou exagéré quelques traits, si, en un mot, ce ne sont point de pures légendes, ils prouvent une chose : c'est que la passion des richesses a pu faire ce que l'amour de la science n'a pas encore fait : décider un homme à affronter la périlleuse entreprise que définit le titre même de ce chapitre : *la descente dans un volcan*. On a vu Dorville, Spallanzani, et bien d'autres savants explorateurs des derniers siècles ou nos contemporains, gravir des cimes volcaniques, aborder les cratères et pénétrer en partie dans leur enceinte, alors que l'activité des bouches ignivomes était ralentie. Des hauteurs escarpées des rochers scoriformes, ils aperçurent la lave incandescente, et en certains cas bouillonnante. Mais c'est tout ; ajoutons que c'est beaucoup, car les courageux explorateurs que le zèle de la science, non la cupidité, attirait jusque-là, risquèrent plus d'une fois leur vie. Quant à descendre dans les bouches elles-mêmes, dans les puits ou cheminées par lesquelles monte la lave, on n'en pourrait guère citer, je crois, d'autre exemple que celui du moine espagnol Blas de Castillo. Qui pourrait affirmer d'ailleurs que sa descente est bien authentique?

HAVAÏ. — LE MAUNA-LOA. — LE LAC DE FEU DE KILAUEA.

Parmi les innombrables volcans, éteints ou actifs, dont les bouches sont comme les évents de l'immense foyer souterrain incandescent qui forme, de l'aveu de nombre de nos géologues, le noyau intérieur de la Terre, il en est peu, croyons-nous, qui offrent des cratères aussi gigantesques que ceux de l'île Havaï, en plein océan Pacifique. On va en juger par la description suivante, qu'on me permettra d'emprunter à l'un des chapitres de mon ouvrage le MONDE PHYSIQUE.

Le Mauna-Loa est le plus considérable des quatre volcans qui s'élèvent dans l'île Havaï, la plus grande des Sandwich. C'est aussi l'une des plus hautes cimes volcaniques du monde, puisque son cratère, dont l'entonnoir mesure 2 kilomètres et demi d'un bord à l'autre, domine l'Océan de 4200 mètres. C'est à plus de 3000 mètres plus bas, sur le flanc oriental de cette masse grandiose, que s'ouvre, comme un déversoir des laves qui s'accumulent sous le Mauna-Loa, une vaste bouche en forme de poire, au fond de laquelle s'étend un véritable lac de laves, à demi solidifiées, à demi fondues à la surface, mais fluides et bouillonnantes dans les profondeurs. La circonférence extérieure de l'ellipse du Kilauea mesure environ 20 kilomètres, son plus grand diamètre étant de 4500 mètres et son plus petit de 2250. Des murailles de laves à pic descendent, par gradins successifs, jusqu'aux bords du lac, à 300 mètres plus bas que ceux du cratère même. Du reste, suivant les phases de l'activité du volcan, le niveau de la masse fluide est tantôt plus élevé, tantôt plus bas, et les traces de ces variations restent visibles sur les parois où la lave, en se solidifiant, laisse sur tout leur pourtour des sortes de corniches noirâtres. Telle est sans doute l'origine des terrasses ou des gradins dont il vient d'être question. L'aspect que présente cette immense cuve, soit pendant le jour, soit pendant la nuit, d'après les relations de tous les visiteurs du Kilauea, est quelque chose de véritablement fantastique. « Nous étions, dit l'un d'eux[1], sur les bords d'un lac irrégulier d'un feu liquide tout

LE CRATÈRE DE KILAUEA, VU DE NUIT.

bouillonnant, roulant, se mouvant en roulis d'un bord à l'autre, répandant une chaleur constamment croissante, et lançant de vastes colonnes de fumée. Le fond des ravins était frangé de flammes et il semblait à tout instant que les rochers allaient se précipiter dans le lac enflammé. La lave qui en formait le rivage ressemblait à du sang, comparée avec les rochers noirâtres qui se trouvaient au-dessus. Une cascade de feu semblait se livrer, au fond du lac, aux ébats les plus

1. Relation publiée par le *Times* et traduite par le *Journal officiel*.

LAC DE LAVES DU CRATÈRE DE KILAUEA.

étranges; elle bouillonnait, se roulait sur elle-même, laissant échapper des jets de lave ardente, dispersant autour d'elle des rayons enflammés. Alors elle sembla s'affaisser pour un instant, et le lac parut laisser refroidir à la surface une épaisse croûte grise et noirâtre; mais bientôt il se souleva de nouveau vers le centre et fit jaillir une colonne de feu à trente ou quarante pieds de haut, qui joua pendant quelques minutes comme une fontaine colossale, lançant de tous côtés des blocs de lave, poussant ses vagues enflammées contre les rochers,

LA VAGUE DE FEU DE KILAUEA.

avec un bruit qui ressemblait à celui du ressac sur un rivage rocailleux, bruit indescriptible et diabolique. »

M. de Varigny, dans son *Voyage aux îles Sandwich*, décrit un phénomène analogue, lorsqu'il montre deux vagues de lave, parties de deux points opposés du cratère, marchant à la rencontre l'une de l'autre, puis se heurtant avec une violence terrible. « Un bruit formidable comme celui d'un immense craquement souterrain marqua le moment de leur choc. Le sol oscillait autour de nous et sous nous. Elles se soulevèrent en une pyramide de feu de plus de soixante pieds

CRATÈRE DU TAAL, DANS LE LAC DE BOMBON (ILE DE LUÇON).

de hauteur, au centre même du volcan, lançant leur écume brûlante dans toutes les directions. Puis la plus forte des deux vagues l'emporta et, refoulant devant elle sa rivale, s'étendit comme une nappe rouge et vint battre avec fureur les parois volcaniques, qui se fondirent sous l'étreinte de cette effroyable chaleur, et disparurent dans le bassin, comme le sable d'une falaise que la mer mine, sape et engloutit avec elle. Ce spectacle avait duré près d'un quart d'heure et fut suivi d'une période d'accalmie; la nappe de laves noircies se referma fendillée çà et là en zigzags de feu; la masse reprit son mouvement lent et régulier comme celui du flot. »

LE TAAL. — LE FUSIYAMA.

L'Etna, le Vésuve, sont des volcans intermittents, et leurs cratères se modifient ou même se déplacent d'une éruption à l'autre. Le Stromboli, le Masaya et aussi le Kilauea sont dans un état d'activité continue. Cependant on a pu, comme les descriptions qui précèdent l'ont fait voir, explorer leurs cratères, que remplit en partie la lave en ébullition et liquéfiée. La descente dans un volcan n'est donc pas une entreprise tout à fait impossible, si l'on veut bien restreindre ainsi la portée de la question.

Voici encore un cratère qui se laisse explorer, bien qu'il appartienne à un des volcans des Philippines dont les éruptions sont loin d'être inoffensives. Le Taal — c'est son nom — s'élève dans une île du lac Bombon, au sud de Manille. Un de nos compatriotes, M. Alfred Marche, l'a visité en juillet 1880, c'est-à-dire un an après le tremblement de terre qui fit tant de ruines en ces contrées.

« Ce cratère, dit-il dans la relation de son voyage, est une immense cuvette d'au moins 200 mètres de profondeur : le diamètre nord-sud peut avoir 500 mètres ; le diamètre est-ouest dépasse certainement 1000 mètres. Les parois intérieures sont hérissées d'aspérités.

« L'intérieur et l'extérieur du cône ont une couleur de cendre blanchie par les rayons du soleil ; presque au centre du cratère dort un petit lac vert-pomme qui fume constamment, et à côté un autre,

CRATÈRE ÉTEINT DU FUSIYAMA.

moins grand, en est séparé par un monticule de lave peu élevé: sa couleur est vert et jaune.

« Au sud-sud-ouest, s'ouvrent béants trois trous à bords surélevés en forme de puits, dont les margelles, avec leur teinte noire, tranchent sur la couleur grise uniforme qui les entoure.

« L'un de ces puits est le cratère actuel, d'où sortent en ce moment de longues colonnes de fumée qui montent lentement vers le ciel. A gauche de ces puits, une montagne de 300 mètres de hauteur s'élève à pic; ses parois sont percées de mille creux et fissures, laissant échapper des vapeurs sulfureuses, qui déposent sur les flancs du soufre en couches épaisses.

« Dans le fond de la cuvette, occupé, comme je l'ai dit, par des puits et par deux soi-disant lacs, autrement dit par deux grandes mares, le terrain est coupé dans tous les sens par de fortes crevasses aux parois friables. »

On peut se rendre compte, par cette courte description et en s'aidant de la figure de la page 29, qui représente le cratère du Taal, de la possibilité d'aborder et d'explorer l'intérieur des cavités volcaniques, même alors qu'elles appartiennent à des volcans actifs. Seulement, les visites de ce genre seraient impossibles ou très périlleuses pendant les périodes d'éruption proprement dites, quand les gouffres bouillonnants lancent des pierres, des jets de lave, ou même simplement des cendres. En 1754, une explosion du Taal dura huit jours, et les cendres étaient si épaisses, qu'il fallut s'éclairer en plein midi.

La visite aux cratères des volcans éteints ne laisse pas d'avoir son intérêt, bien que l'exploration ne présente plus alors d'autres difficultés que celles de l'ascension d'une montagne quelconque. Telle est celle que fit, en 1874, notre compatriote l'enseigne de vaisseau Houette, au sommet du Fusiyama. Aujourd'hui complètement éteint, le majestueux volcan japonais montre encore aux observateurs un cratère qui ne mesure pas moins de 600 mètres de diamètre, sur une profondeur de 200 mètres. Quel spectacle devait offrir cette cuve immense, quand les laves qui l'emplissaient en faisaient une fournaise incandescente? Rien maintenant ne décèle la moindre trace d'activité intérieure : pas une fissure, pas la moindre vapeur. On ne peut néanmoins s'empêcher de rester en admiration devant le chaos de ces ruines grandioses, causées par une des plus mystérieuses et des plus redoutables convulsions de la nature. On se demande si, d'un moment à l'autre, le réveil des forces internes endormies ne va pas donner à nouveau le spectacle d'une splendide éruption.

C'est alors qu'on voudrait connaître les réponses de la science aux problèmes que suscitent dans l'esprit ces phénomènes toujours si extraordinaires et si attrayants, quand on ne se laisse point accabler par la pensée de leurs effrayantes conséquences.

On a beau savoir, par les descriptions des explorateurs des volcans en éruption, en sommeil ou éteints, comment sont construites les cavités d'où sortent le feu, les laves incandescentes, la fumée et les cendres; ces marmites gigantesques, parfois pleines jusqu'au bord de la matière embrasée, communiquent avec les abîmes par des canaux qu'on voudrait pouvoir mettre à nu et suivre dans toute leur profondeur. D'ailleurs, que sont ces abîmes eux-mêmes? Comment sont allumés les feux qui les remplissent? Quelles causes les font projeter au dehors leur contenu en ébullition? Pourquoi, tandis que les uns émettent paisiblement et sans interruption, pour ainsi dire, les vapeurs qui sortent de leur sein, d'autres se referment-ils, pour reprendre soudain leur terrible activité? Pourquoi ces explosions succédant à un sommeil qui n'est que l'apparence du repos?

A toutes ces questions la science aujourd'hui peut donner des réponses, non pas certaines sur tous les points, mais tout au moins fort plausibles. On comprendra que ce n'est pas ici le lieu de les exposer, encore moins de les discuter. C'est à peine si les paragraphes qui précèdent permettent de se faire une idée des phénomènes et de l'intérêt qui s'attache à ce chapitre de l'histoire naturelle de la Terre.

L'ILE DE KRAKATOA, VUE DU SUD-EST.

II

L'ÉRUPTION DE KRAKATOA

LES SYMPTOMES PRÉCURSEURS. — L'EXPLOSION.

Quand on parcourt le récit des éruptions volcaniques dont l'histoire a enregistré les ravages ou tout au moins a conservé le souvenir, il n'en est guère qu'on puisse comparer, à ce point de vue, à la grande éruption du Vésuve de l'an 79 de notre ère. Terrible réveil d'un sommeil séculaire! trois villes, Stabies, Pompéi, Herculanum, furent détruites et ensevelies sous les déjections vomies par le volcan.

L'année 1883 aura été témoin d'une catastrophe aussi épouvantable, plus extraordinaire encore par l'étendue de la région frappée, par le nombre des victimes et la grandeur des ruines qu'elle a accumulées en moins de deux jours. C'est une petite île du détroit de la Sonde, à peine connue jusque-là et inhabitée, qui a été le foyer de l'éruption formidable que je vais décrire. Krakatoa ou Krakatau est le nom, désormais tristement célèbre, de cet îlot, situé dans la partie sud-ouest du détroit de la Sonde, entre deux autres îlots beaucoup plus petits, l'île Verlaten et l'île Lang. Krakatoa, avant l'événement, avait la forme d'une poire allongée, dont le grand axe, dirigé à peu près du nord-ouest au sud-est, mesurait environ 9 kilomètres de longueur; sa plus grande largeur était de 5 kilomètres et demi. Aujourd'hui, on verra bientôt par suite de quels changements, la forme ne diffère pas beaucoup de la forme primitive : c'est toujours une poire, un peu plus anguleuse, mais notablement rétrécie, et inclinée de l'est à l'ouest. Elle est à peu près également éloignée, à l'est de la côte de Java, à l'ouest de celle de Sumatra.

Bien que Krakatoa, comme je viens de le dire, fût inhabitée et seulement visitée par des pêcheurs de Lampong (Sumatra), on connaissait le caractère volcanique de l'île, qui, sur sa faible surface, ne renfermait pas moins de trois sommets : au nord le Perbouwatan, le moins élevé des trois, présentait sur ses flancs des coulées de laves; c'est celui qui a joué le rôle le plus actif en août 1883; le cratère du milieu, le Danan, a été également actif en cette circonstance; seul le troisième pic, de beaucoup le plus élevé, le Rakata (de 822 mètres d'altitude, selon les cartes hollandaises), n'a pas donné : bien loin d'être actif, il a été victime passive, la moitié de son cône ayant été emportée par l'explosion des deux autres.

Avant 1883 toutefois, l'île, sous l'épaisse couverture de ses forêts, passait pour un volcan éteint. Mais il n'y avait pas lieu de s'étonner de voir ses cônes reprendre leur activité, si l'on songe que la région au centre de laquelle se trouve Krakatoa est sans contredit la région du globe où de nos jours l'activité souterraine se manifeste de la façon la plus énergique. Le détroit de la Sonde, Java, Sumatra, Bornéo, Luçon, tout l'archipel de la Malaisie, en remontant au nord jusqu'à Formose, et en descendant jusqu'à la Nouvelle-Guinée, forment un immense triangle curviligne, à la surface duquel sont disséminés plus de 200 cratères volcaniques. Le quart environ de ces bouches ignivomes est en pleine activité. Krakatoa se trouve précisément sur la grande ligne de fracture de l'écorce terrestre qui passe tout le long des îles de Sumatra et de Java. Or Sumatra compte 19 cônes volcaniques, dont 7 actifs, et à elle seule Java en possède plus de 100, dont 45 sont plus particulièrement connus par leurs éruptions. Nulle autre région terrestre, je le répète, sur une étendue relativement aussi faible, ne renferme pareille quantité de bouches éruptives. Une telle accumulation de cratères donne à toutes les îles de ces archipels une physionomie étrange et les rend témoins des phénomènes les plus extraordinaires, d'ordinaire fertiles en ruines et en désastres. Citons, parmi les éruptions de ces cratères les plus célèbres, celle du Temboro, volcan de l'île Sumbawa, qui recouvrit en 1815 toute l'île de scories et de cendres, et où succombèrent des milliers de victimes ; l'éruption du Gelungang en 1823, qui submergea tous les environs par des torrents d'eau chaude et de boue. Mais la plus terrible de toutes ces catastrophes, du moins avant celle de Krakatoa, est celle du volcan javanais le Papandayang, qui arriva en 1772. Le cône du volcan sauta en l'air et laissa un lac à la place du cratère. Par une singulière coïncidence, deux autres volcans de Java, le Slamak et le Tgerimaï, séparés du Papandayang par des distances de 300 et de 960 kilomètres, entrèrent en éruption en même temps que lui, tandis que tous les volcans intermédiaires restèrent dans un parfait repos.

L'éruption de Krakatoa, du 26 au 27 août 1883, que nous allons décrire maintenant, devait surpasser, par les désastres dont elle a été la cause, toutes les éruptions antérieures dont la science a pu connaître les péripéties.

On l'a vu plus haut, les trois cratères de l'île étaient considérés comme éteints; depuis longtemps du moins ils n'avaient donné aucun signe de leur activité, quand, le 20 mai 1883, le Perbouwatan entra en éruption. Trois mois environ, avec une intensité variable et de courts intervalles de repos, dura cette première phase, qui n'attira que médiocrement l'attention. On croit qu'elle avait dû être précédée des symptômes précurseurs habituels des éruptions : émission de fumée, secousses du sol environnant; mais c'est une simple présomption, l'île n'étant fréquentée que temporairement par les pêcheurs venus de la côte de Lampong.

Vers la fin de cette phase préliminaire, le Danan entra également en activité ; cependant les éruptions restaient insignifiantes, et l'on constatait que la végétation des pics subsistait encore le 11 août ou que, si elle était partiellement atteinte, la zone de destruction devait être limitée au voisinage immédiat des cratères.

Le dimanche 26 août, les explosions prirent tout à coup un caractère de violence qui alla en croissant jusqu'à la matinée du 27. A cette date, de 5 heures et demie du matin à 10 heures 55 minutes, quatre explosions formidables eurent lieu successivement, la plus violente de beaucoup étant d'ailleurs celle qui eut lieu à 10 heures

LE PERBOUWATAN EN ÉRUPTION.

5 minutes (temps moyen de Batavia). Puis peu à peu l'éruption diminua d'intensité, bien qu'elle ait encore duré pendant toute la nuit du lundi au mardi; elle cessa enfin tout à fait vers 6 heures du matin de ce dernier jour.

Voilà, exposé en quelques lignes, le drame dans toute sa simplicité. Quels en furent le dénouement et les péripéties? c'est ce qu'il reste à raconter.

Trois sortes de témoignages ont permis de le reconstituer dans ce qu'il eut de plus extraordinaire, de plus navrant, de plus épouvantable : en premier lieu, la distance vraiment prodigieuse à laquelle les détonations des explosions se sont fait entendre, principalement dans la matinée du 27; puis la projection des matières vomies par le cratère et leurs effets destructeurs; en troisième lieu, les effets, bien plus terribles encore du raz de marée qu'ont déterminé les explosions sous-marines et l'effondrement des cratères. Entrons dans quelques détails sur chacun de ces divers points.

Les vibrations aériennes ou sonores des explosions ont eu une énergie dont on va pouvoir juger. Pendant les deux journées des 26 et 27 août, ce fut presque sans interruption un bruit sourd semblable au grondement d'un tonnerre lointain; les explosions proprement dites consistaient en de courts éclats comparables à de forts coups de canon; les plus violentes détonations encore plus brèves, plus crépitantes, avaient une intensité qui ne permet de les comparer à aucun autre bruit. Aussi les vibrations sonores se sont-elles propagées à d'énormes distances. D'après le rapport d'un savant hollandais, M. Verbeck, les coups ont été entendus à Ceylan, au Birman, à Manille, à Doreh sur la Geelvinkbaai, en Nouvelle-Guinée, et à Perth, sur la côte occidentale de l'Australie, ainsi que dans tous les lieux plus rapprochés de Krakatoa. Si, de Krakatoa comme centre, on décrit un cercle avec un rayon de 30 degrés, ou de 3333 kilomètres, ce cercle passe précisément par les points les plus éloignés où le bruit ait été perçu.

« La distance des points extrêmes, à l'est et à l'ouest, est donc de 60 degrés, soit $\frac{1}{6}$ de la circonférence entière du globe. La superficie de ce cercle, ou plutôt du segment sphérique qu'il circonscrit, est de plus du quinzième de la superficie de la Terre. Dans les temps historiques on ne connaît pas d'éruption dont les bruits se soient propagés sur une aussi énorme étendue. Lors de l'éruption du Temboro, dans l'île de Sumbawa, en 1815, le rayon du cercle dans lequel le bruit fut entendu était moitié moindre, c'est-à-dire de 15 degrés : la superficie était donc 3,93 fois plus petite. »

Ce qu'il y eut d'assez curieux dans le mode de propagation de ces ondes atmosphériques, c'est qu'elles ne se sont pas propagées dans toutes les directions avec les mêmes intensités comparatives. Ainsi les coups les plus forts correspondaient, en des lieux différents, à des heures différentes. L'explosion la plus violente fut entendue, le 27 août, à Buitenzorg à 6 heures 45 minutes du matin, à Batavia à 8 heures 30 minutes, à Telok-Betong à 10 heures. Pour expliquer ces anomalies, M. Verbeck fait intervenir l'influence de la direction du vent. C'est ainsi que, d'après les rapports divers de l'événement, il est manifeste que les détonations ont paru plus fortes du côté de Krakatoa vers lequel soufflait le vent et étaient chassées les fines particules de cendre. Les nuages de cendre ont dû jouer aussi un rôle à ce point de vue : interceptant les ondes sonores, ils ont pu faire que les bruits perçus dans une même direction ont paru plus forts à de grandes distances que dans les points intermédiaires, à Batavia par exemple qu'à Anger. « Si l'on suppose un gros nuage de cendre suspendu entre Krakatoa et Anger, ce nuage agira sur les ondes sonores comme un coussin épais et moelleux ; à côté et par-dessus le nuage, le son pourra alors très bien se propager vers des points plus éloignés, tels que Batavia, tandis qu'à Anger, immédiatement derrière le nuage de cendre, on ne percevra aucun bruit, ou seulement des bruits très faibles. »

Outre les vibrations sonores, les explosions produisirent des ébranlements aériens d'une autre nature, dont les effets se firent sentir d'une façon bien remarquable à des distances considérables du centre de vibration. C'est ainsi qu'à Buitenzorg et à Batavia, dont la distance de Krakatoa, à peu près égale pour chaque lieu, n'est pas moindre de 150 kilomètres, « des portes et des fenêtres furent secouées avec bruit, des horloges s'arrêtèrent, des statuettes placées sur des armoires furent renversées, des réservoirs de lampes suspendues sautèrent de leurs suspensions et tombèrent à grand fracas, avec verres et globes, sur le sol. Mais ce n'est pas à cette distance seulement que la vibration de l'air s'est fait sentir. A Batoe-Ladja en Palembang (250 kilomètres de Krakatoa), à 3 heures du matin, des lézardes se produisirent à la caserne des Pradjoerits; à Palembang même (350 kilomètres de Krakatoa), différents bâtiments de l'État durent être évacués, parce qu'ils menaçaient ruine; bien plus, sur la terre Alkmaer, en Passeroan, à 850 kilomètres de Krakatoa, les murs se crevassèrent dans les habitations de l'administrateur et du machiniste. »

Selon le rapporteur, ces accidents, d'ailleurs de peu d'importance, ne sont pas le fait d'un ébranlement du sol, puisque pendant les éruptions il n'y eut nulle part de tremblement de terre proprement dit. C'est à des ondulations atmosphériques qu'ils doivent être attribués. On pourrait peut-être aussi, je pense, y voir des vibrations propagées par le sol même, comme il arrive pour le cas de la propagation du son dans les solides.

L'onde aérienne provenant de la plus forte explosion s'est propagée avec une vitesse à peu de chose près égale à celle du son sur la surface entière du globe terrestre, dont elle a parcouru plus de trois fois la circonférence entière. Ce fait extraordinaire a été constaté dans un grand nombre de stations météorologiques par les perturbations qu'ont marquées les baromètres enregistreurs.

LA PLUIE DE CENDRES, DE PIERRES PONCES ET DE BOUE.

Si curieux que soient, au point de vue de la science, les faits qu'on vient de rapporter, ils ne sont rien en comparaison des désastres qui ont rendu si tristement célèbre l'éruption de Krakatoa et qui ont fait des journées du 26 et du 27 août 1883 deux dates à jamais mémorables dans les annales des catastrophes humaines.

C'est dans la matinée du 27 août, vers 10 heures, avons-nous vu, que s'est produite l'explosion la plus violente, celle qui probablement détermina l'effondrement des deux cratères du Perbouwatan et de Danan et qui, en outre, a coupé en deux le cône du Rakata, ne laissant subsister dans toute sa hauteur qu'une moitié de cette pyramide de plus de 800 mètres d'altitude, et engloutissant l'autre moitié dans les profondeurs de la mer. Jusque-là, les deux volcans s'étaient bornés à lancer des laves pulvérulentes, de la cendre plus ou moins humide; les éruptions avaient toutes lieu en effet au-dessus du niveau de la mer.

LE PIC DE RAKATA APRÈS L'ÉRUPTION DU 27 AOUT 1883.

Mais, à partir de ce moment, les matières vomies et projetées en l'air à une hauteur prodigieuse, pour aller retomber à des distances considérables, furent principalement boueuses, formées par un mélange de sable et d'eau de mer.

C'est pareillement à l'effondrement de toute la moitié septentrionale de l'île de Krakatoa qu'il faut attribuer la production soudaine de cette onde terrible qui a laissé sur toutes les îles du détroit et sur les côtes voisines de Sumatra et de Java des traces si effrayantes de sa force destructive. A la pluie de cendres et de pierres ponces du premier jour on put encore échapper; mais la double inondation causée par l'éruption boueuse et par le raz de marée dont nous parlons détruisit tout sur son inévitable passage. Sur plusieurs points, les ravages furent tels, qu'il ne resta plus de témoins de la catastrophe.

Une dizaine de navires se trouvaient dans le détroit au moment où eurent lieu les explosions des 26 et 27 août. La relation de M. Lindeman, commandant d'un de ces navires (le *Governor general London*, steamer parti de Batavia le 26 août au matin) va nous donner une idée du spectacle dont il fut le témoin oculaire. Le jour de son départ, vers 2 heures de l'après-midi, il se trouvait en rade d'Anger, où il embarquait quelques passagers; de là il fit route vers le sud-est. Bientôt après il vit, au-dessus de l'île de Krakatoa, s'élever d'immenses colonnes de fumée. A 6 heures du soir, une pluie de cendres mélangées de petits fragments de pierre ponce commença à tomber sur le pont de son navire. Il jeta l'ancre dans la baie de Telok-Betong, s'attendant à voir, comme d'ordinaire, des bateaux venir de la côte pour le rejoindre; mais il attendit en vain jusqu'à minuit. N'en apercevant aucun, bien que la mer ne fût pas très agitée, il envoya lui-même une embarcation à terre pour s'informer des causes de ce retard. Le patron trouva le débarcadère submergé et il lui fut impossible d'accoster; l'équipage d'un vapeur hollandais, *le Berouw*, à l'ancre dans le voisinage, lui apprit que, depuis la veille à 6 heures du soir, toute communication avec la terre était devenue impossible, par suite des courants qui tourbillonnaient avec violence. A la pointe du jour, M. Lindeman reconnut que le *Berouw* était échoué, et, à 7 heures du matin, il vit approcher une vague très haute qui se déversait sur la côte adjacente, de manière à inonder le littoral et, suivant toute probabilité, à en noyer les habitants. Le phare avait été complètement détruit, et le navire naufragé se trouvait fort loin en terre, au milieu des cocotiers; tous les petits bateaux qui en étaient voisins la veille, avaient disparu complètement. La position paraissant très dangereuse, le commandant du *Governor* se hâta de retourner vers Anger; mais la chute des cendres devint de plus en plus abondante, et il dut jeter l'ancre à l'entrée de la baie par 15 brasses d'eau. L'obscurité fut bientôt aussi profonde que dans les nuits les plus noires; le vent souffla en tempête, et pour résister aux grandes vagues qui se succédaient, il fallut en y faisant face rester sous vapeur, à demi-pression. Tous les objets qui se trouvaient sur le pont sans y être solidement amarrés, furent emportés par les raffales, et l'on dut fermer hermétiquement toutes les écoutilles.

A la pluie de pierres ponces succéda une boue tellement abondante, qu'en dix minutes le pont se trouva recouvert d'une couche d'un demi-pied d'épaisseur. A midi, le vent se calma; on arrêta la machine et l'on s'occupa à déblayer le pont; mais l'obscurité subsista jusqu'au lendemain matin. Enfin, à 4 heures, le bâtiment leva l'ancre et se remit en marche. En arrivant à 2 milles de Poulo-Tiga, on crut voir que cette île avait été réunie aux îles adjacentes, à l'île Seboukou et même à la terre ferme, soit par une digue rocheuse, soit par un amas de pierres ponces et de troncs d'arbres. La route suivie jusqu'alors paraissant impraticable, M. Lindeman se dirigea vers le canal de l'île Lagoendie, qu'il trouva à peu près libre. Mais, quand il voulut sortir de la baie, il se vit en présence d'un immense banc flottant, formé par une couche de pierre ponce épaisse de plus de 2 mètres. Il parvint cependant à s'y frayer un passage. Se dirigeant alors vers l'île de Krakatoa, il y arriva le 28 août. Il constata alors que le milieu de l'île avait disparu; la fumée avait cessé de se montrer; entre Krakatoa et l'île de Sebesi existait une ligne de récifs de formation nouvelle, et plusieurs cratères en activité vomissaient des colonnes de fumée.

Se rapprochant alors de la côte de Java, M. Lindeman n'y vit que scènes de désolation. Il n'y avait plus aucune trace de l'existence de la ville d'Anger.

Entre Krakatoa et l'île de Sebesi, les cendres et les ponces se trouvèrent accumulées en telle quantité, qu'elles avaient presque entièrement comblé la mer, et qu'il en résulta la formation de deux îles, auxquelles furent donnés les noms de Steer et de Calmeyer. A la vérité, ces îles, qui ne dépassaient le niveau de la mer que de quelques mètres, ayant subi le choc réitéré des vagues, ont disparu bientôt, laissant à leur place deux bas-fonds.

Les déjections des éruptions du 26 et du 27 août, cendres et fragments de pierres, se sont réparties fort inégalement autour du foyer qui les vomissait. L'action des vents régnants s'est surtout fait sentir sur les fines particules de cendre qui ont été emportées, surtout au sud-ouest et au nord-ouest, à d'énormes distances : ces cendres sont tombées jusque près de Bandoeng (à 250 kilomètres de Krakatoa) à l'est-sud-est, jusqu'à Singapore et Bengkalis (à 835 et 915 kilomètres) dans la direction nord-nord-ouest, et enfin jusqu'à l'île Keeling, à 1200 kilomètres de Krakātoa dans la direction du sud-ouest. Quant au volume des matériaux rejetés, il décroît naturellement avec la distance. A l'intérieur d'un cercle de 15 kilomètres autour de Krakatoa, l'épaisseur des couches variait entre 40 mètres et 20 mètres. Sur le revers de l'île même, l'épaisseur des monticules de cendres allait en certains points jusqu'à 60 et 80 mètres. Mais depuis lors l'action des pluies a creusé de profonds sillons dans ces amas de matériaux meubles, et l'ancienne surface a reparu çà et là au jour, avec les troncs d'arbres déracinés, renversés, dépouillés de feuilles.

D'après des évaluations de marins qui furent témoins oculaires des premières éruptions, la hauteur à laquelle s'élevait la colonne de fumée sortant du cratère n'aurait pas été inférieure à 11 000 mètres; lors des éruptions les plus violentes des 26 et 27 août, c'est 15 ou 20 000 mètres qu'auraient atteint les projections des deux volcans.

M. Verbeck, après une étude approfondie des renseignements recueillis de toutes parts sur la quantité des matières solides rejetées, a conclu que cette quantité ne pouvait être inférieure à 18 kilomètres cubes. Les deux tiers de cette masse énorme auraient été déposés dans un cercle de 15 kilomètres de rayon autour de Krakatoa.

Un tel volume de matières s'explique aisément quand on songe que non seulement l'explosion la plus violente du 27 août a produit l'effondrement des deux cônes du Perbouwatan et de Danan, ainsi que la destruction d'une moitié du pic de Rakata, mais que les deux tiers de l'île tout entière ont été projetés en l'air. Et encore, quand nous parlons des deux tiers de l'île, ne s'agit-il pas seulement du relief du sol au-dessus du niveau de la mer; en effet, à la place où gisait la partie enlevée, la sonde accuse partout aujourd'hui des profondeurs de 50, 80, 160, 240 et même 300 mètres.

LE RAZ DE MARÉE. — LES RUINES, LES VICTIMES DE LA CATASTROPHE.

Tout ce qu'on vient de lire ne peut donner encore qu'une faible idée de la puissance destructive de l'explosion. Ce n'est guère en effet qu'à une distance relativement petite du foyer d'éruption que la pluie de cendres, de pierres ponces et de boue a causé d'irréparables désastres, enseveli des îles entières et anéanti tout ce qui avait vie à leur surface. Un fléau plus terrible, qui a porté à des distances beaucoup plus considérables la dévastation, la ruine et la mort, c'est la grande vague produite par l'effondrement des cratères, et surtout du pic de Rakata. Toutes les côtes voisines de Sumatra et de Java sur des centaines de kilomètres de longueur, toutes les îles du détroit, ont été subitement et irrésistiblement submergées par une masse liquide effroyable, dont la hauteur se mesurait par 20, 30, 40 mètres.

C'est ce qui explique comment on n'a pu avoir presque aucun renseignement détaillé sur ce qui s'est passé dans les deux néfastes journées des 26 et 27 août; presque tous ceux qui auraient pu donner leur témoignage sont restés au nombre des victimes. Il a fallu reconstituer le drame par les récits des quelques navires qui se trouvaient naviguer dans ces parages et qui, chose curieuse, à part la pluie de cendres et de pierres ponces, n'ont subi eux-mêmes que de faibles avaries. Mais une île comme Sebesi, sur le sol de laquelle vivaient environ 3000 habitants, n'était plus après la catastrophe qu'un affreux désert, qu'une surface recouverte de cendres, d'où toute trace de végétation avait disparu; pas un de ses habitants n'avait survécu.

Tjeringin, Anger, Merak, les seules villes de la côte occidentale de Java où se trouvaient des Européens, ont été complètement détruites; Bantam n'a pas été épargnée. Toutes les côtes des baies de Lampong et de Semangka, sur les côtes de Sumatra les plus voisines de Krakatoa, ont subi le même sort; envahies par le raz de marée, elles ont vu en un instant toute leur végétation détruite, les villes et villages saccagés et leurs habitants engloutis sous les eaux, sans que la soudaineté et l'imprévu de cette inondation leur aient permis de fuir la mort en se réfugiant dans les hauteurs.

J'emprunte au récit d'un voyageur qui a exploré les contrées ravagées en mai 1884, environ neuf mois après l'événement, M. Edmond Cotteau, quelques passages de la relation qu'il a publiée dans le *Tour du monde;* ils donneront une juste idée des désastres occasionnés, soit par la projection des matières volcaniques, soit surtout par la vague du 27 août. Parti de Batavia le 21 mai sur le *Kédiri*, navire mis gracieusement à sa disposition par le gouvernement hollandais, notre compatriote longea la côte septentrionale de Java, en se dirigeant vers le détroit de la Sonde; vis-à-vis du district du Tangarang, cette côte avait été inondée jusqu'à une distance de 1 kilomètre à 1 kilomètre et demi; 9 villages entièrement détruits, cinq autres en partie ruinés, et 2340 indigènes ou Chinois noyés, tel fut le sort de cette partie des côtes de Java.

Dans la province de Bantam, les ravages ne furent pas moindres. « Les innombrables cocotiers qui couvraient les plages ont disparu, tous les arbres ont été rasés, et il ne reste plus trace d'une seule habitation. Là où vivait, il y a neuf mois à peine, au milieu des jardins et des plantations, une population nombreuse et paisible, on ne voit plus qu'une plaine marécageuse et déserte. Une bande de terrain de couleur jaunâtre se déroule parallèlement au rivage; elle indique l'emplacement des sols dénudés par l'envahissement de la mer, et forme, avec la verdure éclatante du reste de la contrée, une ligne de démarcation nettement tranchée.

« Le capitaine nous montre où fut Anger, port le plus fréquenté de la côte de Java, sur le détroit de la Sonde. Toute la plaine environnante, présentant une largeur d'environ 1000 mètres, a été rasée. Sur le rivage, la mer a rejeté d'énormes blocs de coraux, dont le plus gros a un volume de 300 mètres cubes.

« Plus loin se trouvait la localité populeuse de Tjaringin, dont il n'est rien resté non plus. Elle était située dans une vaste plaine, derrière laquelle s'élevaient des collines hautes de 20 à 30 mètres; c'est là que se sont sauvées les quelques personnes qui en eurent le temps.

« A Mérak, Anger et Tjaringin, on a enregistré officiellement le chiffre de 19.632 victimes, dont 32 Européens; 48 villages furent complètement détruits, 37 autres en partie seulement. »

Arrivés à la pointe sud-occidentale de Java où un phare (*Java's eerste Punt*), bâti sur un roc à 40 mètres de hauteur, a échappé à la vague et n'a point eu à souffrir de la catastrophe, les passagers du *Kédiri* descendirent à terre et ils purent contempler de près les ravages du littoral. « La forêt environnante, naguère impénétrable, présente maintenant, depuis le rivage jusqu'au pied des collines, c'est-à-dire sur une bande de terrain large de 3 à 400 mètres, l'image de la dévastation la plus complète. Çà et là d'énormes troncs, dépouillés d'écorce, restent encore debout, mais le nombre de ceux qui jonchent le sol est bien plus considérable. Cependant la nature travaille à réparer le désastre : de tous côtés les feuilles luisantes des bananiers sauvages se font jour à travers la couche épaisse de cendres et de ponces qui recouvre le sol ; une légion de lianes et de plantes parasites courent dans toutes les directions, enveloppant de leur inextricable réseau les racines desséchées des géants de la forêt, et s'élançant à l'assaut de leurs squelettes blanchis. »

Dans l'île du Prince, voisine de la pointe, 56 personnes se trouvaient accidentellement, au moment de la catastrophe, occupées à couper du bois : toutes périrent, englouties sous une vague de 15 mètres de hauteur. Au nord-ouest de Krakatoa, dans les îles Lagoundi, les végétaux ont en outre subi l'action des pluies de cendres chaudes ou de boue tiède, qui les ont dépouillés de leur feuillage.

2160 victimes ont péri dans le district de Beniawang, à 130 kilomètres cependant de Krakatoa. Ce district est situé au fond de la baie de Semangka, qui, comme celle de Lampong, baigne les côtes sud-est de Sumatra, et qui ont été visitées dans la journée du 27 par la fameuse vague. Mais sur les côtes de Lampong, plus rapprochées de Krakatoa que les premières, le chiffre des victimes s'est élevé bien plus haut et n'a pas été moindre de 7165. Telok-Betong, au fond du golfe, dont le port était encore difficile à aborder à cause du banc de pierres ponces flottantes qui l'obstruaient, fut ensuite visité par M. Cotteau, qui en a dépeint en ces termes la physionomie :

« A la place de la cité florissante dont les avenues régulières se perdaient sous de magnifiques ombrages, on ne voit plus aujourd'hui qu'un vaste terrain absolument nu, parsemé de flaques d'eau saumâtre où séjourne la fièvre.

« Nous traversons sous un soleil de feu cette plaine lugubre, où la moitié des habitants de la ville, c'est-à-dire plus de 1500 personnes, ont trouvé la mort. Les cases des indigènes, constructions légères en bambou, ont disparu sans laisser aucune trace ; elles ont été littéralement balayées par la mer, tandis que çà et là des amas de décombres indiquent l'emplacement des maisons européennes, d'une construction plus solide.

« Le résident est absent. Sa belle habitation, que nous visitons, a été épargnée, grâce à sa situation sur une éminence, à une altitude de 30 mètres au-dessus du niveau de la mer; mais il s'en est fallu de bien peu qu'elle n'ait été emportée comme les autres.

« La catastrophe eut lieu le 27 août, à 10 heures et demie du matin. D'après M. Verbeck, personne n'a pu l'observer, tout étant caché dans une obscurité profonde qu'on a décrite comme « plus noire que la plus noire nuit ». Les fugitifs rassemblés dans la résidence entendirent seulement un fracas épouvantable, occasionné par un vent violent qui brisait les arbres et lançait avec force la boue contre les portes et les fenêtres. Nous constatons par nous-mêmes que la mer s'est arrêtée à la première marche de l'escalier qui donne accès à la plate-forme sur laquelle est construite la résidence. Immédiatement au-dessous, la trace des dégâts causés par les eaux se distingue facilement. Cette distinction est visible sur un monticule qui s'élève dans les environs, au milieu de la campagne de Lampong, et qu'on nomme le Mont des Singes : la bande blanchâtre qu'on voit à la base tranche nettement sur la verte forêt qui en couronne la partie supérieure. »

On a vu plus haut, dans la relation du commandant Lindeman, qu'un steamer, *le Berouw*, se trouvait le 26 août en rade de Telok-Betong. Ce navire fut jeté dans les terres par les lames du 27. M. Edmond Cotteau, pendant son court séjour en ces parages, fut conduit par ses hôtes à l'endroit où le navire avait été transporté. « Après une heure de fatigues, dit-il, nous nous trouvâmes tout à coup, à un détour de la rivière, en présence d'un spectacle étrange : un grand steamer à roues est devant nous, intact, échoué en pleine forêt, suspendu comme un pont au-dessus de la rivière; par-dessous sa quille, l'eau s'écoule paisiblement sur un lit de larges galets noirâtres. La puissante végétation équatoriale encadre ce tableau bizarre.... Voici comment les choses se sont passées. Le *Berouw* était mouillé devant Telok-Betong, lorsque, dans la matinée du 27 août, une lame le souleva, le fit passer sans avaries par-dessus la digue, et le déposa dans le quartier chinois. Le 28, lorsque le jour revint, il avait disparu. On le retrouva où nous l'avons vu, dans un repli de la rivière Kouripau, à 3300 mètres de son mouillage en rade et à 2200 du point du quartier chinois où il avait été transporté le matin.... Au moment de la

TELOK-BETONG AVANT L'ÉRUPTION DE KRAKATOA.

catastrophe, les deux seuls Européens qui se trouvaient à bord du *Berouw*, le capitaine et le mécanicien, ont cru trouver le salut en s'accrochant aux branches d'un arbre; mais une seconde vague survint, plus terrible encore que la première, emporta l'arbre et les noya, tandis que l'équipage, demeuré à bord, restait sain et sauf. »

De Kelok-Betong, le *Kédiri* se dirigea au sud-est, et visita en passant les îles Seboukou et Sebesi pour arriver au siège de l'éruption d'août à Krakatoa. La première de ces îles, située à 8 lieues de celle-

LE MONT DES SINGES APRÈS LA CATASTROPHE.

ci, était inhabitée; elle était couverte de forêts. « Les effets produits sont plus terrifiants encore, dit M. Cotteau, que tout ce que nous avons vu jusqu'à présent. A la place de la forêt, il n'existe plus qu'un chaos de troncs blanchis, couchés sur les pentes des collines, en partie enfouis sous la cendre. »

Poursuivant notre route, nous débarquons à Sebesi, à 20 kilomètres seulement de Krakatoa. Il est impossible de savoir au juste ce qui s'y est passé; car de ses 3000 habitants, tous Malais ou Chinois, pas un n'est resté. La grande vague du 27 a dû y atteindre une hauteur de plus de 30 mètres. L'île est maintenant comme ensevelie sous une couche épaisse d'au moins 10 mètres de cendres grises, mêlées de pierres ponces et de fragments d'obsidienne. Sa forme générale, qui est celle d'un cône volcanique, presque régulier, est restée la même, mais son littoral s'est sensiblement accru, par suite de la chute des matériaux projetés par Krakatoa.

En visitant l'intérieur de l'île, ce qui ne laissait pas d'offrir des difficultés à cause de la couche profonde de cendres boueuses recouvrant le sol, les explorateurs furent témoins d'un spectacle navrant.

LE BEROUW, STEAMER ÉCHOUÉ.

Sur l'emplacement d'un ancien village que les eaux, dans leur retraite vers la mer, avaient laissé à découvert en balayant les cendres jusqu'au niveau du vrai sol, ils se trouvèrent en présence « d'une cinquantaine de cadavres gisant là pêle-mêle au milieu des débris de leurs demeures et des ustensiles de leurs ménages. Beaucoup sont enveloppés de *sarongs* multicolores, très peu détériorés. On voit encore des touffes de longs cheveux noirs adhérant aux crânes luisants; objets mobiliers, ossements blanchis, vêtements, tout est confondu dans un affreux désordre. Évidemment ces malheureux sont morts étouffés sous une pluie de boues relativement froides, car nulle part on ne voit de traces de brûlures. Cependant la nature a déjà commencé son œuvre de réparation : de vigoureuses pousses de bananiers émergent du sol; des noix de coco, tombées des arbres qui ne sont plus, ont germé, et leur verdoyant panache ombragera bientôt le champ de la mort. »

On s'est demandé longtemps comment des villes entières, telles qu'Herculanum et Pompéi, avaient pu être subitement ensevelies sous les cendres du Vésuve, avant que leurs habitants eussent pu fuir. L'exemple de la catastrophe d'août 1883, des ruines causées par les

LES VICTIMES DE L'EXPLOSION DE KRAKATOA, DANS L'ILE SEBESI.

pluies de boue et de cendres lancées par Krakatoa, les cadavres que l'on retrouve encore couchés sous ce linceul dans une attitude si semblable à celle des cadavres pompéiens, aideront à comprendre la possibilité d'événements que les éruptions ordinaires du volcan napolitain faisaient considérer comme quasi impossibles.

Le *Kédiri* se trouva bientôt en vue de Krakatoa, sur la place même où neuf mois auparavant s'élevait encore toute la partie septentrionale de l'île, avec ses deux cratères, alors en activité, de Perbouwatan et de Danan; mais impossible d'y trouver un mouillage, la sonde accusant, comme on l'a dit plus haut, des profondeurs de 200 à 300 mètres. Le navire dut rester sous vapeur à un demi-kilomètre de terre. Ayant approché du grand cône, toujours debout, du pic de Rakata, ils purent contempler la section triangulaire résultant de l'effondrement de la moitié nord. La coupure ayant eu lieu précisément par le point le plus élevé du cône, le côté septentrional du pic se montre aujourd'hui sous l'aspect d'une falaise de plus de 800 mètres de hauteur (voy. page 41). « Le ton général en est d'un brun rougeâtre. On distingue facilement, dit M. E. Cotteau, les bancs des anciennes coulées de lave, disposées en assises assez régulières, séparées par des lits de cendres et traversées de haut en bas par un réseau compliqué de veines ou de filons de couleur moins sombre. » Ainsi que le dit M. Verbeck dans son rapport au gou-

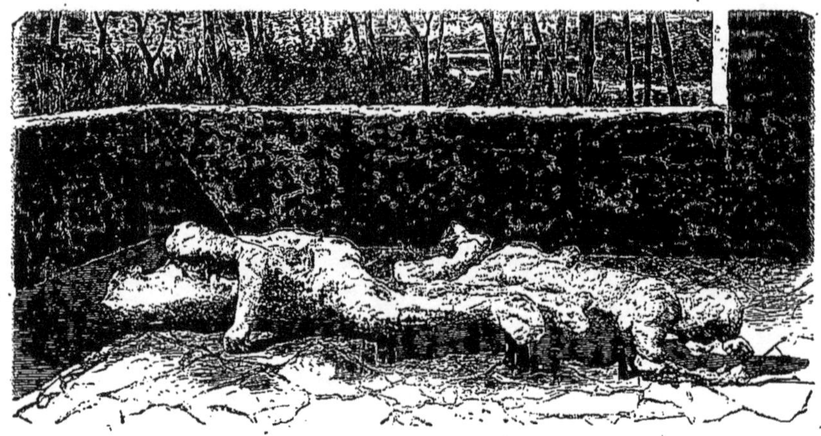

CADAVRES POMPÉIENS.

vernement hollandais, l'effondrement a donné naissance à une coupe volcanique qui n'a probablement pas sa pareille au monde. « A l'extrémité occidentale de la coupure du pic de Rakata, nous trouvons enfin un point abordable. Nous débarquons sur une petite plage tranquille, à l'issue d'un ravin dont les parois escarpées sont formées, d'un côté, par d'anciennes coulées de lave noirâtre, et de l'autre par des cendres solidifiées et des ponces pulvérulentes presque blanches. Là il nous est permis d'étudier avec sécurité la nature des roches et des divers produits volcaniques accumulés par la dernière éruption sur une épaisseur qui atteint en ce point 80 et même 100 mètres. »

La carte qu'a publiée M. Verbeck permet de se rendre compte de la perte et des gains que les éruptions de 1883 ont fait subir à l'île Krakatoa, ainsi qu'aux deux îlots voisins, Verlaten et Lang. Les chiffres suivants traduiront mathématiquement les résultats que la carte montre aux yeux. « Krakatoa occupait autrefois une étendue de 33 kilomètres carrés et demi, dont 23 se sont abîmés; il reste donc $10^{kil},75$. Mais, aux côtés sud et sud-ouest, l'île s'est accrue d'une ceinture de produits éruptifs, de sorte que la superficie de la nouvelle Krakatoa est

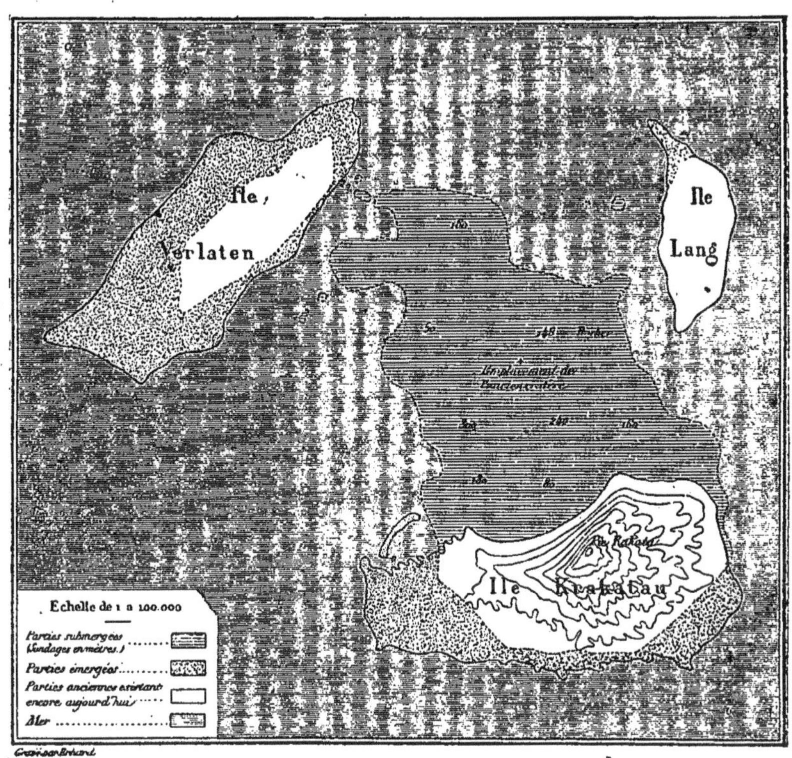

LES ILES KRAKATOA, VERLATEN ET LANG, AVANT ET APRÈS L'EXPLOSION DU 26 AOUT 1883.

maintenant, d'après notre lever, de 15 kilomètres carrés et demi. L'île Lang, qui jadis mesurait $2^{kil},99$, a aujourd'hui $3^{kil},92$; l'île Verlaten a reçu un accroissement très considérable : sa superficie, autrefois de $3^{kil},97$, s'élève actuellement à $11^{kil},98$. Du Poolsche-Hoedja il ne subsiste plus rien. » Ce dernier îlot existait, avant l'éruption, dans l'ouest de Lang.

Citons, pour terminer, une particularité curieuse. Nous venons de voir que toute la partie nord de Krakatoa a été détruite et remplacée par une mer profonde. Toutefois il reste un débris de la partie effondrée : c'est un noir rocher qui affleure et se dresse à 5 mètres environ au-dessus de la surface des eaux, à peu de distance du point où existait le Perbouwatan. Il ne mesure que 10 mètres carrés au plus en surface, et tout à côté la sonde accuse une profondeur de plus de 200 mètres. « C'est comme une gigantesque massue, dit M. Verbeck, que Krakatoa élève, menaçante, de son sol effondré. »

Telle fut, dans ses effroyables conséquences, la catastrophe du 27 août 1883. Les détails dans lesquels nous venons d'entrer ne sont sans doute qu'une faible partie de ceux que contiendrait un historique complet de l'événement. Ils suffiront peut-être à donner une idée de l'irrésistible puissance avec laquelle peuvent agir, à des moments heureusement rares, les forces cachées que recèle le foyer intérieur de notre planète; mais ils ne rendront jamais l'horreur des scènes tragiques qui ont désolé tant de lieux populeux et fertiles, ni ne parviendront à dépeindre l'angoisse affreuse de celles des victimes qui ont vu venir la mort pour elles, pour leurs familles, pour leurs amis, sans qu'aucune possibilité de salut ait pu être un seul instant entrevue.

LES EXPLOSIONS DU TEMBORO, DU SKAPTAR-JOCKULL, DU MAUNA-LOA.

Ce n'est point une consolation de penser que de telles catastrophes ont affligé antérieurement déjà d'autres contrées. Cependant, si l'éruption de Krakatoa est unique peut-être par l'étendue et l'énergie de ses effets destructeurs, on va voir par quelques exemples antérieurs que d'autres éruptions ont approché de celle-là sous ce point de vue.

J'ai cité plus haut celle du Temboro en 1815. Le Temboro est, comme on sait, un volcan de l'île Sumbawa, dans l'archipel des îles de la Sonde. L'explosion dont je viens de parler fut telle, que le cône du volcan, projeté en l'air, vit sa hauteur réduite de 1600 mètres. La quantité de cendres, de ponces, de laves incandescentes ainsi lancées fut si énorme, qu'on en a évalué le volume à trois fois celui du Mont-Blanc. A Java, c'est-à-dire à une distance de 900 kilomètres, les cendres tombèrent en si grande abondance, que la nuit succéda au jour en plein midi. Les explosions durèrent plus d'un mois; la ville de Temboro fut détruite, et l'on évalua à 1200 le nombre des victimes.

Un des volcans d'Islande, le Skaptar-Jockull, eut en 1783 l'une des plus terribles éruptions qu'ait enregistrées l'histoire. Deux torrents de lave s'écoulèrent à des distances de 80 et de 65 kilomètres; leur largeur ne mesurait pas moins de 24 et de 12 kilomètres, et en plusieurs points leur épaisseur atteignait 150 mètres. On estime que le volume des matières ainsi rejetées égalait le double du volume total de l'Hécla; les calculs de Bischof donnent un volume supérieur à celui du Mont-Blanc. « Tout le pays environnant fut la proie du feu; les anciennes laves furent refondues, et de toutes parts se formèrent des cavernes souterraines. L'effervescence dura plus de huit mois, et la lave mit deux ans à se refroidir. A 40 lieues à la ronde, les pâturages furent détruits par les ponces, les laves et les cendres. L'air était infecté de vapeurs pernicieuses, le ciel obscurci par des nuées de cendres. Suivant les calculs les plus modérés, 14000 créatures humaines et environ 150 000 têtes de bétail périrent dans cette effroyable catastrophe[1]. »

Les éruptions du Mauna-Loa, dans l'île d'Hawaï, si elles ont causé moins de victimes que celles du Temboro et du Skaptar-Jockull, leur sont comparables par les dimensions des coulées et la rapidité de leur descente, en grande partie due à leur fluidité. Cette fluidité est très grande, puisqu'un des observateurs de la dernière éruption (novembre 1880 à août 1881), M. W. L. Green, a constaté qu' « après avoir parcouru 30 à 40 milles (48 à 64 kilomètres), la lave est encore dans un état très liquide. Partout, dit-il, où la lave a pu être aperçue à travers quelques ouvertures accidentelles de la croûte, on l'a vue couler en apparence aussi liquide que de l'eau et à une chaleur rouge blanc. »

Voici, d'après un témoin oculaire, M. de Varigny, la description de la coulée de laves que vomit le volcan dans son éruption de 1868. Bien qu'inférieur en dimensions aux coulées de 1852 et de 1859, qui s'étendirent sur des longueurs de 45 à 60 kilomètres sur 2 à 8 kilomètres de large, ce fleuve incandescent n'en fut pas moins remarquable par ses effets terribles. D'une hauteur qui domine le cours de ce

1. Jules Leclercq, *la Terre de glace.*

UN VOLCAN ISLANDAIS : LE CRATÈRE DE L'HÉCLA.

fleuve, dit-il, je puis me rendre compte de sa direction. Sa source est à quelques kilomètres à notre droite, sur les flancs de la montagne, et s'échappe de trois vastes fissures. La lave descend en masse compacte jusqu'au pied de la montagne. Là elle s'est divisée, contournant les mamelons, comblant les vallées; tantôt elle se réunit de nouveau, tantôt elle circule comme au hasard, laissant çà et là de vastes espaces un peu plus élevés complètement intacts. On dirait des îles de toute taille au milieu d'une mer noire et brûlante. La chaleur est intense. Une légère fumée blanche flotte au ras du sol. A la surface, la lave s'est durcie; sur les bords elle est assez forte pour nous porter, mais à mesure que nous avançons elle offre moins de résistance. Au milieu de son lit, nous la sentons plier sous nos pas comme un fleuve de ormation récente. En enfonçant mon bâton, il pénètre cette couche légère, et je l'en retire enflammé.... La largeur de ce bras est d'environ 300 mètres. En examinant la configuration du sol, je puis me rendre à peu près compte de l'épaisseur de la lave : elle n'est pas moindre de 50 pieds, et coule entre deux mamelons. Nous sommes dans une île entourée de lave[1]. »

Plus loin, racontant l'envahissement de plusieurs fermes et plantations jadis florissantes, converties par la lave en champs de pierres et de scories, M. de Varigny décrit ainsi l'arrivée du fléau qui ruina l'un des propriétaires de ces fermes, le capitaine Brown : « Le fleuve de lave était descendu dans la plaine, au milieu de la nuit, comme une inondation de feu, couvrant la plaine sur une largeur de plus de 1 kilomètre. En un instant la maison, les fermes, entourées de laves rouges, avaient pris feu comme une poignée d'herbes sèches, et s'étaient écroulées dans le fleuve qui entraînait tout. Son peu de profondeur lui avait permis de se refroidir rapidement, le cours principal étant plus à gauche. »

L'éruption de 1868 du Mauna-Loa fut signalée à son début par un phénomène extraordinaire, dont la vallée de Kapapala fut le théâtre et ses habitants les victimes. « La terre se fendit avec un bruit épouvantable, et une masse de boue, d'eau et de pierres fut lancée avec une violence telle, que du premier jet elle atteignit une distance de 5 kilomètres, engloutissant tout sur son passage. Près de l'endroit même où le sol se creva se trouvait une hutte indigène en bambous. Elle fut ren-

1. *Voyage aux îles Sandwich* (*Tour du Monde*, année 1875).

ÉRUPTION DU MAUNA-LOA : ANIMAUX ENGLOUTIS DANS LA LAVE.

versée par le choc de l'atmosphère, mais le jet passa par-dessus sans la recouvrir, ne frappa le sol qu'à 300 mètres de son point de départ, et roula sans s'arrêter avec une vitesse supérieure à celle d'un boulet lancé à toute volée. La longueur totale de ce jet de boue, depuis le point où il s'abattit jusqu'à celui où il s'arrêta, est de plus de 4 kilomètres ; sa largeur moyenne est de 1 kilomètre, et son épaisseur, d'environ 1 mètre sur les bords, atteint plus de 10 mètres au centre. Tout ce qui se trouvait sur son passage fut anéanti. Les animaux ne purent échapper, et sur les bords on voyait encore les bœufs et les chèvres saisis par le train de derrière et figés dans cette masse épaisse. On avait constaté la mort de 51 indigènes. »

Le Mauna-Loa, le Kilauea (on a lu plus haut la description de leurs gigantesques cratères) ne le cèdent pas, on le voit, aux volcans des îles de la Sonde pour la violence de leurs éruptions ; mais Hawaï est isolée au sein d'un vaste océan, et les ravages de ses propres volcans ne peuvent, comme à Krakatoa, atteindre d'autres contrées.

TABLE DE GLACIER.

III

LES GLACIERS D'AUJOURD'HUI ET LES GLACIERS D'AUTREFOIS

VOLCANS ET GLACIERS.

Les glaciers, les volcans! L'eau et le feu, deux ennemis qui se détruisent l'un l'autre, à moins que, par un contact réciproque, ils ne forment pas eux-mêmes un élément plus destructeur que chacun d'eux.

L'eau, sur notre planète, en recouvre la surface pour les trois quarts, et sous une épaisseur ou profondeur beaucoup plus considérable que n'est le relief des terres. Quant au feu, qui sait si, conformément aux vues de bien des savants, il ne constitue pas, sous la forme d'une masse liquide incandescente, tout le reste du globe, c'est-à-dire tout le noyau contenu sous la croûte des terrains solidifiés?

Si cela est, s'il est vrai qu'en pénétrant au cœur de la Terre, par un puits de mine indéfiniment prolongé, on rencontrerait des températures croissantes, à raison de 1 degré centigrade environ par chaque 30 mètres de profondeur, il est clair qu'avant d'avoir percé l'écorce à plus du centième de son rayon, c'est le feu qu'on trouverait sans nul doute. Les observations recueillies jusqu'à présent donnent bien, en effet, cette progression, souvent même une progression plus rapide pour l'augmentation de température avec la profondeur; mais cette loi persiste-t-elle à mesure qu'on descend plus profondément dans les entrailles de la Terre? L'expérience faisant défaut, on ne pouvait faire là-dessus que des conjectures, et on peut croire qu'elles n'ont pas manqué.

La lave qui sort toute bouillonnante ou incandescente des cheminées volcaniques, est un argument invoqué par les partisans de l'hypothèse qui fait du noyau intérieur de la Terre une masse liquide en fusion. Ce qui est très vraisemblable, c'est que l'eau joue un grand rôle dans le phénomène d'une éruption volcanique et probablement aussi dans celui des tremblements de terre. Depuis que, grâce à une exploration de plus en plus complète de notre globe, on compte par centaines les bouches d'éruption, les unes en activité, les autres éteintes, d'autres enfin seulement intermittentes, mais qui témoignent également de la continuité des forces souterraines, on a constaté que le plus grand nombre des cratères volcaniques se sont ouverts à proximité de la mer. On s'est demandé dès lors si l'eau, en pénétrant à l'intérieur du globe par les failles ou fissures que présentent les couches de l'écorce terrestre, n'était pas la cause déterminante des phénomènes éruptifs. Cette eau, arrivant au contact de roches très chaudes, de matières incandescentes, se réduit spontanément en vapeur, acquérant une prodigieuse force expansive, surtout dans les profondeurs où la pression des masses surplombantes est si énorme, que la vapeur surchauffée y reste emprisonnée comme dans une chaudière aux parois d'une résistance infinie. Que, par une cause quelconque, cette résistance cède sur un point, et la vapeur, trouvant une issue, détermine une explosion ou même une série de formidables explosions. De là les tremblements de terre, de là les éruptions des volcans, si déjà un évent volcanique existe là où l'eau de la mer s'est infiltrée sous la terre.

Que le lecteur me pardonne cette digression ou plutôt cette transition. Du domaine du feu souterrain nous voulons passer à celui des eaux atmosphériques, des neiges éternelles, des sources toujours renouvelées des torrents, des rivières et des fleuves. Par la merveilleuse circulation qui, de l'atmosphère, épand l'eau sur la surface du globe, la fait évaporer, remonter aux nuées pour retomber encore, et de là la conduire au réservoir commun, à l'Océan, l'eau est l'agent universel qui, sous la fécondation de la chaleur solaire, entretient partout le mouvement et la vie. Mais il fallait bien laisser entrevoir aussi quel

ASPECT DE LA CHAINE DES DOMES EN AUVERGNE.

rôle elle joue dans l'œuvre des forces destructives à la surface de la planète, et ce rôle paraît d'une grande importance depuis qu'on sait que l'eau intervient très probablement, comme je viens de le rappeler, dans les phénomènes volcaniques et séismiques.

Les glaciers et les volcans, qui par eux-mêmes et dans le cours de leur action contemporaine ou actuelle, offrent tant de sujets intéressants d'observation, tant et de si variés phénomènes, ne sont pas moins curieux à considérer les uns que les autres, au point de vue de l'histoire de la planète. Les volcans, comme les glaciers, ont laissé des traces incontestables de leur action dans nombre de régions où cette action a cessé depuis un nombre incalculable de siècles. Pour ne citer que quelques exemples entre mille, quelle merveilleuse accumulation de cônes, de cratères *volcaniques*, de déjections de lave dans ce plateau central de Cantal et d'Auvergne, aujourd'hui si calme, si paisible, jadis bouleversé par les éruptions de cent bouches enflammées! Et l'Eifel, ce plateau montagneux de la Prusse rhénane, si remarquable par le nombre de ses cratères grands et petits, les uns conservant encore leurs formes régulières, les autres présentant leurs parois ébréchées : autour du cratère-lac de *Laacher-See*, dans un rayon de 7 ou 8 kilomètres au plus, on ne compte pas moins de 31 cônes volcaniques. A la surface de la planète et sur tous les continents, se voient des contrées qui gardent les traces manifestes de l'action du feu souterrain : ces régions volcaniques éteintes seraient sans doute bien plus multipliées encore, si le relief résultant de l'accumulation des matières des éruptions successives n'avait disparu à la longue sous l'influence d'un autre agent, de l'eau sous toutes ses formes, océan ou lac, torrent ou fleuve, pluie, neige, etc. Tantôt les terrains volcaniques ont été lentement recouverts par les dépôts maritimes ou fluviatiles, tantôt ils ont subi les érosions des eaux courantes et perdu ainsi la netteté du relief accusant leur origine. Mais les géologues ne s'y trompent pas, et, par leur analyse des roches superposées, ils leur assignent, sans possibilité d'erreur, leur généalogie.

Il en est de même des traces des anciens glaciers; mais à cet égard, et pour faire bien comprendre la nature des témoignages de l'existence des anciens glaciers, nous sommes dans l'obligation d'entrer dans quelques détails.

TRACES DES MOUVEMENTS GLACIAIRES : STRIES ET MORAINES.

On connaît l'origine ou le mode de formation des glaciers. On sait que ces fleuves glacés, à la surface hérissée et sillonnée de crevasses plus ou moins profondes, prennent naissance dans les cirques de neige des hauts sommets. Tous les ans, la chaleur des rayons solaires fait fondre la neige à la surface de ces masses accumulées pendant les saisons d'automne, d'hiver et de printemps. L'eau qui résulte de cette fusion partielle s'infiltre dans la couche sous-jacente, s'y gèle pendant la nuit, transformant peu à peu la neige pulvérulente en une masse granuleuse, plus compacte, et qui, sous l'influence de fusions et de congélations successives, devient à la fin une glace blanche, qu'on nomme *glace bulleuse*, parce qu'elle renferme, emprisonnée dans ses molécules, une multitude de petites bulles d'air. Par une infiltration plus parfaite, cette glace bulleuse devient homogène, transparente : elle offre cette limpide couleur azurée dont s'émerveillent les touristes. Les champs de *névé* des hautes cimes se changent ainsi peu à peu en champs de glace dont la masse imposante descend insensiblement, sous l'action prépondérante de la pesanteur, le long des pentes de la vallée.

Ce n'est pas ici le lieu d'entrer dans la discussion des théories par lesquelles les géologues et les physiciens ont rendu compte du mouvement des glaciers. Quelque opinion qu'on adopte à cet égard, il est un point hors de contestation, c'est que ce mouvement de progression existe, tantôt plus, tantôt moins rapide, ce qui fait que, selon les années, le front des glaciers s'avance ou recule. Cela dépend de la compensation qui s'établit entre la quantité de neige tombée sur les sommets et accumulée dans les cirques, et la diminution que subit la masse du glacier sous l'influence de deux causes : la fusion de sa partie inférieure, là où le glacier, vaincu par une température trop élevée, de glace se change en torrent; puis l'évaporation et la fusion superficielle : phénomènes qu'Agassiz a réunis sous la dénomination commune d'*ablation*. Mais, qu'on ne s'y trompe point : lorsque l'observation constate qu'un glacier recule, que le front terminal s'avance de moins en moins dans la vallée, cela ne signifie pas que le mouvement de progression a cessé et fait place à un mouvement inverse; cela veut dire simplement que les chutes de neige moins abondantes n'ont pas suffi à remplacer en haut la neige fondue par en bas. Le mouvement en avant peut diminuer de vitesse : il ne cesse point.

Chose curieuse! cette masse compacte, dont les dimensions en longueur, largeur et épaisseur sont parfois considérables et se mesurent par kilomètres pour les premières, par centaines de mètres pour la dernière, ce poids énorme que pousse une force irrésistible, ne se meut point avec la même vitesse dans toutes ses parties : le milieu marche plus vite que les bords; la glace de la surface marche avec plus de rapidité que celle du fond. Mais n'insistons pas sur ces particularités qui donnent l'explication des fissures ou crevasses, et arrivons à un genre de phénomènes qui est tout à fait caractéristique des glaciers. Je veux parler des *stries* que le glacier burine sur les roches latérales et sur les roches sous-jacentes entre lesquelles il se trouve encaissé. Je veux parler encore des *moraines*, de ces longues traînées de cailloux, de roches de toutes dimensions, que le glacier charrie sur ses bords, dans certains cas en son milieu, ou qu'il pousse devant lui et amène sur son front.

Ce sont là les témoins qu'invoquent les naturalistes pour reconstituer l'histoire des glaciers anciens, de même que les cratères, avec le chaos de leurs roches entassées, avec leurs coulées de laves redisent l'histoire des anciens volcans.

Parlons d'abord des stries, et interrogeons un des savants explorateurs de glaciers, M. Charles Martins. « Si l'on pénètre, dit-il, entre le sol et la surface intérieure du glacier, en profitant des cavernes de glace qui s'ouvrent quelquefois sur ses bords ou à son extrémité, on rampe sur une couche de cailloux et de sable fin imprégnés d'eau. Si l'on enlève cette couche, on reconnaît que la roche sous-jacente est nivelée, polie, usée par le frottement et recouverte de stries rectilignes ressemblant tantôt à de petits sillons, plus souvent à des rayures parfaitement droites qui auraient été gravées à l'aide d'un burin ou même d'une aiguille très fine. Le mécanisme par lequel ces stries ont été gravées est celui que l'industrie emploie pour polir les pierres ou les métaux. A l'aide d'une poudre fine appelée *émeri*, on frotte la surface métallique, et on lui donne un éclat qui provient de la lumière réfléchie par une infinité de petites stries extrêmement ténues. La couche de cailloux interposée entre le glacier et le roc sous-jacent, voilà l'émeri. Le roc est la surface métallique, et la masse du glacier qui presse et déplace la couche de boue, en descendant continuellement vers la plaine, représente l'action de la main du polisseur. Aussi les stries dont nous parlons sont-elles toujours dirigées dans le sens de la marche du glacier ; mais, comme celui-ci est sujet à de petites déviations latérales, les stries se croisent quelquefois en formant entre elles des angles très petits. Si l'on examine les roches qui bordent le glacier, on retrouve les mêmes stries burinées sur les parties qui ont été en contact avec la masse congelée. Souvent j'ai pris plaisir à briser la glace qui pressait le rocher, et sous cette glace je trouvais des surfaces polies et couvertes de stries. Les cailloux et les grains de sable qui les avaient

GLACIER DE GRINDELWALD.

gravées étaient encore enchâssés dans le glacier comme le diamant du vitrier est fixé au bout de l'instrument qui lui sert à rayer le verre.

« Les stries gravées sur les rochers en contact avec le glacier sont en général horizontales ou parallèles à sa surface. Toutefois, aux rétrécissements des vallées, ces stries se redressent et se rapprochent de la verticale. Il ne faut point s'en étonner. Forcé de franchir un détroit, le glacier se relève sur les bords et remonte le long des flancs de la montagne qui lui barre le passage. C'est ce qu'on voit admirablement près des chalets de la Stierogg, étroit défilé que le glacier inférieur de Grindelwald est obligé de franchir avant de s'échapper dans la vallée de même nom. Sur la rive droite du glacier, les stries sont inclinées de 45 degrés à l'horizon ; sur la rive gauche, celui-ci s'élève quelquefois jusqu'aux forêts voisines, et entraîne de grosses mottes de terre chargées de touffes de rhododendrons et de bouquets d'aunes, de bouleaux, ou de sapins. Les roches tendres ou feuilletées sont brisées ou démolies par la force prodigieuse du glacier. Les roches dures lui résistent ; mais la surface de ces roches, aplanie, usée, polie et striée, témoigne assez de l'énorme pression qu'elles ont eu à supporter. C'est ainsi qu'au glacier de l'Aar le pied du promontoire sur lequel s'élève le pavillon de M. Dollfus est poli sur une grande hauteur, et sur la face tournée vers le haut de la vallée j'ai observé des stries inclinées de 65 degrés. La glace, redressée contre cet escarpement, semblait vouloir l'escalader ; mais le roc de granite tenait bon, et le glacier était obligé de le contourner lentement.

« En résumé, la pression considérable d'un glacier, jointe à son mouvement de progression, agit à la fois sur le fond et sur les flancs de la vallée qu'il parcourt. Il polit tous les rochers assez résistants pour n'être pas démolis par lui, et leur imprime souvent une forme particulière et caractéristique. En détruisant toutes les aspérités de ces rochers, il en nivelle la surface et les arrondit en amont, tandis qu'en aval ils conservent quelquefois leurs formes abruptes, inégales et raboteuses. On comprend, en effet, que l'effort du glacier porte principalement sur le côté tourné vers le cirque d'où il descend, de même que les piles d'un pont sont plus fortement endommagées en amont qu'en aval par les glaçons que le fleuve charrie pendant l'hiver. Vu de loin, un groupe de rochers ainsi arrondis rappelle l'aspect d'un troupeau de moutons ; de là le nom de *roches moutonnées* que Saussure leur a donné, et qui leur est resté. »

LE GLACIER DE L'AAR

Des roches striées, burinées, arrondies par les glaciers, passons à d'autres témoignages de leur mouvement de progression : parlons des moraines. Tandis que les premières indiquent, par leur permanence, les points où la masse glaciaire a exercé sa pression, et marquent ses limites en largeur et en épaisseur, les moraines charriées par lui indiquent jusqu'où il a étendu jadis son pouvoir de transport.

On sait quelle est l'origine de ces longues traînées de matériaux de toutes dimensions et de toutes formes que la plupart des glaciers présentent sur leurs bords, quelquefois au milieu de leur largeur, toujours en avant de leur front. C'est le tribut que payent au fleuve congelé les montagnes environnantes. Sous l'influence d'une multitude de causes, les roches se désagrègent, se dégradent, perdent leur équilibre et roulent sur les pentes; les alternatives de froid et de chaleur, la pluie, les orages, les avalanches, les lentes actions chimiques résultant de la pénétration de l'eau dans leurs fissures, sont les agents de cette destruction continue des sommets. Ce phénomène est général dans les contrées montagneuses ; il se produit par conséquent sur chacune des rives d'un glacier, partout où les roches qui les bordent surplombent la surface du fleuve congelé. C'est ainsi que, par des éboulements successifs, la surface d'un glacier se couvre de fragments de roches, et il est facile de comprendre pourquoi ces fragments se disposent en traînées formant des moraines *latérales, médianes, frontales*. Cette disposition est une suite naturelle du mouvement progressif des glaciers. A un premier éboulement en succède un second, un troisième, à certains intervalles; pendant ce temps, les roches déposées les premières s'avancent, les autres se placent à la suite, et la traînée s'allonge à mesure que le temps s'écoule. Quand un glacier est formé de la réunion de plusieurs glaciers secondaires dont chacun avait ses moraines latérales, il présente une ou plusieurs moraines médianes, résultant de la jonction de la moraine de droite du glacier à gauche avec la moraine de gauche du glacier qui occupe la droite dans le sens du mouvement descendant. Pendant longtemps on crut que ces blocs, ces roches de formes et de grosseurs si variées, restaient immobiles là où les avait entassés le hasard des éboulements; le mouvement de progression des glaciers n'était encore connu que d'un petit nombre d'observateurs, bien que de temps immémorial les montagnards suisses ne l'ignorassent point. C'est surtout la nature géologique des blocs des moraines qui mit sur la voie : on constata que ces roches n'avaient pu descendre des montagnes latérales vis-à-vis desquelles on les trouvait; elles de-

LE GLACIER DE L'UNTERAAR.

vaient provenir de points beaucoup plus élevés du glacier. De là à conclure qu'elles étaient, en effet, tombées de plus haut et que la masse de glace les avait lentement charriées à leur position actuelle, il n'y avait qu'un pas. Survinrent les mesures précises qui permirent de trouver les lois du mouvement des glaciers. Les blocs eux-mêmes purent servir à ces mesures.

Quand le professeur Hugi, de Soleure, dans le but de faire des observations suivies, se fit construire une cabane sur le glacier de l'Unteraar pendant l'été de 1827, il constata trois ans plus tard, en 1830, que son observatoire se trouvait transporté 100 mètres plus bas; six ans plus tard, il avait encore descendu de 616 mètres, et quand Agassiz, en 1841, vint observer à son tour et contribuer si heureusement à la science de ces phénomènes, il trouva la cabane du savant suisse à 1432 mètres au-dessous du point où elle avait été édifiée. Le glacier s'était avancé en moyenne, sur son lit de roches, de 102 mètres par année.

Cette vitesse varie d'un glacier à l'autre, et pour un même glacier selon les années. Toujours est-il qu'au bout d'un certain temps une roche quelconque appartenant à une moraine. soit latérale, soit médiane, arrive au front du glacier. Transportée jusque-là paisiblement sur la glace, tout à coup le point d'appui lui manque; dès qu'elle atteint l'escarpement terminal, elle roule sur la pente, sur le talus cristallin au pied duquel elle s'arrête. « Sur le glacier de l'Aar, dit M. Ch. Martins, dont la longueur est de 8 kilomètres, un bloc met cent trente-trois ans à parcourir l'espace compris entre le promontoire de l'Abschwang, qui sépare les deux affluents principaux, et l'extrémité inférieure. L'accumulation de ces blocs forme une digue concentrique à cette extrémité : c'est la *moraine terminale* ou *frontale*, qui diffère de toutes celles dont nous avons parlé, en ce qu'elle ne repose pas sur le glacier, mais au devant de lui, sur le fond de la vallée. »

Les blocs de rochers qui proviennent des moraines latérales et médianes, pour aller former la moraine frontale, possèdent un caractère qui permet de les distinguer de tous ceux que rencontre ou que transporte le glacier. Comme ces roches ont été lentement transportées sans quitter la surface, qu'elles ont participé uniquement au mouvement d'ensemble, sans subir elles-mêmes de déplacement propre, elles conservent sans altération leurs formes primitives. Telles elles sont tombées, telles elles se trouvent déposées au point terminal. Leurs arêtes sont restées vives, leurs angles ne se sont point émoussés et elles ne portent pas ces traces d'usure dont le frottement marque les pierres qui ont été constamment roulées par les eaux courantes. Les seules causes de dégradation sont celles qu'ont pu leur faire subir les agents atmosphériques.

Ces caractères sont particuliers aux roches des moraines superficielles et terminales. On a vu plus haut comment le glacier a rayé sur son parcours les roches qui l'encaissent, soit sur les côtés, soit sur le fond. Une altération semblable atteint les roches qui composent ce qu'on nomme *la moraine profonde*. Voici ce qu'on entend par là. Les parois latérales du glacier ne sont pas en contact immédiat avec les

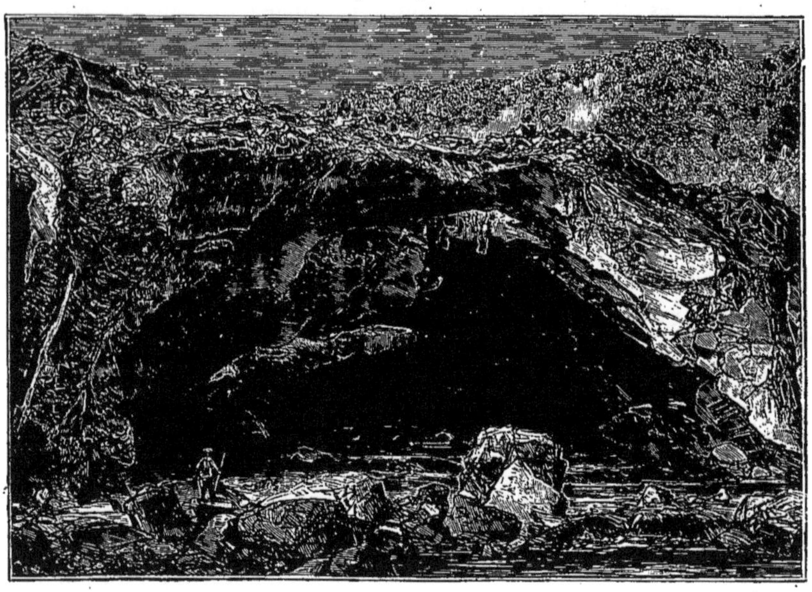

LA SOURCE DE L'ARVEYRON.

roches latérales : il existe entre elles un intervalle, une gorge étroite où nombre de pierres, de débris viennent s'engager; la plupart de ces débris gagnent peu à peu la surface inférieure du glacier, où ils rejoignent les roches qui tombent par l'ouverture béante des puits et des crevasses. Arrivés là, ils constituent la moraine profonde, que le glacier entraîne aussi dans son mouvement, mais en la broyant, en la triturant, en la réduisant en boue qui se mêle à l'eau de fusion terminale. Tous les blocs qui n'ont pas été broyés ainsi et qui sortent de ce gigantesque laminoir portent les traces de cette pression : ils ont leurs angles émoussés, arrondis, présentent des facettes inégales, et, s'ils sont formés d'une roche relativement tendre, ces facettes sont couvertes de stries qui s'entre-croisent dans tous les sens.

LES GLACIERS D'AUTREFOIS.

Ces roches striées, ces dépôts de blocs transportés lentement, mais irrésistiblement, du point où a eu lieu leur chute jusqu'à l'extrémité inférieure de la masse glaciaire, ces cailloux roulés et striés, ces roches moutonnées, tous ces effets mécaniques et physiques du mouvement des glaciers se reconnaissent sans peine sur tout le parcours des glaciers actuels. Mais il y a plus, et c'est là que se reconnaît l'importance des observations les plus minutieuses quand on sait en suivre les conséquences, toutes ces traces, qui servent maintenant à reconnaître l'ancienne extension de glaciers aujourd'hui réduits dans toutes leurs dimensions, peuvent accuser aussi l'existence de glaciers en des régions bien éloignées des champs de névé et des cimes alpestres.

Cette double vérité, aujourd'hui démontrée, parut d'abord une hérésie aux savants qui abordaient l'étude de ces phénomènes gigantesques. Elle avait été entrevue et soutenue par de plus modestes observateurs, mais qui avaient le grand avantage de suivre sur place les changements survenus d'année en année dans les glaciers qui leur étaient familiers parce qu'ils les avaient constamment sous les yeux, e qu'à leurs observations personnelles ils pouvaient sans doute joindre les souvenirs de faits antérieurs transmis par tradition dans les familles de leurs proches ou de leurs voisins. Un éminent physicien, A. de la Rive, a raconté en ces termes comment l'idée de l'ancienne extension des glaciers fit son chemin auprès de savants qui devaient marquer dans l'histoire de cette branche des sciences naturelles.

« Je me souviens, dit-il, qu'étant fort jeune encore, c'était en 1819, et voyageant avec mon père dans le Valais, nous fîmes la rencontre d'un homme qui sous une apparence rustique cachait un esprit d'observation aussi vif que profond. C'était Venetz. Il venait de rendre un grand service à son pays en trouvant un moyen naturel et facile de détruire à l'avenir, au fur et à mesure de sa formation, un glacier dont les blocs accumulés avaient produit, au moment de leur débâcle, un grand désastre dans le Valais. Le travail que Venetz venait d'opérer sur le glacier de Getroz, dans la vallée de Bagnes, avait dirigé son attention sur le déplacement des glaciers en général. Je n'oublierai jamais avec quelle conviction il cherchait à nous démontrer que, dans le pays qu'il habitait, il y avait actuellement des glaciers là où jadis il n'y en avait point, et qu'il y en avait eu de très considérables là où maintenant il n'en existe plus. C'était un horizon tout nouveau ouvert aux géologues, qui n'accueillirent d'abord qu'avec une extrême défiance une idée qui leur semblait fort chimérique. Venetz ne se laissa point décourager par les objections, et en 1821 il lisait à notre Société un mémoire qui ne fut imprimé qu'en 1833, et dans lequel, à la suite de nombreuses et persévérantes recherches, il relatait vingt-deux observations constatant la présence de glaciers dans des lieux où il n'y en avait pas eu de tout temps, et trente-cinq observations qui établissaient qu'il y avait eu des glaciers là où maintenant on n'en aperçoit plus.

« Un savant géologue, dont la Suisse s'honorera toujours, M. de Charpentier, que sa position et son caractère bienveillant avaient rapproché de Venetz, combattit vivement, à l'origine, comme contraires à tous les principes de la physique et de la géologie, les idées de son ami, qui du reste n'étaient pas nouvelles pour lui. Il raconte, en effet, que, revenant en 1815 de visiter les beaux glaciers du fond de la vallée de Bagnes, et voulant se rendre au Grand Saint-Bernard, il était entré pour y passer la nuit dans le chalet d'un intelligent montagnard, grand chasseur de chamois, nommé Perraudin. La conversation durant la soirée roula sur les particularités de la contrée, et principalement sur les glaciers que Perraudin avait souvent parcourus et connaissait fort bien. « Les glaciers de nos montagnes, disait ce dernier, ont eu autrefois une bien plus grande extension qu'aujourd'hui. Toute cette « vallée a été occupée par un vaste glacier qui se prolongeait jusqu'à « Martigny, comme le prouvent les blocs de roche qu'on trouve dans « les environs de cette ville, et qui sont trop gros pour que l'eau ait « pu les y amener. » Cette hypothèse parut alors à Charpentier tellement invraisemblable, qu'il ne la prit pas même en considération. On comprend donc facilement l'accueil qu'il fit, au premier abord, à la thèse de Venetz, d'un glacier qui aurait jadis occupé, non seulement tout le Valais, mais tout l'espace compris entre les Alpes et le Jura. Si l'hypothèse de Perraudin lui avait paru extraordinaire et invraisemblable, celle de Venetz dut lui sembler folle et extravagante. Et pourtant, après une étude longue et consciencieuse, Charpentier arriva à admettre la théorie nouvelle qui lui avait d'abord semblé si étrange, et à la regarder comme pouvant seule expliquer une foule de faits observés dans nos vallées, et dont la science n'avait pu jusqu'alors rendre compte que d'une manière très imparfaite. Il fit connaître, en 1834, à la Société helvétique des sciences naturelles, le résultat de ses observations dans un mémoire qui parut en 1835 dans les *Annales des mines*, et publia en 1841 un ouvrage plus complet sur la matière.

« Deux ans après la lecture de son premier mémoire, M. de Charpentier recevait à Bex la visite d'un jeune naturaliste connu déjà par des travaux importants, et qui dès lors a fait d'un autre continent son champ d'activité. Agassiz, convaincu que Charpentier est dans l'erreur, va passer auprès de lui cinq mois consécutifs, se flattant, en étudiant la question sur le même terrain que lui, de le ramener à des idées plus justes. Mais la conversion que Venetz a opérée sur Charpentier; Charpentier l'opère à son tour sur Agassiz, et le jeune néophyte, aussi ardent à défendre les idées de Charpentier qu'il l'avait été à les combattre, vint faire sa profession de foi la plus explicite dans un discours qu'il prononça en 1837, en sa qualité de président de notre Société, réunie à Neuchâtel. Puis plus tard, dans un ouvrage intitulé *Études sur les glaciers*, publié en 1840, il développa plus au long ce sujet, qu'il n'avait fait qu'effleurer en 1837. »

Si j'ai cité cet épisode de l'histoire de la science glaciaire, c'est qu'il comporte plus d'une leçon. Il prouve d'abord que la longue, minutieuse et patiente observation des faits est plus féconde pour la découverte des vérités naturelles que les idées préconçues et les systèmes. De plus, c'est une preuve de la bonne foi et de l'esprit vraiment scientifique des savants qui, comme Charpentier et Agassiz, se rangèrent en connaissance de cause du côté du vrai, abandonnant, sans hésitation ni regrets, les fausses hypothèses d'une science encore incomplète.

Comme il est plus instructif de faire voir comment se découvre et s'établit une seule loi que d'en formuler vingt dogmatiquement et sans démonstration, je vais entrer dans quelques détails sur la manière dont celle qui concerne l'ancienne extension des glaciers s'est trouvée résulter de l'observation attentive des traces que l'on a vues plus haut énumérées. Voyons d'abord comment se révèle l'extension antérieure d'un glacier actuel. Et pour cela, suivons pas à pas le savant explorateur que j'ai eu plusieurs fois l'occasion de citer, Ch. Martins.

LA MER DE GLACE.

Voici ce qu'il dit de l'ancienne extension des glaciers du Mont-Blanc :

« Transportons-nous au Montanvert, à 850 mètres au-dessus du village de Chamonix. La Mer de Glace est à nos pieds; elle descend des vastes cirques du Jardin et de l'aiguille du Géant. Sans être de hardis montagnards, nous pouvons franchir les Ponts, traverser la moraine latérale gauche, et nous avancer jusqu'au promontoire de l'Angle. Toute la surface de ce promontoire est arrondie, polie et striée, au-dessus comme au-dessous de la surface du glacier. On peut s'en assurer en plongeant le regard entre la glace et la paroi de granite. Poussons cet examen plus loin, et nous verrons que les roches sont polies et striées jusqu'à une grande hauteur, et que les traces de l'action du glacier ne s'arrêtent qu'au pied des hautes aiguilles qui le dominent. Or les stries que la trace a burinées sous nos yeux étant identiques avec celles qui sont à 300 mètres au-dessus de notre tête, nous sommes en droit d'en conclure que l'épaisseur du glacier ou sa *puissance*, pour parler la langue des géologues, était jadis plus grande qu'elle ne l'est aujourd'hui; mais si sa puissance était plus grande, sa longueur l'était aussi, car il existe une relation nécessaire entre les trois dimensions d'un glacier. Ainsi donc la moraine terminale, au lieu d'être au hameau des Bois, à 3 kilomètres en amont de Chamonix, se trouvait alors beaucoup plus loin. On voit que, sans quitter la surface du glacier actuel, on peut acquérir déjà la certitude que son étendue était autrefois plus considérable que de nos jours. »

Mais il y a d'autres témoignages de l'extension du glacier dans le sens de la longueur qu'une simple déduction. C'est la moraine latérale de droite, par exemple, qui, au lieu de s'arrêter comme le glacier actuel au pied de la montagne du Chapeau, se prolonge sous la forme d'une digue immense portant le hameau de Lavangi, et barrant la vallée de Chamonix dans sa largeur. Lorsqu'on traça la route en cet endroit, on dut entamer cette levée naturelle, et l'on put constater « qu'elle se compose de sable, de cailloux et de gros blocs anguleux entassés confusément les uns sur les autres, comme dans les moraines actuelles. L'un de ces blocs, placé sur la crête, est connu sous le nom de *pierre de Lisboli*. Cette digue est l'ancienne moraine latérale de la Mer de Glace; mais la forêt qui la recouvre prouve que depuis longtemps la surface du glacier s'est abaissée au niveau où nous la voyons actuellement. Déjà Saussure avait reconnu l'existence de cette ancienne moraine, qui se révèle avec une évidence que ne sauraient nier les esprits les plus prévenus. Elle s'étend en remontant la vallée jusqu'au hameau des Iles, à 2 kilomètres du village d'Armentières.

L'Arve, barrée dans son cours par la moraine de Lavangi, formait jadis un lac dont les niveaux successifs sont encore indiqués par des terrasses horizontales qui bordent le cours du torrent. »

On reconnaît de même l'ancienne moraine terminale de la Mer de Glace. C'est sur cette moraine et aux dépens des blocs *erratiques* dont elle est formée, qu'est bâti le village de Chamonix, à 4 ou 5 kilomètres au moins du front du glacier.

Mais comment a-t-on pu s'assurer que les blocs ainsi accumulés sont bien des roches jadis charriées par le glacier lui-même? « N'est-il pas plus naturel de supposer qu'ils sont descendus du Brevent, dont les éboulements continuels menacent sans cesse le village et forment le grand delta incliné dont il occupe l'angle oriental? La réponse, continue M. Martins, est facile. Le Brevent est une montagne de gneiss, et la presque totalité des blocs de la moraine sont de la protogine, espèce de granite caractéristique qui constitue la masse du Mont-Blanc et celle des aiguilles environnantes. »

Voilà donc un point bien établi. Mais il s'en faut que ces témoins de la plus grande extension de la Mer de Glace soient les seuls; il s'en faut que là se soit borné son développement antérieur : il ne s'agit, au contraire, que de la moraine terminale la plus rapprochée du front actuel du glacier. En continuant de descendre le long de la vallée, on rencontrerait plus loin la moraine de Montcuar, qui mesure 400 mètres de largeur : c'était jadis la moraine terminale de la Mer de Glace et du glacier des Bossons réunis. Parmi les blocs gigantesques dont elle est formée, il en est un qui s'élève comme une véritable colline au-dessus de la cime des arbres d'alentour : ce bloc, qu'on nomme dans le pays *Pierre-Belle*, ne mesure pas moins de 25 mètres dans sa longueur, sur 9 mètres de large et 12 de hauteur, environ 2700 mètres cubes en volume, et en poids plus de 7 millions de kilogrammes. Dans le voisinage de cette moraine, à une hauteur de 350 mètres environ au-dessus de la vallée, d'autres traces du mouvement du glacier disparu se voient encore : ce sont des roches moutonnées arrondies et polies, et pareilles en tout à celles qu'on rencontre sous le glacier d'aujourd'hui.

Mais c'est dans le voisinage du village des Ouches, au fond de la vallée de Chamonix, que le glacier a laissé de son passage les témoignages les plus probants et les plus variés. « En face de ce village, sur la rive droite de l'Arve, s'élèvent trois monticules d'une forme caractéristique : ils sont arrondis en amont et escarpés en aval. On reconnaît aisément que la force qui a usé les couches inclinées de stéaschiste argileux dont il se compose venait du haut de la vallée, et a épargné la face tournée vers le bas; de là cette croupe arrondie en amont, qui se termine brusquement par un escarpement tourné en sens opposé. Examinons ces collines de plus près. Partout, sur le sommet et sur les flancs, nous trouverons ces cannelures rectilignes, ces stries fines dirigées dans le sens de la vallée que les glaciers seuls peuvent tracer, et, pour achever la démonstration, de nombreux blocs de protogine, souvent énormes, aux angles aigus, aux arêtes tranchantes, reposent sur ces surfaces polies et striées. Jusqu'à la hauteur de 593 mètres, toute la montagne de Coupeau, au-dessus de la rive droite de l'Arve, est couverte de roches moutonnées qui disparaissent, pour ainsi dire, sous d'innombrables blocs erratiques. Les stries qui sillonnent ces roches ne sont pas horizontales ; elles ne sauraient l'être, car cette montagne formait un promontoire saillant dans la vallée, et le glacier s'est redressé contre l'obstacle qui s'opposait à sa marche; il a buriné des stries ascendantes qui se relèvent d'amont en aval. »

De la vallée de Chamonix, que nous venons de parcourir en compagnie de notre savant compatriote, nous pourrions passer à celle de Servoz, à la gorge des Montées, où l'ancien glacier avait jadis une puissance que M. Martins évalue à plus de 700 mètres, sur une largeur de 4 kilomètres au moins ; puis, continuant le cours de l'Arve, descendant dans les vallées de Sallenches, de Maylan, etc., jusqu'à Bonneville, Nangy, nous trouverions partout sur notre passage les témoins incontestables de l'existence d'un immense glacier embrassant toute la vallée de l'Arve jusqu'à Genève, et ayant sa moraine terminale sur la face orientale des deux Salèves. Il dépassa même cette limite pour aller déposer ses derniers blocs sur le mont de Sion, au sud de Genève, et au point de partage des eaux qui se rendent dans le lac Léman et dans celui d'Annecy.

On le voit, l'étude attentive des traces glaciaires permet de reconstituer l'état où se trouvait toute une contrée à une époque bien éloignée au delà de tous les temps historiques. Ces blocs erratiques, ces anciennes moraines, ces roches polies et striées, ces cailloux, ces roches moutonnées, tous ces témoignages de l'action glaciaire, sont, pour employer l'expression de M. Martins, autant de médailles frustes dont la présence accuse avec certitude l'existence antérieure d'un

LE GLACIER DES BOSSONS.

glacier disparu. Appliquant la même méthode d'investigation aux régions voisines, on arrive en définitive à cette conclusion grandiose: Le mont de Sion, point auquel on vient de voir s'arrêter le grand glacier de l'Arve, était jadis le point de rencontre de trois grands glaciers : celui du Rhône, qui remplissait tout le bassin du Léman, celui de l'Isère, qui débouchait par les lacs d'Annecy et du Bourget, et celui de l'Arve, qui, s'intercalant entre eux comme un coin aigu, venait se terminer près du village de Vers. « Le glacier du Rhône prenait naissance dans toutes les vallées latérales qui découpent les deux chaînes parallèles du Valais, et où se trouvent les montagnes les plus élevées de la Suisse, le Mont-Rose, le mont Cervin, la Jungfrau, le Velan, etc. Ce glacier remplissait le Valais et s'étendait dans la plaine comprise entre les Alpes et le Jura, depuis le fort de l'Écluse, près de la porte du Rhône, jusque dans les environs d'Aarau. C'était le glacier principal de la Suisse; c'est lui qui a charrié ces blocs innombrables qui couvrent le Jura jusqu'à la hauteur de 1000 mètres au-dessus de la mer. Les autres glaciers n'étaient que de faibles affluents du glacier du Rhône, incapables de le faire dévier de sa direction. Ainsi, lorsque le glacier de l'Arve le rencontre sur la crête des Salèves ou sur les flancs des Voirons, on reconnaît, à la disposition des moraines que le glacier du Rhône continue sa marche, tandis que celui de l'Arve s'arrête brusquement. De même un fleuve rapide refoule le faible ruisseau qui lui apporte le tribut de son onde. »

Mais la Suisse n'était pas seule alors couverte de glaciers. Il en était de même des autres massifs montagneux, tels que les Vosges, le Morvan, les Cévennes; les glaciers des Pyrénées descendaient dans les plaines jusqu'à la faible altitude de 200 mètres, tandis que les glaciers de la vallée du Rhône arrivaient jusqu'au point où devait plus tard s'élever la grande cité lyonnaise. « Pour achever de donner une idée de ce prodigieux développement des phénomènes glaciaires, ajoutons qu'une nappe de glace et de neiges persistantes s'étendait, sans interruption aucune, depuis le Mont-Blanc jusqu'au pôle boréal. La calotte glacée qui entourait ce pôle atteignait les environs de Paris, et peu s'en fallait que notre hémisphère tout entier ne disparût sous un vaste linceul de neiges perpétuelles. » D'après le savant géologue auquel nous empruntons cette dernière citation, M. Vésian, cette étrange période de l'histoire de notre planète, qui coïncide avec le début de l'époque quaternaire, n'est pas la seule dont on ait reconnu

GLACIER DE MORTERATSCH

l'existence par d'irréfragables témoignages. Des traces semblables, bien que de plus en plus effacées à mesure qu'on remonte dans l'histoire des temps géologiques, prouvent que chaque grande époque a eu ses successions d'extension et de diminution des glaciers. Postérieurement à la période glaciaire qu'on vient de décrire, après un intervalle de temps où l'élévation de la température avait amené la disparition partielle des glaciers, une nouvelle période d'extension est survenue. Mais, soit que le froid ait été moins rigoureux, soit qu'il ait eu une moindre durée, les phénomènes glaciaires furent notablement moindres que dans la période précédente, et c'est tout au plus si les glaces polaires dépassaient le nord de la péninsule scandinave.

Qui ne voit quel puissant intérêt s'attache à ces questions d'histoire de notre globe, et aux problèmes qu'elles soulèvent nécessairement? C'est par centaines de mille années qu'il faut compter pour la durée de chacune de ces grandes phases; mais à quelles causes sont-elles dues? Comment explique-t-on ces changements qui ont dû apporter des modifications considérables dans les conditions d'existence des animaux et des végétaux et, en beaucoup de points, leur disparition totale, bien que momentanée? On a fait bien des hypothèses dans le but de répondre à ces questions, bien des recherches pour soulever le voile qui recouvre la vérité ; la physique du globe, l'astronomie ont été mises à contribution. Ce qui prouve bien qu'on n'est point parvenu encore au but, c'est la diversité des opinions des savants sur ce point de l'histoire de la Terre. Aussi n'essayerai-je pas d'entrer dans ce sujet difficile, où le lecteur pourrait ne pas vouloir me suivre; je me bornerai à énoncer deux des causes qui ont paru les plus plausibles pour l'explication de l'ancienne extension des glaciers.

Un glacier d'une région donnée avance quand le gain de la neige tombée sur les hautes cimes l'emporte sur la perte que subit la masse congelée par *ablation*, pour employer l'expression d'Agassiz, c'est-à-dire par fusion, évaporation, etc., réunies. Cela suppose, dans cette même région, un hiver rigoureux et une chaleur estivale modérée ou faible, en somme un abaissement de température annuelle. Mais il faut encore une condition pour que la quantité de neige tombée soit considérable : il importe que l'atmosphère soit chargée d'humidité, de masses vaporeuses ou nuageuses prêtes à se condenser en flocons sous l'influence d'un froid voisin de 0°. Qui dit évaporation abondante (à la surface des eaux lacustres ou marines) suppose, d'autre part, que les régions où

LES JUMEAUX (CASTOR ET POLLUX) : MASSIF DU MONT-ROSE.

cette évaporation a lieu habituellement sur notre Terre sont soumises à une température élevée.

Ainsi, froid dans les pays couverts de glaciers, et chaleur dans les régions équatoriales ou tropicales, longue persistance de cette double influence refroidissante et réchauffante, voilà, paraît-il, la condition à trouver pour une explication probable des périodes glaciaires. Il ne faut pas oublier que la durée de ces changements paraît faible aux géologues, quand on l'évalue seulement par dix mille années, par centaines de siècles. C'est quelque cent mille ans au moins qu'ils réclament. Par exemple, on avait invoqué le mouvement de la Terre qui, tous les dix mille cinq cents ans environ, ramène en coïncidence le périhélie avec l'un ou l'autre équinoxe. Mais c'est une période trop courte : il faut remonter au moins jusqu'au début de l'époque quaternaire, peu après la première apparition de l'homme : c'est trop peu de dix mille années.

Un savant anglais, M. Croll, a songé aux variations séculaires de l'orbite de la Terre. Quand cette excentricité augmente, la courbe que notre planète décrit autour du Soleil s'allonge; l'excès de la distance aphélie sur la distance périhélie s'accroît; il en est de même de la différence de durée entre les saisons opposées, hivernale et estivale. Pour citer des exemples qui éclaircissent et précisent ces variations, voici ce qu'on a calculé, en s'appuyant sur des données astronomiques :

Cent mille ans avant le début de ce siècle, le solstice d'hiver tombait à l'aphélie et celui d'été au périhélie; l'excentricité de l'orbite étant triple d'ailleurs de l'excentricité actuelle, il en résultait, pour l'hiver de l'hémisphère boréal de la Terre, un excès de durée de vingt-trois jours sur la saison d'été. L'été étant relativement court, mais très chaud à cause de la courte distance du Soleil, l'évaporation des mers tropicales dut être très abondante. Ces vapeurs allant se condenser, pendant l'automne et l'hiver, dans les zones polaires et moyenne, purent fournir une précipitation non moins abondante sous forme de neige, propre au développement des phénomènes glaciaires. En remontant plus haut dans le passé, à une époque deux fois plus reculée, l'excès dont on vient de parler s'élèverait à vingt-huit jours, et si l'on s'enfonce plus loin encore dans le temps, à huit cent cinquante mille ans avant la fin de l'année 1800, c'est trente-six jours que l'on trouve pour la différence de durée entre les saisons hivernales et estivales, toujours dans l'hypothèse, d'ailleurs démontrée, de la coïncidence de la ligne des apsides ou de l'axe de l'orbite terrestre avec la ligne des solstices.

Une seconde raison invoquée, que je me borne d'ailleurs à énoncer comme la première, c'est celle qui proviendrait du mouvement de translation de tout le système solaire dans l'espace.

Notre Soleil, on le sait, est une étoile qui, comme les autres étoiles, est douée d'un mouvement l'entraînant dans les profondeurs du ciel et nous entraînant avec lui, Terre, Lune, planètes, satellites, comètes. Quelque lent que soit ce mouvement (il n'est pas de 8 kilomètres par seconde, à peine 660 000 kilomètres par jour), quand il se multiplie par le temps, par les années, les siècles, les milliers de siècles, il doit à la longue nous faire parcourir de formidables distances. En cent mille ans, par exemple, il nous ferait parvenir en un point de l'espace presque aussi éloigné que l'étoile la plus voisine de nous! En un million d'années, nous avons pu parcourir une bonne partie du diamètre de l'amas d'étoiles dont le Soleil est une molécule intégrante.

Eh bien, disent les défenseurs de l'hypothèse, n'est-il pas probable que, dans cette pérégrination, notre Soleil, avec tout son cortège, a dû passer par des régions de l'espace fort inégales en température. En ce moment, nous voguerions dans une région relativement chaude, si, comme des physiciens l'assurent, le thermomètre, sous l'influence unique de cette source de chaleur, le Soleil écarté, marque au moins 140 *degrés centigrades au-dessous de zéro*. Bien des lecteurs seront disposés à grelotter au seul énoncé de ce chiffre; mais qu'ils se rassurent : la Terre, de ce chef, de cette source calorifique seule reçoit en un an une quantité de chaleur sinon égale, du moins très comparable à celle que le Soleil lui envoie dans le même temps[1]. Mais qui nous dit qu'il y a quelques cent mille, quelques millions d'années, la région du ciel que traversait notre globe n'était pas notablement plus froide que celle où nous sommes aujourd'hui, et que le refroidissement subi pour cette raison par notre système n'ait pas pu durer le nombre de siècles nécessaire pour rendre raison de l'extension considérable des glaciers. Il suffirait d'un abaissement de 4 ou 6 degrés pour produire un tel phénomène. Il est vrai qu'alors, le refroidissement ayant lieu sur la

1. Cela semble paradoxal; mais qu'on songe que la voûte céleste a une surface deux cent mille fois plus étendue que la superficie apparente du disque solaire, et cela permettra de comprendre la possibilité du fait que nous citons ici.

Terre entière, l'évaporation équatoriale serait également diminuée ; la neige tomberait en moindre abondance.

Lyell a encore expliqué les périodes glaciaires par les mouvements alternatifs d'exhaussement et d'affaissement du sol ; d'autres ont attribué la cause aux variations du rayonnement solaire. Mais j'en ai dit déjà plus long que je ne l'avais promis, et je me hâte de clore ce chapitre.

L'AIGUILLE DU MIDI.

IV

TROIS JOURS ET TROIS NUITS AU SOMMET DU MONT-BLANC

PREMIÈRES ASCENSIONS AU MONT-BLANC.

On a célébré cette année (1887) le centenaire de la mémorable ascension au Mont-Blanc effectuée par Horace-Bénédict de Saussure et le guide Jacques Balmat. On a eu raison d'associer, dans le monument de Chamonix, à la gloire de l'illustre géologue et physicien de Genève celle du modeste et énergique montagnard qui montra le premier la route à suivre pour escalader le géant des Alpes.

Mais c'est d'une année qu'il eût fallu avancer l'inauguration du monument, si l'on eût voulu célébrer le centenaire de la première ascension au Mont-Blanc, celle que le même Balmat fit en compagnie du docteur Paccard, le 7 août 1786.

Depuis, les ascensions au même sommet se sont multipliées, d'abord assez rares pendant les soixante ans qui suivirent la première, puis de plus en plus nombreuses, au point que chaque année maintenant ce sont de véritables caravanes de touristes et de guides qui se livrent à ce coûteux et quelquefois périlleux exercice. Si j'en crois les faiseurs de statistique, il y aurait eu de 1786 au 31 août 1887 mille cinquante ascensions au Mont-Blanc; soixante et une femmes auraient pris part à cinquante de ces escalades. Ce sont, dit-on, deux Françaises, une plébéienne et une aristocrate, qui auraient les premières réussi dans cette tentative hardie. Voici comment les soixante et une héroïnes se répartissent, suivant leur nationalité : 32 Anglaises, 15 Françaises, 4 Russes, 4 Américaines, 2 Genevoises, 1 Prussienne, 1 Danoise, 1 Hongroise, 1 Italienne et 1 Autrichienne.

Tous ces chiffres sont-ils authentiques? Je ne le garantis point. Ce qui est indubitable, c'est que le nombre des ascensions au Mont-Blanc s'est considérablement accru et serait probablement plus considérable encore, si les conditions exigées par la compagnie des guides étaient moins rigoureuses et le tarif plus modéré.

Quand on songe au flot de voyageurs, de touristes, que les chemins de fer et les bateaux à vapeur amènent de tout le continent, et même d'ailleurs, dans les vallées des Alpes et tout particulièrement au pied du Mont-Blanc, on a peine à se figurer l'état d'isolement, de solitude sauvage où se trouvaient ces mêmes régions avant le milieu du dernier siècle. Rares étaient les voyageurs qui osaient alors s'aventurer dans les gorges et les vallées alpestres. « Le massif central des Alpes, dit M. Charles Martins, n'existait que pour ses habitants ; ceux de la plaine n'y pénétraient jamais. L'absence ou la difficulté des chemins, le manque d'hôtelleries, la crainte de l'imprévu, l'emportaient sur la curiosité. Située au pied du Mont-Blanc, appelé alors la *montagne maudite*, la vallée de Chamonix était inconnue aux populations des bords du lac Léman, quoique le prieuré ou couvent de bénédictins existât depuis 1090, et que les évêques de Genève le visitassent dès le milieu du quinzième siècle. L'un d'eux, François de Sales, y arriva le 30 juillet 1606, et y resta plusieurs jours. Néanmoins c'est un voyageur anglais célèbre par ses pérégrinations en Orient, Richard Pococke, accompagné de Windham, un de ses compatriotes, qui a réellement découvert la vallée de Chamonix en 1741, fait connaître ses beautés, et dissipé les craintes ridicules qu'inspirait la prétendue barbarie de ses habitants. Trop préoccupés cependant des récits absurdes et mensongers débités avec assurance pour les détourner de leur projet, Pococke et Windham s'entourèrent de précautions inutiles, n'entrèrent dans aucune maison et campèrent assez loin du prieuré de Chamonix, près d'un bloc erratique qui se nomme encore *pierre des Anglais*. La vallée de Chamonix a donc été découverte par un étranger, mais ce sont des Genevois, Bourrit, Saussure, Pictet et Deluc, qui la firent réellement connaître. Ce qui est vrai des alentours du Mont-Blanc l'est encore plus de ceux du Mont-Rose et même des Alpes bernoises et valaisanes. On ne connaissait, à l'époque dont nous parlons, que les passages fréquentés qui conduisaient en Italie : le mont Cenis, le Grand et le Petit Saint-Bernard, le Monte Moro, le Simplon, le Saint-Gothard, le Splügen, le Bernhardin, le Septimer, ou bien les autres cols par lesquels les vallées longitudinales des Alpes communiquent entre elles, la Gemmi, le Grimsel, le Juliers, l'Albula, le Panixe, etc. Les voyages du naturaliste Scheuchzer, les ouvrages descriptifs d'Altmann et de Grüner révélèrent la Suisse à l'Europe au commencement du dix-huitième siècle ; mais ce ne fut qu'à la fin de ce siècle que les travaux de Saussure et de Bourrit la rendirent populaire. Depuis cette époque, le flot de voyageurs qui la visite chaque année a sans cesse grossi. Actuellement la Suisse est un parc sillonné par des chemins de fer et des bateaux à vapeur ; le voyageur pédestre a disparu de la plaine et ne se retrouve que dans la montagne. Les ascensions des touristes se sont multipliées, celles des savants sont toujours rares. »

D'après le savant que je viens de citer, la vogue dont jouissent aujourd'hui la Suisse et la Savoie a pour origine le voyage de deux Anglais, et se développa surtout après les ascensions de Saussure à la fin du dernier siècle. Sans nier l'influence de l'espèce de révélation que des faits de ce genre ont pu provoquer alors chez les gens capables d'apprécier les beautés naturelles de ces contrées privilégiées, on peut indiquer une cause plus efficace peut-être que des descriptions, toujours un peu froides, des voyageurs, explorateurs ou savants. Nos pères, nos ancêtres, avant la seconde moitié du dix-huitième siècle, avaient peu de souci de ce qu'on a nommé depuis le pittoresque. Sans quitter leur pays, sans faire d'excursion en Suisse, ils avaient autour d'eux, non seulement de gracieux, de charmants paysages, mais des sites grandioses. Ils ne paraissent pas avoir été sensibles à ce genre de beautés ;

ils ne les remarquaient point, peut-on dire, voyant l'homme dans un pays, ses œuvres plutôt que la nature. On n'a, pour se rendre compte de cet état d'esprit, de cette tendance du goût, qu'à lire les ouvrages de tous les écrivains, les œuvres d'imagination, les poèmes, comme toutes les autres productions des époques dont je parle ici : on n'y trouve que de rares témoignages de l'admiration de leurs auteurs pour les beautés de la nature. J.-J. Rousseau le premier a dépeint, avec une émotion inconnue jusqu'à lui, la majesté des sites et des paysages alpestres, et toute une école de littérature est venue à sa suite, imprégnée de ce sentiment nouveau d'une admiration passionnée pour les *sublimes horreurs* des grandes scènes naturelles. Passant d'un extrême à l'autre, les écrivains de cette école ont donné dans leurs ouvrages la première place à la description de ces scènes. Les artistes ont contribué pour une large part à communiquer au public l'enthousiasme que tant de belles pages de Rousseau, de Bernardin de Saint-Pierre, de Chateaubriand, de George Sand, avaient fait naître chez leurs lecteurs. De là cet engouement, parfois excessif, des personnes à qui leur loisir et leur fortune permettaient les voyages d'agrément pour les contrées qui, comme la Suisse, offraient partout à profusion des localités jusqu'alors ignorées. Depuis, l'extraordinaire extension des moyens de communication rapide, le bon marché relatif des excursions en chemin de fer, en bateau à vapeur, ont fait affluer les curieux par milliers, là où il y a cinquante ans on ne voyait qu'un petit nombre de gens riches, d'artistes ou de savants.

La mode s'en est d'ailleurs mêlée et s'en mêle encore : ce dont il faut se féliciter, car rien ne peut être, après tout, plus salutaire, et pour le corps et pour l'esprit, que ces excursions en plein air. Dans l'atmosphère si pure des montagnes et des vallées alpestres, les poumons se dilatent et respirent avec délices, les nerfs des habitants des villes se calment et se reposent de leurs agitations; l'intelligence aussi, cessant d'être surexcitée et tendue, prend une vigueur nouvelle et des forces pour recommencer ses travaux et ses luttes.

Dans ces dernières années, l'amour des excursions en montagne s'est manifesté d'une façon sérieuse, pourrait-on dire, par la fondation de Sociétés dont les membres se proposent l'exploration méthodique des hautes régions des Alpes. Les premiers *Clubs alpins* — c'est leur dénomination commune — se sont fondés en Angleterre, en Suisse, en Autriche, en Italie. Le Club Alpin Français, ébauché dès juillet 1870

PAYSAGE ALPESTRE.

par Adolphe Joanne et de Billy, existe depuis 1874; il compte aujourd'hui plusieurs milliers de membres et publie chaque année un volume contenant les relations de voyages, d'excursions, d'ascensions ou même d'expéditions scientifiques, effectués par les alpinistes. Nous emprunterons quelques pages à ces intéressants annuaires; mais auparavant nous allons encore laisser la parole à M. Ch. Martins, qui a décrit avec un grand bonheur d'expression les satisfactions qu'éprouve le touriste à gravir les hauts sommets. A l'époque où ces lignes étaient écrites (1866), le Club Alpin Français n'était point encore fondé; mais je ne serais pas étonné qu'elles eussent été pour quelque chose dans cette création et qu'elles eussent enrôlé plus d'un jeune lecteur au nombre de ses futurs membres. Venant de mentionner les clubs alpins fondés à l'étranger, et constaté qu'ils rivalisaient de zèle et d'audace, au point que l'on comptait le petit nombre de sommets que les pieds des alpinistes n'avaient point foulés encore, M. Martins ajoute :

« Nous louons cette ardeur, nous applaudissons à ces succès. Où trouver en effet un meilleur emploi de la force, de l'agilité et de l'énergie qui caractérisent la jeunesse? Les exercices stéréotypés de la gymnastique régulière, les petits incidents et les petits obstacles de la chasse dans les plaines bien connues qui entourent l'héritage paternel, ne sauraient suffire à des esprits entreprenants servis par des corps sains et vigoureux. Les Alpes sont une arène où ils peuvent déployer toutes leurs qualités physiques et morales. Des nuits passées dans les chalets, et même sous une pierre, près de la limite des neiges éternelles, les difficultés réelles et les dangers sérieux des glaciers, les obstacles imprévus de rochers verticaux barrant l'accès de la cime désirée, le froid subit, les effets de la raréfaction de l'air, des nuages enveloppant tout à coup la montagne dans une brume épaisse, les orages dont la foudre frappe si souvent les sommets, l'obscurité surprenant brusquement le voyageur au milieu de ces déserts de neige et de glace, voilà des aventures dignes de la vigueur et des aspirations d'une jeunesse virile et bien trempée. Quel plaisir de vaincre des obstacles et de braver des périls où la vie est en définitive rarement en jeu, et quelle récompense après la victoire! Du haut du sommet vaincu, on voit le monde à ses pieds, l'œil se promène au loin sur les vallées et les montagnes. Un délicieux repos succède à une fatigue momentanée; un appétit inconnu dans la plaine assaisonne le modeste repas que le guide sert sur le gazon émaillé de fleurs alpines; un air pur, une lumière éclatante, prêtent à tous les objets une beauté inconnue dans l'atmosphère épaisse des régions habitées; le bien-être du corps réagit sur l'état de l'âme, qui se sent inondée de nobles désirs et de grandes pensées. Les intérêts mesquins et les vanités ridicules du monde s'évanouissent dans leur petitesse; on s'étonne d'y avoir songé et l'on se promet de les ignorer désormais. Telles sont les jouissances vives et sans mélange que tout homme bien né éprouve en présence du grand spectacle dont il est le centre. Des satisfactions plus intimes encore sont réservées à celui qui gravit ce sommet avec la volonté d'étudier les lois du monde physique, les phénomènes de l'atmosphère, les productions de la nature dans ces froides régions, ou d'analyser la structure de ces montagnes qui semblent un chaos et sont en réalité l'expression d'une règle encore inconnue. Ces ascensions sont des ascensions scientifiques, elles ont ajouté à la somme de nos connaissances; les autres sont des ascensions pittoresques satisfaisantes pour celui qui les accomplit, mais en général inutiles : car des sensations ne se communiquent guère; les impressions sont personnelles, et tout se résout en une série d'exclamations qui traduisent l'admiration, le contentement et le légitime orgueil du touriste triomphant. »

ESCALADE DANS LES ALPES.

M. Ch. Martins parle ici en connaissance de cause, par expérience personnelle, et c'est pour cela qu'il m'a paru bon de donner son appréciation. C'est lui qui a fait en 1844 au Mont-Blanc, et en compagnie de deux savants comme lui, l'une des rares expéditions scientifiques de ce siècle. Ce qu'il dit des excursions alpestres, de leur charme si attrayant pour les personnes qui jouissent d'une bonne santé et d'un jarret solide (réserves faites pour les accidents dus au mal de montagne, dont je parlerai plus loin), s'applique aussi à des courses moins aventureuses, à des ascensions moins dangereuses et moins pénibles. George Sand, que nous donnions plus haut comme l'un des écrivains qui ont peint avec les couleurs les plus vives et les plus vraies les paysages de ses romans, a écrit, pour le premier volume publié par le Club Alpin Français, quelques pages sur l'Auvergne qui expriment si bien l'idée que je viens de formuler sèchement, que je ne puis résister au plaisir d'en détacher quelques passages :

« On ne peut vous raconter que des impressions personnelles, et vous les comprendrez d'autant mieux que vous connaissez les beaux endroits qui les font naître. Quand ces impressions sont très vives ou très douces, ce n'est pas toujours en raison de l'étrangeté ou de la beauté des sites où l'on se trouve. Outre la disposition de l'esprit et du corps, il y a des moments particuliers, certains bien-être mystérieux répandus dans l'atmosphère, certaines flambées de soleil, certains parfums de forêts ou de montagne, qui nous rendent tout à coup enthousiaste et heureux, sans qu'on puisse, sans qu'on veuille s'en rendre compte, sinon par la réflexion, après coup. L'esprit amoureux de la nature n'en demande pas toujours beaucoup pour se dilater ou se délecter. Quant à moi, j'avoue être impressionné par la lumière au point de lui appartenir absolument, et d'être peu frappé des objets qu'elle ne dessine pas avec magnificence. Mon âme suit ses triomphes et ses langueurs avec une passivité qui me rend peut-être mauvais juge de ce qui n'est pas favorisé par elle.

« J'ai été en Auvergne pour la troisième fois, à quinze ou vingt ans de distance. Quand, de chez nous (le Berry), on s'embarque pour une excursion, on est volontiers ambitieux; on pense aux grandes Alpes ou aux Pyrénées, ou aux rivages de l'Océan, de la Manche, de la Méditerranée. Aller en Auvergne, c'est si près! on y est rendu en quelques heures. Et c'est pour cela qu'on n'y va pas, c'est-à-dire qu'on n'y va pas assez. L'Auvergne, d'ailleurs, n'offre ni grandes fatigues, ni grands dangers, et quand on a l'honneur de faire partie du Club Alpin Français, on croit peut-être qu'il est au-dessous de soi d'explorer un pays où tout le monde peut aller si facilement.

« Pourtant l'âge amène, sinon plus de modestie dans le cerveau, du moins plus de sagesse dans les jambes, et on retombe sur la charmante Auvergne avec le sentiment d'une ingratitude à réparer.

« L'Auvergne n'est pas une petite Suisse, comme nous le disons quelquefois pensant lui faire honneur. L'Auvergne est l'Auvergne, avec sa grande signification géologique comme Alpe centrale et puissant relief aux doux escaliers. On les gravit sans fatigue et sans vertige, sans songer à la conquête d'une région supérieure, mais avec l'intérêt de bonnes gens montant au faîte de leur maison, pour contempler leur jardin. C'est que ce jardin, c'est la France, dont une si grande partie va se dérouler sous nos yeux, des sommets du vaste plateau central. Sur ces paisibles belvédères, nous serons au cœur de la patrie. Nous aurons sous les pieds ces vieux volcans qui nous ont fait émerger du sein des océans et qui nous montrent les traces de leurs formidables vomissements. Leurs puissants massifs sont comme les assises de notre existence même. Les grandes chaînes qui protègent nos frontières sont nos murailles; l'Auvergne est notre forteresse.

« Il n'y faut pas chercher l'émotion de l'inaccessible. Elle appartient à l'homme, et l'on ne s'y sent point seul avec le ciel, comme sur les sommets tourmentés ou glacés des hautes montagnes; mais ses grâces rustiques ont un charme que l'on retrouve plus pénétrant chaque fois qu'on y retourne. »

C'est un artiste, c'est un poète qui parle en ces lignes; ce n'est pas, comme la plupart de ceux qui ont tenté ou effectué l'ascension du Mont-Blanc, la curiosité de l'inconnu ou de l'imprévu, la soif des difficultés vaincues, des périls bravés qui fait trouver à George Sand tant de charme dans les paysages de la vieille Auvergne. Ce que nous dit le grand écrivain, ce sont, pour employer ses propres expressions, « des impressions fugitives qui n'apprendront rien à personne, mais qui rappelleront à quelques voyageurs que la rêverie et la contemplation sans but font aussi partie des émotions du voyage. »

Je termine là cette digression, et je reviens au Mont-Blanc et à ses ascensionnistes.

SAUSSURE ET JACQUES BALMAT.

Il y a un siècle, gravir le Mont-Blanc jusqu'au sommet était une expédition à bon droit réputée dangereuse et, en tout cas, considérée jusqu'alors comme impossible; c'est aujourd'hui une entreprise relativement facile; jadis plusieurs journées étaient nécessaires pour franchir les diverses étapes du voyage, qu'il a été possible à des grimpeurs hardis de brûler, peut-on dire, en un jour.

Dès 1760, Saussure, âgé de vingt ans à peine, avait conçu le projet de parvenir au sommet du géant. Il excita les guides par l'appât d'une récompense, espérant qu'ils trouveraient un chemin praticable. Mais des années se passèrent avant qu'aucune tentative pût aboutir. En 1775, quatre montagnards essayèrent l'ascension en partant de la montagne de la Côte, qui s'élève entre deux glaciers, le glacier de Taconay et celui des Bossons; de cette montagne une suite ininterrompue de glaces et de neiges, qu'entrecoupent d'énormes crevasses, semblait devoir les conduire au but désiré. Mais la fatigue devint si forte lorsqu'ils parvinrent dans les hautes régions où la raréfaction de l'air est extrême, où la réverbération du soleil sur les couches éblouissantes de neige abîme les yeux, gerce ou tuméfie la peau, qu'ils furent forcés de rebrousser chemin.

C'est ce qui arriva de même à trois autres guides qui, sept ans plus tard, voulurent essayer l'ascension par le même chemin. Ils prirent la précaution cependant de passer la nuit sur la montagne de la Côte, afin de commencer la véritable et difficile ascension dès le lendemain matin. Ils avaient franchi le glacier et gravi jusqu'à une assez grande altitude le plan incliné de neige qui s'élève jusqu'au sommet, quand le mal de montagne se manifesta par l'invincible besoin de dormir de l'un des guides, et pour ne point l'abandonner à un repos mortel, ses deux compagnons renoncèrent à aller plus loin et redescendirent avec lui.

Dans d'autres tentatives, ce fut une subite bourrasque de neige qui s'opposa à l'ascension. En septembre 1785, Saussure, accompagné de Bourrit, un Genevois qui avait déjà tenté l'aventure, après une pénible ascension jusque sur l'arête de l'aiguille du Goûté, à moins de 1200 mètres du sommet, dut rebrousser chemin à cause des neiges fraîchement tombées. La saison était trop avancée pour rendre la réussite possible.

LE MONT-BLANC VU DU BUET.

L'époque approchait où la cime inaccessible jusque-là allait être enfin foulée par des pieds humains. Deux obstacles principaux avaient été cause des insuccès. Le premier, dont il est pour ainsi dire impossible de s'affranchir, bien qu'on parvienne à le surmonter, est le *mal de montagne*, qui atteint tous ceux qui s'élèvent dans l'atmosphère à une certaine hauteur; l'autre obstacle provenait de ce que personne n'avait encore trouvé le vrai chemin à suivre, le moins difficile, le moins pénible pour des hommes, robustes il est vrai, mais affaiblis par la fatigue d'une excursion à travers les glaciers ou sur des pentes rapides couvertes de neige, et surtout paralysés par le mal singulier dont je dirai quelques mots plus loin.

C'est au guide Jacques Balmat que revient la gloire d'avoir découvert ce chemin. En juin 1786, en compagnie du docteur Paccard et du guide Marie Coutet, étant parvenu au sommet du Goûté, il essaya en vain de suivre l'arête rapide qui le joint au Mont-Blanc; il dut renoncer à cette tentative. Seulement, au lieu de descendre, comme ses deux compagnons, Balmat prit la résolution de passer la nuit au Grand Plateau, afin d'explorer le lendemain et de reconnaître les lieux. Il passa la nuit sur la neige, à peine blotti et abrité contre un rocher. C'est ainsi qu'il découvrit les couloirs du Petit et du Grand Plateau, par lesquels on arrive aujourd'hui jusqu'au sommet du Mont-Blanc. Une fois en possession de ces indications précieuses, il remit à un autre jour l'ascension complète que le froid, le manque de vivres et une forte ophtalmie due à la réverbération des neiges l'empêchaient de poursuivre ce jour-là.

Jacques Balmat communiqua son projet au docteur Paccard, qu'il décida à l'accompagner. Le 7 août suivant, ils partirent de Chamonix, couchèrent aux Grands Mulets, et de là, le lendemain, s'élevèrent jusqu'au sommet du Mont-Blanc, où ils ne s'arrêtèrent qu'une demi-heure. A peine remis de ses fatigues, Balmat courut annoncer à Saussure le résultat de leur expédition. Le savant genevois voulut, sans tarder, effectuer enfin lui-même cette ascension, qu'il avait si longtemps caressée dans ses rêves. Le 20 août suivant, Balmat et Saussure essayèrent d'accomplir une seconde fois le même trajet; mais, parvenus au-dessus du glacier de Taconay, où ils passèrent la nuit, ils subirent une tempête si violente de pluie, de neige et de grêle, qu'il fallut renoncer à l'entreprise, et, en raison de la saison déjà avancée, la remettre à l'année suivante.

C'est en effet en 1787 qu'eut lieu l'ascension mémorable dont le monument élevé à la mémoire de Balmat et de Saussure doit perpétuer le souvenir. Empruntons à ce dernier les passages les plus saillants du récit où il raconte les péripéties de l'expédition et ses résultats scientifiques :

« En allant à Chamounix (on dit aussi Chamonix) dans les premiers jours de juillet, dit-il, je rencontrai à Sallenches le courageux Jacques Balmat, qui venait à Genève m'annoncer ses nouveaux succès ; il était monté à la cime de la montagne avec deux autres guides. La pluie

LES GRANDS-MULETS.

tombait quand j'arrivai à Chamounix, et le mauvais temps dura près de quatre semaines. Mais j'étais décidé à attendre jusqu'à la fin de la saison plutôt que de manquer le moment favorable.

« Il vint enfin ce moment si désiré, et je me mis en marche le 1er août 1787, accompagné d'un domestique et de dix-huit guides qui portaient mes instruments de physique et tout l'attirail dont j'avais besoin.

« Pour être parfaitement libre sur le choix des lieux où je passerais les nuits, je fis porter une tente et le premier soir j'allai coucher sous cette tente au sommet de la montagne de la Côte. Cette journée est exempte de peines et de dangers : on monte toujours sur le gazon ou sur le roc, et l'on fait aisément la route en cinq ou six heures. Mais de là jusqu'à la cime on ne marche plus que sur les glaces ou sur les neiges.

« La seconde journée n'est pas la plus facile : il faut d'abord traverser le glacier de la Côte pour gagner le pied d'une petite chaîne de rocs qui sont enclavés dans les neiges du Mont-Blanc. Ce glacier est difficile et dangereux ; il est entrecoupé de crevasses larges, profondes et irrégulières, et souvent on ne peut les franchir que sur des ponts de neige, qui sont quelquefois très minces et suspendus sur les abîmes. Un de nos guides faillit y périr. Il était allé la veille avec deux autres pour reconnaître le passage ; heureusement ils avaient eu la précaution de se lier les uns aux autres avec des cordes ; la neige se rompit sous lui au milieu d'une large et profonde crevasse, et il demeura suspendu entre ses deux camarades. Nous passâmes tout près de l'ouverture qui s'était formée sous lui, et je frémis à la vue du danger qu'il avait couru. Le passage de ce glacier est si difficile et si tortueux, qu'il nous fallut trois heures pour aller du haut de la côte jusqu'aux premiers rocs de la chaîne isolée, quoiqu'il n'y ait guère plus d'un quart de lieue en ligne droite.

« Après avoir atteint ces rocs, on s'en éloigne d'abord pour monter en serpentant dans un vallon rempli de neige qui va du nord au sud jusqu'au pied de la plus haute cime. Ces neiges sont coupées de loin en loin par d'énormes et superbes crevasses. Leur coupe vive et nette montre les neiges disposées par couches horizontales, et chacune de ces couches correspond à une année. Quelle que soit la largeur de ces crevasses, on ne peut nulle part en découvrir le fond. »

Les guides de Saussure auraient voulu passer la nuit auprès de l'un des rocs dont il vient d'être question, mais il réussit à les décider à s'élever plus haut et à camper sur la neige. C'est ce qu'ils firent sur l'un des trois plateaux qu'on rencontre en suivant cette route, à une altitude de 1995 toises au-dessus du niveau de la mer, c'est-à-dire supérieure de 90 toises à la cime du pic de Ténériffe (3888 mètres). Il s'agissait de creuser dans la neige une excavation suffisante pour loger les vingt personnes composant l'expédition, la toile de la tente devant les préserver du froid nocturne. « Mes guides, dit Saussure, se mirent d'abord à excaver la place dans laquelle nous devions passer la nuit; mais ils sentirent bien vite l'effet de la rareté de l'air (le baro-

UNE CREVASSE A LA BASE DU MONT-BLANC.

mètre n'était qu'à 17 pouces 10 lignes (0^m,482). Ces hommes robustes, pour qui sept ou huit heures de marche que nous venions de faire ne sont absolument rien, n'avaient pas soulevé cinq ou six pelletées de neige qu'ils se trouvaient dans l'impossibilité de continuer : il fallut qu'ils se relayassent d'un moment à l'autre. L'un d'eux, qui était retourné en arrière pour prendre de l'eau que nous avions vue dans une crevasse, se trouva mal en y allant, revint sans eau et passa la soirée dans les angoisses les plus pénibles. Moi-même qui suis si accoutumé à l'air des montagnes, qui me porte mieux dans cet air que dans celui de la plaine, j'étais épuisé de fatigue en préparant mes instruments de météorologie. Ce malaise nous donnait une soif ardente ; et nous ne pouvions nous procurer de l'eau qu'en faisant fondre de la neige, car l'eau que nous avions vue en montant se trouva gelée quand on voulut y retourner, et le petit réchaud que j'avais fait porter servait bien lentement vingt personnes altérées. »

Interrompons ici la narration du naturaliste genevois, et puisqu'il vient de dépeindre le malaise qu'éprouvent presque toujours les ascensionnistes lorsqu'ils parviennent à certaines altitudes, variables d'ailleurs selon les personnes et les circonstances (au-dessus de 5000 mètres le plus souvent), décrivons avec plus de détails les symptômes de ce mal singulier qu'on nomme le *mal des montagnes*. C'est à Paul Bert, qui a fait une étude complète de ces accidents physiologiques et de leurs causes, que j'emprunterai le résumé suivant :

« Au début, dit-il, sensation de fatigue inexplicable, respiration courte, anhélation rapide, battements de cœur violents et précipités ; dégoût pour la nourriture ; puis bourdonnements d'oreilles, angoisses respiratoires, éblouissements, vertiges, faiblesse sans cesse croissante, nausées, vomissements, somnolence, enfin affaissement, obscurcissement de la vue, hémorrhagies diverses, diarrhées, perte de connaissance. Telle est la série ascendante des symptômes en rapport avec l'altitude atteinte.... L'intensité de ces symptômes est singulièrement exagérée par la marche, la course, une dépense de forces quelconque. » N'oublions pas du reste, devant cette énumération très peu engageante des désordres possibles causés par le mal des montagnes, qu'ils se manifestent rarement d'une façon complète, et que d'ailleurs l'intensité en est très différente selon le tempérament des ascensionnistes et les mille conditions variables où ils se trouvent au moment de l'ascension.

Paul Bert vient de dire que l'activité musculaire contribue beaucoup à exagérer l'intensité du mal. « Mais, ajoute-t-il, dans les régions moyennement élevées, le repos suffit pour en faire disparaître les effets, pour ramener même un calme complet. Et c'est là le caractère le plus remarquable peut-être du mal des montagnes. A l'anxiété du voyageur, à sa fatigue extrême, à son trouble mortel succède, aussitôt qu'il s'arrête, assis ou surtout couché, un bien-être inespéré : le cœur reprend son rythme, la respiration se régularise; le sentiment de la force revient, la toux cesse comme par enchantement; si bien qu'au bout de quelques minutes, étonné tout à la fois de ces malaises inconnus et de cette guérison subite, le voyageur inexpérimenté reprend avec confiance sa marche ascensionnelle. Mais bientôt le voici de nouveau assailli et vaincu. »

Saussure éprouva cette sensation de la renaissance des forces lorsqu'il gravit la dernière pente qui conduisit la caravane au sommet du Mont-Blanc, pente dont la hauteur verticale est d'environ 300 mètres. « Elle n'est inclinée que de 28 à 29 degrés, et ne présente, dit-il, aucun danger; mais l'air y est si rare que les forces s'épuisent avec la plus grande promptitude; près de la cime, je ne pouvais faire que quinze ou seize pas sans reprendre haleine; j'éprouvais même de temps en temps un commencement de défaillance qui me forçait à m'asseoir; mais à mesure que la respiration se rétablissait, je sentais renaître mes forces; il me semblait, en me remettant en marche, que je pourrais monter d'une traite jusqu'au sommet de la montagne. Tous mes guides, proportion gardée de leurs forces, étaient dans le même état. Nous mîmes deux heures, depuis le dernier rocher jusqu'à la cime, et il était 11 heures quand nous y parvînmes.

« Mes premiers regards se portèrent sur Chamounix, où je savais ma femme et ses deux sœurs, l'œil fixé au télescope, suivant tous mes pas avec une inquiétude trop grande sans doute, mais qui n'en était pas moins cruelle, et j'éprouvai un sentiment bien doux et bien consolant lorsque je vis flotter l'étendard qu'elles m'avaient promis d'arborer au moment où, me voyant parvenu à la cime, leurs craintes seraient au moins suspendues.

« Je pus alors jouir sans regret du grand spectacle que j'avais sous les yeux. Une légère vapeur suspendue dans les régions inférieures de l'air me dérobait la vue des objets les plus bas et les plus éloignés, tels que les plaines de la France et de la Lombardie; mais je ne regrettais pas beaucoup cette perte; ce que je venais de voir et ce que je vis avec la plus grande clarté, c'est l'ensemble de toutes les hautes cimes dont je désirais depuis si longtemps connaître l'organisation. Je n'en croyais pas mes yeux ; il me semblait que c'était un rêve, lorsque je voyais sous mes pieds ces cimes majestueuses, ces redoutables aiguilles, le Midi, l'Argentière, le Géant, dont les bases mêmes avaient été pour moi d'un accès si difficile et si dangereux. Je saisissais leurs rapports, leur liaison, leur structure, et un seul regard levait des doutes que des années de travail n'avaient pu éclaircir. »

Saussure resta quatre heures et demie environ sur la cime ; il employa ce temps à faire une série d'expériences météorologiques et physiques, les plus essentielles de celles qu'il avait projetées ; la difficulté de respirer, l'accélération du pouls qui leur donnait à tous la fièvre, rendaient tous les mouvements pénibles. « Lorsque je demeurais parfaitement tranquille, je n'éprouvais, dit-il, qu'un peu de malaise, une légère disposition au mal de cœur. Mais lorsque je prenais de la peine ou que je fixais mon attention pendant quelques moments de suite, et surtout lorsque en me baissant je comprimais ma poitrine, il fallait me reposer et haleter pendant deux ou trois minutes. Mes guides éprouvaient des sensations analogues ; ils n'avaient aucun appétit, et, à la vérité, nos vivres, qui s'étaient tous gelés en route, n'étaient pas bien propres à l'exciter ; ils ne se souciaient pas même du vin et de l'eau-de-vie. En effet, ils avaient éprouvé que les liqueurs fortes augmentent cette indisposition, sans doute en accélérant encore la vitesse de la circulation. Il n'y avait que l'eau fraîche qui fît du bien et du plaisir, et il fallut du temps et de la peine pour allumer le feu, sans lequel nous ne pouvions en avoir. »

ASCENSION DE BRAVAIS, LE PILEUR ET CHARLES MARTINS.

Parmi les nombreuses ascensions au Mont-Blanc qui ont eu lieu depuis Saussure, quelques-unes seulement ont été entreprises dans l'intérêt de la science ; la curiosité, l'attrait de la difficulté vaincue, le désir de joindre son nom à ceux des hardis explorateurs qui avaient donné l'exemple, ont été les mobiles, bien naturels après tout, qui ont poussé des milliers de touristes à affronter l'audacieuse et souvent périlleuse entreprise; mais si l'on compte aujourd'hui beaucoup de

LE PASSAGE DES ÉCHELLES.

tentatives qui ont réussi, on ne sait pas le nombre de celles qui ont échoué. Peu importe.

L'une des plus intéressantes ascensions est celles que firent en août 1844 trois savants français, MM. Bravais, Le Pileur et Charles Martins. Or ce n'est qu'après deux tentatives infructueuses que, grâce à une persévérante opiniâtreté, nos trois compatriotes sont parvenus à faire, au sommet du géant des Alpes, la série d'observations et d'expériences qui permettent de ranger leur entreprise au nombre des missions scientifiques fructueuses.

C'est le 31 juillet 1844 que la caravane, composée, outre ses trois chefs, de 3 guides et de 37 porteurs, quitta Chamounix à 7 heures et demie du matin. Le temps était beau, mais le baromètre était en baisse et le vent du sud-ouest. Arrivés aux Pierres-Pointues, à l'altitude de 2000 mètres, limite extrême de la végétation arborescente, et montant au milieu des blocs qui composent la moraine du glacier des Bossons, ils atteignirent la pierre de l'Échelle, énorme rocher sous lequel on cache l'échelle dont on a coutume de se servir pour franchir certaines crevasses du glacier. A partir de ce point, ce ne sont plus que neiges et glaces, où se dressent quelques rochers isolés.

Au nombre de ces îlots de roches surgissant au milieu des champs de neiges éternelles, la chaîne des Grands-Mulets sert le plus souvent de halte aux ascensionnistes, fatigués par une marche pénible sur les glaciers entrecoupés de crevasses, et dans la neige où les jambes s'enfoncent à chaque pas. A 3 heures et demie, la caravane abordait à ce lieu de refuge et de repos, à plus de 3000 mètres au-dessus du niveau de la mer ; il fut résolu qu'on y passerait la nuit. Les apparences du temps étaient loin d'être encourageantes : le vent du sud-ouest fraîchissait, et pendant la nuit suivante il soufflait par brusques rafales, annonçant du mauvais temps pour le lendemain. Quelques observations et expériences furent faites avant la fin de la journée ; on vérifia le degré de l'ébullition de l'eau, qui pour une hauteur barométrique de 529^{mm},7 était de 90°,2. Bravais mesura les variations qu'éprouve l'intensité magnétique avec l'altitude. M. Martins recueillit diverses plantes qui végètent à cette hauteur, dans les fissures des roches. « Les feuillets verticaux dont se composent les Grands-Mulets, dit-il, s'élèvent à des hauteurs variables et forment autant de gradins naturels qui permettent de gravir toutes les pointes. La roche, décomposée sous l'influence des agents atmosphériques, s'accumule entre les feuillets. Là végètent de jolies plantes alpines abritées par le rocher, réchauffées par le soleil qu'il réfléchit, humectées par la neige qui, même en été, blanchit souvent ces cimes, mais fond rapidement dès que le soleil luit pendant deux ou trois jours. J'y ai recueilli 19 plantes phanérogames en trois ascensions. M. Venance Payot ayant ajouté 5 espèces à cette liste, il existe 24 plantes à fleurs aux Grands-Mulets. A ces 24 espèces phanérogames il faut ajouter encore 26 espèces de mousses, 2 hépatiques et 30 lichens, ce qui porte à 82 le nombre total des plantes qui croissent sur ces rochers isolés, au milieu d'une mer de glace et

CABANE DES GRANDS-MULETS.

dépourvus en apparence de toute végétation. Qui le croirait? ces plantes servent de nourriture à un rongeur, le campagnol des neiges, celui de tous les mammifères qui s'élève le plus haut sur les Alpes, tandis que ses congénères sont presque tous des habitants de la plaine. »

Tout homme de science qu'il était en faisant cette ascension, l'écrivain que nous citons n'était point insensible aux beautés que peuvent offrir les hautes régions à l'artiste comme au poète. Le passage suivant, que nous lui empruntons encore, témoigne de la vivacité de ses impressions, comme on en va juger.

« Cependant, dit M. Martins, le soleil s'approchait de l'horizon; déjà il avait disparu derrière le mont Vergy; les vallées de Sallenches et de Chamounix étaient depuis longtemps dans l'ombre, tandis que les pointes granitiques voisines semblaient incandescentes comme le fer rouge sortant du feu. Bientôt l'aiguille de Varens et les rochers des Fiz s'éteignirent, l'ombre gagnait les glaciers du Mont-Blanc. Ces neiges, si lumineuses un instant auparavant, prirent la teinte terne et livide d'un cadavre; le froid de la mort semblait envahir ces régions avec l'obscurité et en révéler toute l'horreur. L'aiguille du Goûté, les monts Maudits pâlirent successivement; la cime du Mont-Blanc resta seule éclairée quelque temps encore, puis la teinte rose qui l'animait fit place à la teinte livide, comme si la vie l'eût abandonné à son tour. Vers l'horizon, au-dessus de la mer de nuages, le ciel paraissait d'une couleur vert clair, résultat de la combinaison des rayons jaunes du soleil avec le bleu de la voûte céleste; les contours des nuages isolés étaient circonscrits par un liséré orangé du plus grand éclat. Dans ces hautes régions, il n'y a point de crépuscule, la nuit succède brusquement au jour. Nous nous retirâmes derrière un mur de pierres sèches construit devant une cavité. Nos guides étaient groupés sur les gradins du rocher, autour de petits feux alimentés avec du bois de genévrier rapporté par eux des environs de la pierre de l'Échelle. Ils entonnaient à l'unisson des chants lents et monotones qui empruntaient au lieu de la scène un charme mélancolique. Peu à peu les chants cessèrent, les feux s'éteignirent, et l'on n'entendit plus rien que le bruit de quelques avalanches tombant des hauteurs voisines. Bientôt la lune se leva derrière les monts Maudits, et rasant, invisible pour nous, le dôme du Goûté, elle en éclaira les neiges d'une lueur phosphorescente des plus étranges. Quand le disque se dégagea de l'aiguille du Goûté, il était entouré d'une auréole verdâtre qui se détachait sur un ciel noir comme de l'encre. Les étoiles scintillaient fortement. »

La couleur foncée du ciel sur les hautes montagnes, que signale ici M. Martins, est un fait qui s'explique aisément, puisque à mesure qu'on s'élève on laisse au-dessous de soi les couches atmosphériques les plus denses, les plus chargées de vapeurs et de particules propres à réfléchir la lumière. Ce sont ces couches qui contribuent le plus à donner au ciel sa couleur bleue et brillante. Saussure, dans le récit de son ascension, n'avait pas manqué de noter la teinte foncée du ciel, qu'il essaya de mesurer à l'aide de bandes de papier colorées en bleu et formant une série de seize nuances, depuis le bleu le plus pâle jusqu'au noir. A midi, le ciel vu du Mont-Blanc lui parut de l'avant-dernière nuance. Déjà, du plateau voisin de la cime, il remarquait le contraste que présentent les neiges, d'une blancheur si éblouissante et si pure, avec le ciel presque noir. La nuit, ayant été obligé de sortir de la tente pour respirer, il vit la lune brillant du plus vif éclat « au milieu d'un ciel noir d'ébène. Jupiter sortait tout rayonnant aussi de derrière la plus haute cime à l'est du Mont-Blanc ». Cela fait comprendre aisément ce que l'on conjecture de l'aspect du ciel vu de la surface de la Lune. Il est probable que notre satellite est dépourvu d'atmosphère, ou, s'il y a une couche d'air à la surface du sol, elle est si peu élevée et si peu dense, que sa rareté est infiniment plus grande que celle de l'air au sommet du Mont-Blanc. Le ciel lunaire est sans aucun doute tout à fait noir et les étoiles, comme les autres astres, y brillent d'un éclat extrême.

Mais revenons à la première tentative d'ascension de nos trois savants compatriotes. Quoiqu'elle n'ait pas abouti, on peut voir cependant qu'elle n'a pas été infructueuse. Nous puiserons encore dans le récit de M. Martins une anecdote qui ne sera pas, croyons-nous, hors de propos, parce qu'elle est bien propre à mettre en relief le mélange d'audace et de sang-froid de ces guides expérimentés, qui sont pour les touristes d'une si précieuse utilité dans leurs ascensions. La caravane, après avoir passé la nuit aux Grands-Mulets, s'apprêtait, malgré le temps menaçant, à continuer sa route. « Pendant que nous étions occupés, dit M. Martins, à égaliser de nouveau les charges de nos porteurs, qui avaient échangé leurs fardeaux respectifs, j'aperçus tout à coup un vieillard, à nous inconnu, qui gravissait lentement la pente qui conduit au Petit-Plateau : courbé sur la neige, s'aidant quelquefois de ses mains pour se maintenir, il montait lentement, mais de ce pas égal et mesuré qui dénote un montagnard exercé. Ce vieillard, c'était Marie Coutet, âgé de quatre-vingts ans, qui dans sa jeunesse avait servi de guide à Saussure. Jadis il était d'une agilité qui l'avait fait surnommer *le Chamois*. Il méritait son sobriquet, nul n'était plus intrépide. Un jour il accompagnait un voyageur anglais dans une course difficile. L'Anglais conservait cet air de flegme et d'indifférence qui caractérise le vrai gentleman. La vue des passages les plus scabreux ne lui arrachait ni un geste d'étonnement ni un mot qui trahît la moindre hésitation. Irrité de ce sang-froid imperturbable, Coutet avise un pin cembro qui s'avançait horizontalement au-dessus d'un escarpement de 500 mètres de hauteur; il marche hardiment le long du tronc, et, quand il est à l'extrémité, il se couche dessus, puis se suspend par les pieds, au-dessus du précipice. L'Anglais le regarda tranquillement, et quand Coutet revint auprès de lui, il lui donna une pièce d'or, à la condition qu'il ne recommencerait pas. Tel était dans sa jeunesse l'homme qui nous devançait dans notre ascension. Le premier il était parvenu au sommet du Mont-Blanc en s'élevant du Grand-Plateau sur

UNE CARAVANE A L'ASCENSION DU MONT-BLANC.

le dôme du Goûté et en passant par la Bosse du Dromadaire et la mince arête qui unit cette cime au point culminant. » C'était pour montrer l'excellence de cette nouvelle route que, depuis, le vieux guide accompagnait les ascensionnistes, en guise de volontaire, jusqu'à une certaine hauteur. « Connaissant la manie du vieillard, nous lui avions caché soigneusement le jour de notre départ; mais, ayant su que nous étions aux Grands-Mulets, il s'était mis en route le soir même, avait traversé le glacier, et arrivait vers minuit à notre bivouac, où il prenait place autour du feu des guides. A l'aube, il était parti le premier pour nous montrer son chemin. »

Arrivés au Grand-Plateau, les ascensionnistes durent dresser leur tente et camper : les nuages les enveloppaient et la neige tourbillonnait autour de leurs têtes. La tempête redoubla de violence pendant la nuit; le matin, la neige nouvelle avait 50 centimètres d'épaisseur. Il fallut redescendre, ce qui ne se fit point sans difficulté.

Une seconde tentative, faite quelques jours plus tard, ne fut pas plus heureuse. Ils remontèrent jusqu'au Grand-Plateau, où la tente avait été laissée toute dressée; elle était intacte, ainsi que les instruments; mais un nouvel ouragan de neige, entremêlé de coups de tonnerre, survint et les contraignit de renoncer encore une fois à leur dessein. Pendant cet orage, nos savants compatriotes jugèrent prudent de se mettre à l'abri de la foudre : ils se hâtèrent d'improviser un paratonnerre, à l'aide d'un bâton ferré, auquel fut fixée une chaîne métallique. Le bâton fut enfoncé, la pointe ferrée en haut, près de la tente, et l'extrémité de la chaîne enfouie dans la neige. « La précaution n'était pas inutile; les coups de tonnerre éclataient presque en même temps que l'éclair. Par l'intervalle très court qui les séparait, nous jugeâmes que la foudre devait frapper les sommités voisines à 1 kilomètre de distance environ. A notre grand étonnement, le tonnerre ne roulait pas : c'était un coup sec comme la détonation d'une arme à feu. »

Opposant, comme le dit M. Martins, la constance dans la résolution à l'inconstance du temps, les trois chefs de l'expédition, Bravais, Martins et Le Pileur, ayant pesé toutes les conditions météorologiques favorables aux ascensions à grande hauteur, attendirent que le beau temps devînt fixe, que le ciel fût parfaitement serein, l'air sec, frais et calme, conditions qui ne se réalisent guère que par les vents de nord-est ou de nord-ouest. Le 27 août, ils partirent pour la troisième fois de Chamounix, à minuit et demi. A onze heures du matin, ils arrivèrent au Grand-Plateau, où ils retrouvèrent leur tente ; la neige s'élevait tout autour à 1^{m},20 de hauteur; il fallut la déblayer, travail pénible à une altitude où chacun se sent atteint du mal des montagnes. Comme toujours, le malaise disparaissait quand on cessait d'agir. Mais une souffrance qui est permanente, c'est celle du froid aux pieds, surtout lorsque à chaque pas il faut enfoncer les jambes dans la neige et que, comme ils le constatèrent, la température de cette neige est de 10 degrés au-dessous de zéro à 20 centimètres de profondeur.

Nos ascensionnistes profitèrent du restant de la journée pour faire des observations météorologiques. Puis ils passèrent la nuit sous la tente. Le lendemain matin, à dix heures, ils continuèrent leur route. Parvenus aux Petits-Mulets, à 150 mètres seulement au-dessous du but suprême, ils marchaient lentement, la tête baissée, la poitrine haletante, semblables à un convoi de malades. Enfin, à une heure trois quarts, ils atteignirent le sommet. « Ce sommet tant désiré avait la forme d'une arête dirigée de l'est-nord-est au sud-sud-ouest; cette arête n'était pas tranchante, comme Saussure l'avait trouvée, mais d'une largeur de 5 à 6 mètres. Du côté du nord, elle aboutissait à une immense pente de neige d'une inclinaison de 40 à 50 degrés, qui se termine au Grand-Plateau; du côté du midi, elle se continuait avec une petite surface plane, parallèle à l'arête, inclinée d'une dizaine de degrés et large de 100 mètres environ. Cette surface se se prolongeait vers le sud, en se rattachant à une pente rapide, interrompue brusquement au niveau des grands escarpements de rochers qui dominent l'Allée-Blanche. A l'est, l'arête se raccorde avec un second sommet appelé le *Mont-Blanc de Courmayeur*, et moins élevé que la cime de 50 à 60 mètres. Au milieu de cette arête se trouve le rocher de la *Tourette*, situé à 80 mètres seulement au-dessus du sommet principal, et incontestablement le rocher le plus élevé de l'Europe. A l'ouest, la cime se relie par une mince crête de neige à la Bosse du Dromadaire. »

Les explorateurs séjournèrent pendant cinq heures au sommet du mont, et, après avoir admiré l'immense panorama dont on jouit à cette altitude, ils employèrent leur temps aux observations et aux expériences scientifiques qui formaient l'objet principal de leur mission. Ces observations furent continuées, la nuit, au Grand-Plateau, où ils restèrent encore trois jours durant, avec leur tente pour abri. Je vais résumer très brièvement les résultats obtenus.

Une des premières observations à faire était celle du baromètre. On sait que plus on s'élève dans l'atmosphère, moins est forte la pression qu'exercent les couches d'air supérieures. A quelle hauteur monte la colonne de mercure de l'instrument lorsqu'il est installé au sommet d'une montagne telle que le Mont-Blanc? On ne pouvait répondre à cette question que pour le court intervalle du séjour des observateurs, et par conséquent il ne pouvait s'agir des lois de la variation barométrique à cette hauteur. Seulement entre la pression observée, la température de l'air au même moment et les mêmes éléments observés simultanément à une ou plusieurs stations inférieures, il existe un rapport qui, de l'altitude connue de l'une des stations, permet de calculer l'altitude des autres. C'est ainsi que le baromètre permet de mesurer la hauteur des montagnes. Saussure, on le pense bien, n'avait pas négligé ce moyen de contrôler les mesures précédemment obtenues par les seules méthodes géodésiques. Son fils aîné, qui avait un ardent désir d'accompagner son père dans l'ascension, dut rester à Chamounix, au prieuré, n'ayant encore ni la force ni l'expérience nécessaires à des expéditions de ce genre. Le père lui confia le soin de faire au pied du mont les observations correspondantes aux siennes propres. La comparaison de ces observations donna 2450 toises pour l'altitude du Mont-Blanc, chiffre un peu inférieur à celui qui a été calculé depuis. A la vérité, à l'époque où Saussure opérait, les formules n'avaient pas encore la précision qu'on leur a donnée depuis.

M. Martins trouva 4810 mètres : c'est l'altitude qui résulte aussi des triangulations géodésiques. Il s'étonne de la constance de cette hauteur. Si, comme Saussure le pensait, le sommet est uniquement formé de neiges et de glace dont on peut évaluer l'épaisseur à 65 mètres, comment se fait-il que l'épaisseur de cette calotte de neige soit invariable? Chaque année cependant, la quantité de neige qui tombe sur le sommet varie; il en est de même de celle qui est balayée par les vents ou enlevée par l'évaporation. Il faut donc que ces causes variées d'ablation et celles d'accroissement se compensent, à peu de chose près.

Quand Saussure gravit le Mont-Blanc en août 1787, le baromètre marquait 16 pouces 1 ligne, soit 43 centimètres et demi; il constata que le point d'ébullition de l'eau était 85 degrés centigrades, au lieu de 100. M. Martins, pour une hauteur barométrique de 423^{mm},74, trouva 84°,4. Ces différents nombres sont en parfaite concordance avec les lois de variation de la pression et de la température d'ébullition de l'eau.

Quant à la température de l'air, elle fut en moyenne, pendant les cinq heures de leur séjour au sommet, de 11 degrés au-dessous de zéro ; à six heures du soir, elle baissa jusqu'à — 11°,8. La surface de la neige donnait 17 degrés au-dessous de zéro, 14 degrés à 1 décimètre de profondeur. A la vérité, il faut faire la différence entre la température de l'air même, c'est-à-dire mesurée à l'ombre, et celle que marque le thermomètre exposé aux rayons solaires. M. Martins, qui trouvait — 8 degrés pour la température de l'air marquée par un thermomètre suspendu à l'air libre, vit son thermomètre, reposant sur une couche de sable en plein soleil, marquer 5 degrés au-dessus de zéro : c'est, comme on voit, une différence à laquelle les touristes ne peuvent manquer d'être fort sensibles, lorsque, parvenus au niveau des neiges persistantes, ils viennent à passer d'un endroit où ils reçoivent d'aplomb les rayons solaires à l'ombre projetée par un rocher, un mont.

Bravais fit aussi des observations de la boussole, dans le but de s'assurer si l'intensité magnétique variait avec la hauteur; mais il n'obtint aucun résultat concluant. Enfin, nos observateurs constatèrent l'extrême sécheresse de l'air à cette altitude. Le psychromètre n'indiqua que 57 pour 100 de la quantité de vapeur d'eau qu'il eût fallu pour saturer l'air à la basse température où se trouvait l'instrument.

Pour terminer ce que je voulais dire de l'importante ascension de nos trois savants compatriotes, je citerai encore un court passage de la narration de M. Ch. Martins. Il ne s'agit point d'un fait scientifique, mais d'un de ces phénomènes naturels dont le souvenir se grave volontiers dans l'esprit de ceux qui en ont été témoins.

« Nous commencions à descendre, dit-il, lorsque nous nous arrêtâmes tout à coup devant le plus étonnant spectacle qu'il soit donné à l'homme de contempler. L'ombre du Mont-Blanc, formant un cône immense, s'étendait sur les blanches montagnes du Piémont : elle s'avançait lentement vers l'horizon, et nous la vîmes s'élever dans l'air au-dessus du Becco di Nonna; mais alors les ombres des autres montagnes vinrent successivement se joindre à elle à mesure que le soleil se couchait pour leur cime, et former ainsi un cortège à l'ombre du dominateur des Alpes. Toutes, par un effet de perspective, convergeaient vers lui. Ces ombres, d'un bleu verdâtre vers leur base, étaient entourées d'une teinte pourpre très vive qui se fondait dans le rose du ciel. C'était un spectacle splendide. Un poète eût dit que des anges aux ailes enflammées s'inclinaient autour du trône qui portait un Jéhovah invisible. Les ombres avaient disparu dans le ciel, et nous étions encore cloués à la même place, immobiles, mais non muets d'étonnement, car notre admiration se traduisait par les exclamations les plus variées. Seules les aurores boréales du nord de l'Europe peuvent donner un spectacle d'une magnificence comparable à celle du phénomène inattendu que personne avant nous n'avait contemplé de la cime du Mont-Blanc. »

En 1869 M. Lortet, en août 1875 M. Violle, furent témoins d'un phénomène à peu près semblable, que M. Violle décrit en ces termes : « Sur l'atmosphère, à l'opposé du soleil, se projetait l'ombre gigantesque du Mont-Blanc, assez diaphane pour laisser apercevoir derrière elle les montagnes de la Tarentaise; elle était surmontée d'une sorte de gloire à rayons violets, dont l'un, aux dimensions colossales, s'inclinait en forme de panache du côté de l'Italie.... Tout d'abord, quand je l'aperçus vers cinq heures et demie du matin, l'ombre me sembla plus haute que le Mont-Blanc. Les contours en étaient bien accusés, au point que l'on distinguait facilement les principales courbures de la montagne; les Bosses du Dromadaire en particulier se dessinaient avec une netteté parfaite. Ce spectre immense est dû, comme ceux que l'on produit dans les théâtres, à la réflexion sur un miroir transparent, qui est ici l'atmosphère elle-même. Il persista plus d'une heure, diminuant de hauteur à mesure que le soleil s'élevait au-dessus de l'horizon. L'auréole violette du sommet disparut aussi peu à peu; le rayon formant panache du côté de l'Italie resta plus longtemps visible, puis s'effaça à son tour. »

L'expédition de M. Violle, comme celles de Saussure, de Bravais, Le Pileur et Martins avait un but scientifique, dont l'objet principal était la mesure de l'intensité de la radiation solaire. C'est une question importante de physique du globe, sur laquelle je ne saurais m'étendre ici. Antérieurement, deux savants anglais, MM. Frankland et Tyndall, avaient fait l'ascension du Mont-Blanc en vue d'observations actinométriques, c'est-à-dire de même nature que celles de M. Violle; mais le brouillard mit obstacle à cette partie du programme des deux physiciens. Malgré un vent du nord soufflant avec violence, ils passèrent une nuit entière sur la cime, où la durée totale de leur séjour fut de vingt heures; ils avaient emporté une tente de trois mètres de diamètre où ils s'entassèrent avec leurs neuf guides. « Grâce à cet entassement, dit M. Ch. Durier, et quoiqu'ils n'eussent que la couverture dont ils s'enveloppaient pour se préserver du contact de la neige, ils ne souffrirent pas du froid, mais ils éprouvèrent, plus ou moins, les effets du mal de montagne. »

TROIS JOURS ET TROIS NUITS AU SOMMET DU MONT-BLANC.

Nous allons voir maintenant deux ascensionnistes dépasser, sous le rapport de la durée de leur séjour au sommet du Mont-Blanc, tous leurs prédécesseurs. On a pu voir, par l'exemple des ascensions dont on vient de lire les péripéties, à quelles difficultés et à quels périls s'exposent les touristes qui tiennent à honneur d'inscrire leurs noms parmi ceux des vainqueurs du colosse des Alpes. Il y a un siècle, c'était une entreprise aventureuse : les chemins n'étaient point frayés, les conditions de la réussite n'étaient pas connues comme elles le furent plus tard. Néanmoins, c'est toujours une rude affaire que celle d'affronter la traversée des glaciers, l'escalade des rocs couverts de glace et de neige, le passage des larges et profondes crevasses sur ces frêles ponts de neige qui ont fait déjà bien des victimes, et surtout l'ascension des pentes rapides les plus voisines du sommet quand des ouragans viennent surprendre les voyageurs. Le mal des montagnes n'est pas non plus le moindre des obstacles, ni le moins pénible.

Aussi est-ce vraiment un triomphe que celui d'une ascension complète, et il est plus éclatant encore lorsque c'est une femme qui l'accomplit. Il y a douze ans, une jeune femme, miss Stratton, fit plus, on peut dire. On sait, en effet, que l'époque favorable pour une ascension au Mont-Blanc oscille entre la deuxième quinzaine de juillet et la première de septembre; plus tôt ou plus tard, les obstacles provenant du temps et de l'état des passages s'accumulent. Miss Stratton, en compagnie de deux guides, a tenté et exécuté l'ascension en plein hiver, le 25 janvier, par des températures allant jusqu'à 25 degrés au-dessous de zéro.

Mais, dans la plupart des cas, les ascensionnistes ne séjournent au sommet qu'un temps fort court, de quelques heures au plus. Saussure y resta quatre heures. Bravais, Le Pileur et Martins y restèrent cinq heures; Tyndall y passa la nuit. Les deux hardis explorateurs dont je vais parler maintenant ont fait plus : ils ont réussi, en compagnie de deux guides, à séjourner sur le Mont-Blanc pendant trois jours et trois nuits, non pour une simple satifaction d'amour-propre, mais afin de recueillir une série de données physiques, météorologiques et physiologiques continues.

L'expédition avait été conçue par un membre du Club Alpin Français, M. J. Vallot, que ses études sur les glaciers des Pyrénées et ses ascensions dans les Alpes avaient fait connaître honorablement et préparé à l'entreprise qu'il méditait. Son but était d'installer trois observatoires temporaires au Mont-Blanc, l'un au pied, à Chamounix, le second aux rochers des Grands-Mulets, dont la cabane sert, comme on sait, de station de repos aux touristes, le troisième au sommet. Un ingénieur, M. H. Vallot, fut chargé des observations simultanées à la station inférieure, et M. J. Vallot prit pour compagnon et collaborateur l'inven-

CHAINE D'ASCENSIONNISTES.

teur bien connu de divers instruments météorologiques enregistreurs, M. Richard. Accompagnés de vingt-quatre guides et porteurs — les objets de campement et les objets scientifiques ne pesaient pas moins de 250 kilogrammes — ils se mirent en route le 27 juille 1887, à midi. A dix heures du soir, la caravane arrivait à la cabane des Grands-Mulets. Le lendemain matin, à 3 heures, elle se remit en route, et dès 7 heures arrivait au Grand-Plateau, non sans fatigue. Là on s'arrêta pour prendre un peu de repos et de nourriture. C'est du Grand-Plateau au sommet que l'ascension devint vraiment pénible; c'est d'ordinaire à cette altitude, nous l'avons dit déjà, que le mal de montagne commence à faire sentir ses atteintes; un porteur fut forcé de s'arrêter, et, pour lui permettre de continuer, il fallut répartir sa charge sur le dos des plus robustes.

Trois heures étaient sonnées quand ils parvinrent à la cime du mont. Deux guides, Michel et Payot, restèrent seuls avec MM. Vallot et Richard; tout le reste de la troupe, après avoir déposé sa charge, se hâta de redescendre. « En gravissant la dernière côte, dit M. Richard dans son récit de l'ascension, j'avais déjà senti les atteintes du mal de montagne, et, à peine au sommet, M. Vallot en fut complètement victime. Pendant qu'assis sur le sol il reprenait un peu de force, je jette un coup d'œil autour de moi. La forme du sommet est comparable, comme l'a très bien fait remarquer M. Durier, à une poire coupée dans sa longueur et posée à plat, la queue du fruit représentant assez bien l'arête très étroite par laquelle on arrive. Entre cette arête et le dôme, qui ne mesure guère plus de 20 mètres de diamètre, se trouve une petite dénivellation que nous choisissons pour placer la tente. Aidé des deux guides, j'ai à peine la force de la dresser; après avoir enfoncé des piquets dans la neige, nous l'arrimons fortement au moyen d'une longue corde, puis l'un des guides prépare le fourneau à pétrole et fait fondre de la neige pour le dîner. Personne n'a le courage de ranger les bagages; chassés par le vent, nous rentrons, et après avoir avalé un peu de soupe faite de neige fondue et de bouillon conservé, nous nous étendons sur le sol, la tête sur des boîtes d'instruments ou sur des ustensiles de ménage, oreillers fort peu rembourrés! »

Le froid était si intense, que M. Vallot, revenu à lui, ne put que monter quelques instruments de météorologie sur leurs supports. Il fallut rentrer sous la tente. A quatre heures du matin, au lever du soleil, on constata que le thermomètre placé sur la neige était descendu à 19 degrés au-dessous de zéro. Le guide Payot et M. Richard, malgré le sommeil et le repos de la nuit, éprouvaient encore de violents maux de tête et leur pouls battait avec une vitesse qui leur faisait croire qu'ils avaient la fièvre. Néanmoins tous les appareils furent installés, et cette première journée se passa à travailler de la manière suivante : « Toutes les heures, dit M. Richard, M. Vallot et moi nous notions les points des appareils, actinomètres d'Arago et de M. Violle, thermomètres, baromètres Fortin, anémomètres, et toutes les deux heures, M. Vallot faisait une expérience avec le grand actinomètre. Cette opération, durant trois quarts d'heure et nécessitant une observation de minute en minute, était la plus importante et la plus fatigante. Aux mêmes heures, M. Henri Vallot devait faire les mêmes expériences à Chamonix. »

Grâce aux précautions prises par les deux savants explorateurs, la seconde nuit fut moins pénible que la première. Le froid aux pieds étant particulièrement à craindre, à cause du danger d'avoir les orteils gelés, ils avaient apporté, pour les substituer aux souliers ferrés de la montée, des *snow-boots*, sorte de chaussures en caoutchouc, et des chaussons fourrés. Une double toile goudronnée et un épais tapis de feutre formaient le plancher de la tente, et, tout au moins, préservaient du contact avec la neige. Des passe-montagnes, des masques en toile et des lunettes garantissaient contre le froid, les gerçures et les ophtalmies la tête, le visage et les yeux des observateurs. La seconde journée fut pareillement consacrée aux observations scientifiques. Pendant tout ce temps, la faiblesse et le manque d'énergie, le défaut d'appétit persistèrent. Un peu de soupe, du café chaud, furent tout ce qu'ils purent prendre en fait de nourriture.

Vers deux heures de l'après-midi, le temps, resté beau jusque-là, se mit à changer : d'énormes cumulus se formaient du côté du mont Pelvoux, et bientôt, tandis que sur Chamounix le ciel restait clair, la vallée d'Aoste et les Alpes étaient masquées par les noires nuées d'un formidable orage. Ces nuées s'amoncelèrent en s'élevant à une hauteur considérable; le tonnerre commença à gronder. Le vent furieux qui bientôt atteignit la cime du Mont-Blanc obligea nos explorateurs à rentrer dans la tente; pendant les dix heures que dura la tempête, M. Vallot fit quelques observations qui servirent d'heureuse diversion aux préoccupations du moment; il obtint ainsi divers diagrammes physiologiques, relatifs aux mouvements du pouls par exemple. Étant sorti vers 9 heures du soir, il fut témoin d'un phénomène curieux. « Le sommet de la montagne étant enveloppé de nuages électriques, de ses vêtements, de sa tête s'échappait un crépitement semblable à celui qu'on observe dans les expériences qu'on fait en physique sur l'électricité statique. » Cette sorte d'électrisation, nous le verrons dans un chapitre ultérieur, s'observe fréquemment dans les hautes régions, là où la sécheresse de l'air est très marquée.

L'orage s'éloigna vers 2 heures du matin et permit aux voyageurs de prendre quelque repos. La matinée fut consacrée encore à quelques observations météorologiques, puis on songea au retour.

La descente fut pénible; la neige tombée ou balayée par le vent avait effacé les traces des pas de la montée, et il fallait en tailler de nouvelles dans la glace pour franchir les arêtes. Mais, une fois arrivés aux Grands-Mulets, un bon repas, une température moins rigoureuse, un air plus dense eurent bientôt remis les quatre voyageurs, qui arrivèrent à Chamounix à 7 heures du soir.

Ainsi fut réalisé ce projet, qu'on avait toutes raisons de considérer comme téméraire, de séjourner trois jours et trois nuits de suite au sommet du Mont-Blanc. Quant aux résultats scientifiques de l'expédition, ils ne sont pas encore publiés en ce moment, et il est à croire qu'ils fourniront de nouvelles et intéressantes données sur les conditions météorologiques et physiques propres à ces hautes régions. Ce qui est démontré dès maintenant, c'est qu'il est possible de vivre et même de travailler à 4810 mètres au-dessus du niveau de la mer, mais, comme ajoute M. Richard, « dans des conditions de santé fort mauvaises. Le véritable danger réside dans les orages qui se forment inopinément et qui peuvent dégénérer en tourmentes violentes pour lesquelles les installations les mieux faites ne pèseraient pas plus que des fétus de paille ». Le narrateur termine son récit en ajoutant que depuis le 31 juillet, date de leur retour, M. Vallot a fait une nouvelle ascension, cette fois accompagné de sa femme, « qui est maintenant une des rares et intrépides dames ayant atteint le sommet du Mont-Blanc » ; puis il adresse félicitations et remerciements aux deux guides Michel et Payot, « qui ont fait preuve, dans cette difficile expédition, d'un courage, d'une habileté et d'une prudence au-dessus de tout éloge ».

V

LA FOUDRE

LA DURÉE D'UN ÉCLAIR. — LE DANGER D'ÊTRE FOUDROYÉ.

L'impression subite d'un éclair cause à beaucoup de gens une émotion dont ils ne peuvent se défendre.

Cette impression est particulièrement vive s'il s'agit d'un de ces éclairs fulgurants, si fréquents dans les grands orages. Ce sillon de feu, quand il se dessine sur le fond sombre de la nuée orageuse, fait passer si brusquement des ténèbres à l'intense clarté d'une illumination qui, sitôt venue, disparaît avec la même instantanéité, qu'on est toujours surpris, et que chez les personnes nerveuses, chez les femmes surtout, cet étonnement est le plus souvent accompagné d'une vive frayeur. La sensation est plus forte la nuit que le jour, sans doute en raison du plus grand contraste entre l'obscurité profonde et l'éclat du trait de feu.

Dans l'impression produite on peut d'ailleurs démêler des éléments complexes : la sensation physique pure, l'attente plus ou moins consciente des suites du coup, les idées superstitieuses qui s'attachent à la chute de la foudre indépendamment des dangers qu'elle fait courir, tout cela concourt à produire l'impression pénible dont nous parlons. Ces diverses causes varient évidemment avec les individus : la dernière est nulle chez les personnes éclairées ; la première dépend du degré de sensibilité nerveuse de chacun, elle tend à diminuer avec la fréquence des observations et avec l'habitude, qui émousse presque toujours la vivacité des sensations. Reste le sentiment du danger que court la personne témoin d'un orage, lorsqu'un coup de foudre vient à éclater devant elle.

Ce danger existe, cela n'est pas douteux, et comme les suites en sont terribles, on comprend qu'on redoute d'être frappé. Mais toute frayeur, en ce cas, n'en est pas moins vaine, attendu qu'il n'y a d'autre moyen d'y échapper que de se trouver à l'abri dans un édifice muni d'un paratonnerre, et encore! Si l'appareil n'est pas en état parfait d'entretien, si la communication électrique de ses diverses parties entre elles et avec les parties métalliques de l'édifice n'est pas ininterrompue, si l'extrémité inférieure n'aboutit pas à une masse d'eau ou de sol humide assez étendue, le paratonnerre, au lieu de protéger, n'est qu'une cause de danger jointe à celle de l'orage même.

Il ne sert de rien de craindre : cette réflexion, jointe à la pensée que, sur tout un pays, la probabilité est faible que le point où l'on se tient soit précisément le point frappé, doit donner quelque tranquillité aux spectateurs. Il y a un autre motif de calme, qui, il est vrai, ne suffirait pas à rassurer tout le monde, c'est que, de tous les genres de mort, il n'en est guère, sinon de plus doux (la commotion peut être douloureuse), du moins de si instantané que la mort par la foudre. Ce qui le prouve, c'est l'attitude générale des foudroyés, attitude qui est absolument celle qu'avait la victime lorsque l'étincelle l'a atteinte. On a remarqué le même phénomène chez les soldats frappés sur le champ de bataille, ayant par exemple la tête emportée par un boulet. Ce que nous disons là ne s'applique, il est vrai, qu'aux corps vraiment foudroyés, non aux blessés par la foudre.

J'arrive maintenant à un préjugé fort répandu auprès des personnes que le tonnerre effraye. La vue de l'éclair est ordinairement pour elles moins effrayante encore que le fracas du tonnerre. Comme il s'écoule parfois plusieurs secondes entre l'apparition du sillon de feu et la détonation, elles se trouvent pendant tout ce temps (qui leur semble long), et même pendant toute la durée des éclats, en proie au sentiment irrésistible de peur que leur cause la foudre. J'ai, depuis de longues années, une bonne qui est si impressionnée par le tonnerre et l'éclair, qu'elle se réfugie soit à la cave, soit dans une armoire, pour ne pas voir l'éclair ; le malheur est qu'elle ne peut éviter, n'étant pas sourde, d'entendre le bruit.

Eh bien, ni l'éclair qu'on voit, ni à plus forte raison le tonnerre

LA FOUDRE DANS LES ALPES.

qu'on entend, ne sont à craindre. Dès que l'éclair paraît, tout danger, du moins pour ce coup-là, a disparu. La raison en est bien simple. C'est l'étincelle électrique qui est dangereuse; c'est tout le long de son parcours qu'a lieu la commotion qui tue. Or la durée de l'éclair peut être regardée comme nulle : le voir et être frappé seraient deux choses simultanées; il en serait de même du coup de tonnerre pour la victime. En un mot, avoir la vision nette de l'éclair suffit pour être assuré qu'il ne vous frappera point; tout danger est passé aussitôt. Si épouvantables que soient les éclats du coup qui vient en apparence après l'éclair, ce n'est qu'un son, qu'un ébranlement de l'air absolument inoffensif, à moins que, comme les décharges d'artillerie, sa violence ne vous brise le tympan.

Examinons les deux points, les deux assertions que je viens de poser ici, et commençons par la seconde.

Tout le monde sait, par une expérience aisée à faire dans tout orage électrique, qu'il s'écoule un certain temps, mais un temps très variable, entre l'apparition de l'éclair et l'audition du bruit du tonnerre. Pourquoi cet intervalle?

La raison en est simple : aussi avait-elle été donnée déjà par les Anciens, bien qu'ils ignorassent la nature de la foudre. La vitesse de la lumière est si grande, que, pour les distances qu'elle a à franchir à la surface de la Terre, on peut considérer cette vitesse comme infinie. On peut donc dire qu'on voit l'éclair au moment où il se produit. Il n'en est pas de même du son, parce que sa vitesse de propagation est relativement très faible. En temps d'orage, à une température de 15 à 16 degrés, cette vitesse ne dépasse pas 340 mètres par seconde. Il en résulte que, si l'éclair part d'un point situé à cette distance de l'observateur, il devra s'écouler une seconde entre l'instant de son apparition et le commencement du bruit du tonnerre. S'il s'écoule 2, 3..., 10 secondes, c'est que le lieu de l'éclair est à 2 fois, 3 fois..., 10 fois 340 mètres de l'oreille. La décharge électrique et le bruit sont simultanés, mais le bruit ne s'entend que plus ou moins longtemps après. D'où la conséquence que, sitôt l'éclair apparu, tout danger réel a disparu avec lui, le fracas qui va le suivre est absolument inoffensif.

Au reste, c'est là un fait bien connu que, plus l'orage est éloigné, plus l'intervalle de temps qui s'écoule entre l'éclair et le tonnerre est considérable. Pour une distance de 20 kilomètres, assez faible encore pour qu'on puisse distinguer les éclairs, l'intervalle en question n'est pas moindre d'une minute. Je dis que bien des gens savent cela, et cependant la force de l'habitude, du préjugé est si grande, que beaucoup ne peuvent s'empêcher d'attendre le coup avec une certaine anxiété, quand l'éclair a brillé.

Le second point dont je voulais parler a trait à la durée de l'éclair. C'est ici une question de curiosité pure, qu'on est parvenu à résoudre par un procédé fort ingénieux ; un physicien anglais, Wheatstone, l'a employé le premier, et il est arrivé à cette conclusion qu'un éclair brille pendant un temps excessivement court, beaucoup moindre que ne le ferait croire l'impression qu'il produit sur les yeux de l'observateur. En effet, la lumière de l'éclair est d'une grande vivacité ; elle ébranle fortement la rétine, et par cela seul il nous semble l'apercevoir encore quand elle a disparu. D'ailleurs on sait par des expériences réitérées, très aisées à reproduire, qu'une sensation lumineuse persiste pendant quelque temps encore après la disparition ou l'extinction de la source de lumière qui la cause. Quand on fait tourner rapidement dans l'obscurité le bout enflammé d'un morceau de bois, on ne voit pas une suite de points détachés, parcourant l'un après l'autre tous les points de la courbure tracée, comme cela devrait être si la sensation isolée ne durait qu'un temps infiniment court; on aperçoit un ruban de feu continu. D'après des mesures précises, la durée de cette sensation, ce qu'on nomme la *persistance des impressions lumineuses* est en moyenne d'environ 1 dixième de seconde.

C'est cette persistance qui est cause de la durée apparente d'un éclair. Pour un spectateur non prévenu, cette durée apparente est d'une notable fraction de seconde, tandis que la durée réelle, je viens de le dire, est considérablement plus courte. Voici comment Wheatstone est parvenu à établir ce fait. Il se servait, dans ce but, d'une roue portant un grand nombre de rayons d'argent mat, pouvant tourner avec une grande rapidité sur son axe. Supposons que, pendant sa rotation dans l'obscurité de la nuit, cette roue se trouve subitement illuminée par une lumière de durée appréciable, égale à un dixième de seconde par exemple. Pendant ce temps, chaque rais se sera déplacé, et paraîtra élargi à l'œil en vertu de la persistance des impressions lumineuses sur la rétine : c'est le phénomène du cercle lumineux dont il vient d'être question ; ou encore, c'est celui d'une roue de voiture qui se meut rapidement devant nous et dont les rayons paraîtront beaucoup plus nombreux qu'ils ne sont en réalité. Plus d'ailleurs la vitesse de rotation sera considérable, plus le champ illuminé de la roue aux rais d'argent paraîtra continu.

Supposons que la durée de la source de lumière illuminant la roue soit plus petite, soit réduite par exemple à un centième de seconde. Pour une même vitesse de rotation, les rais se déplaceront d'une quantité dix fois moindre, et l'élargissement se trouvera réduit dans la même proportion; la roue semblera tourner plus lentement.

On comprend, sans qu'il soit besoin d'entrer dans le détail d'une démonstration rigoureuse et mathématique, qu'entre le nombre des rais, la vitesse de la roue et la durée de l'illumination, il y a un rapport qui permet de calculer cette dernière quantité, lorsqu'on connaît les deux autres. Wheatstone, appliquant cette méthode à l'observation des éclairs pendant un orage, constata ce fait, à savoir, qu'il avait beau accroître la vitesse de rotation de sa roue, dès qu'elle était illuminée par un éclair, tous ses rais demeuraient distincts à la vue et paraissaient en repos : la roue parut toujours absolument immobile. Des expériences variées lui prouvèrent ainsi que la durée d'un éclair est certainement inférieure à la millième partie d'une seconde.

Ainsi s'explique un phénomène que pourront observer ceux de nos lecteurs qui, par une nuit d'orage obscure, examineront l'aspect du paysage à la lueur des éclairs non diffus, des éclairs en traits de feu, comme ceux dont il vient d'être question. Malgré la violence du vent, ils verront que les objets secoués, les arbres par exemple, semblent immobiles; ainsi paraîtrait encore un cavalier au galop, une voiture, un train de chemin de fer, fût-il lancé à toute vapeur. Il semble que tous ces objets sont subitement pétrifiés par la lumière de l'éclair.

EFFETS MÉCANIQUES ET PHYSIQUES DE LA FOUDRE.

François Arago a publié, en 1838, dans l'*Annuaire du Bureau des Longitudes*, une de ces notices, nourries de faits, où il excellait à mettre à la portée des gens du monde les résultats des recherches scientifiques les plus variées. Celle dont je parle était tout entière consacrée au tonnerre, aux orages électriques, aux éclairs et à toutes les circonstances qui se produisent pendant ces perturbations si curieuses et encore si peu connues de l'atmosphère. Elle est toujours précieuse à consulter, parce qu'elle renferme un grand nombre d'observations empruntées aux physiciens anciens et modernes, sur les effets si étonnamment variés de la foudre. Depuis, à l'exemple de l'illustre savant, on a recueilli sur le même sujet une multitude de données fort intéressantes. Je vais présenter à mes lecteurs quelques-unes des plus saillantes, récentes ou anciennes.

La foudre produit tantôt des effets mécaniques d'une extrême vio-

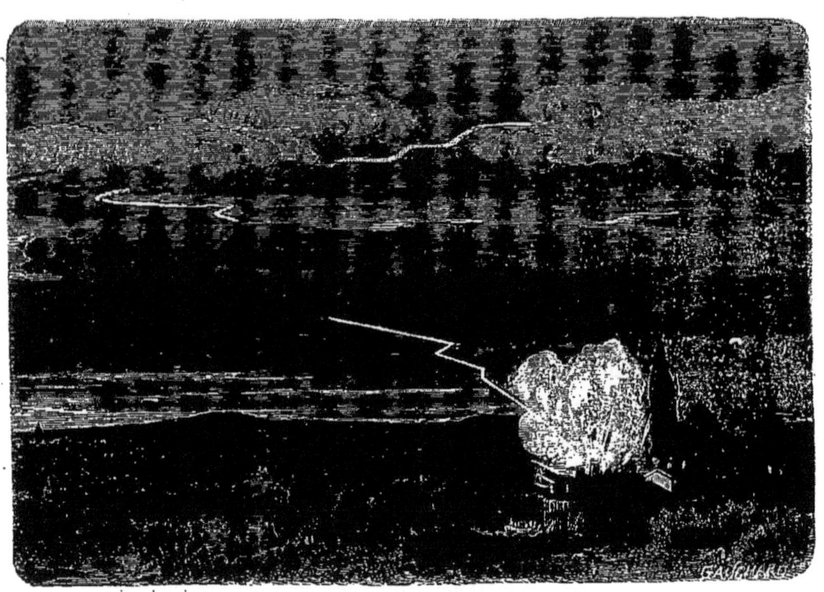

INCENDIE CAUSÉ PAR LA FOUDRE.

lence, comparables à ceux d'un projectile d'une masse considérable lancé avec une grande vitesse ; tantôt elle agit à la façon des gaz détonants et explosifs ; d'autres fois ses effets mécaniques sont d'une délicatesse qui fait penser aux machines de précision, aux outils dirigés par les plus habiles mécaniciens. Voici quelques exemples de ces modes d'action que j'emprunte à la notice d'Arago *Sur le tonnerre.*

« Dans la nuit du 14 au 15 avril 1718, un coup de tonnerre fit sauter *le toit et les murailles* de l'église de Gouesnou, près de Brest, comme aurait fait une mine. Des pierres avaient été lancées *dans tous les sens* jusqu'à la distance de 51 mètres. Le 6 août 1809, à Swinton, distant d'environ 5 milles de Manchester, le tonnerre produisit sur une partie de la maison de M. Childwick des effets mécaniques remarquables.... A deux heures après midi, après des décharges répétées d'un tonnerre éloigné et qui semblait s'approcher, une explosion épouvantable se fit entendre. Elle fut immédiatement suivie de torrents de pluie. Pendant quelques minutes une vapeur sulfureuse entoura la maison. Le mur extérieur du petit bâtiment, cave et citerne, fut ARRACHÉ *de ses fondations et* SOULEVÉ *en masse;* l'explosion le porta verticalement, SANS LE RENVERSER, à quelque distance de la place qu'il occupait d'abord. L'une de ses extrémités avait marché de 9 pieds, l'autre de 4. Le mur ainsi *soulevé et transporté* se composait, sans compter le mortier, de 7000 briques et pouvait peser environ 26 tonnes. Voici encore un fait de transport cité par M. Daguin : « En 1752, à Cherbourg, la foudre brisa le bas-mât d'un navire désarmé; un fragment de 2 mètres de long et de 20 centimètres d'équarrissage au plus gros bout est lancé avec une telle force, qu'il va frapper, à une distance de 90 mètres, une cloison en chêne de 3 centimètres d'épaisseur, dans laquelle il s'engage par le gros bout, en y faisant un trou semblable à celui qu'aurait fait un boulet de canon. »

Voici un fait bien curieux de transport mécanique produit par un coup de foudre, que nous recueillons au lieu même de l'événement et le surlendemain du jour où il s'est passé (18 septembre 1887) : Un jeune homme de vingt-cinq ans revenait accompagné d'un ami, en voiture, du concours agricole de Saint-Germain-du-Bois. Il était onze heures du soir environ; le temps était orageux. En passant sur la place du marché, à Pierre, le jeune C. déposa à son domicile l'ami qui l'accompagnait. La pluie commençant à tomber, ce dernier laissa à C. son pardessus en caoutchouc. Continuant seul sa route et sortant du bourg pour prendre la route de Lays, C. se trouvait avec son véhicule sur la chaussée, quand un éclair suivi instantanément d'un coup de tonnerre lui ôta tout à coup l'usage de ses sens, au point qu'il lui fut impossible de dire quelle durée s'écoula entre le coup et son réveil. Tout ce qu'il peut dire en ce moment, c'est qu'il se trouva debout à côté de sa voiture et de son cheval, immobile comme lui. Il tenait encore à la main, tout allumée, la lanterne de sa voiture. Croyant toujours celle-ci sur la chaussée, il voulut faire avancer son cheval, mais en vain. Il reconnut alors que le véhicule était au milieu d'un champ d'étoules; l'une des roues de derrière avait disparu et l'essieu en fer qui la soutenait, était comme scié nettement. Quand, le lendemain matin, on chercha à se rendre compte du trajet suivi par le cheval et la voiture, il fut impossible de trouver aucune trace ni des roues de la voiture, ni des sabots du cheval; aucune des herbes du champ n'était arrachée ou écrasée; les berges du fossé étaient intactes. La distance entre le point où la foudre avait transporté la voiture, son cheval et son conducteur, était d'environ 10 mètres, comptés du point le plus proche de l'axe du chemin. C. n'avait d'autre mal qu'une légère douleur à la cuisse droite; il était protégé par un vêtement isolant, de caoutchouc. Le cheval, intact aussi, n'avait, lui, aucune protection.

Il y a là, comme on voit, un phénomène de transport bien curieux, d'ailleurs assez difficile à expliquer.

C'est par milliers qu'on citerait les effets destructeurs des coups de foudre. D'autre part, elle laisse quelquefois des traces pour ainsi dire imperceptibles de son passage, perçant par exemple de plusieurs trous de quelques millimètres de diamètre les vitres d'une fenêtre sans les briser.

Voici d'autres effets qui paraissent s'expliquer aisément, si l'on admet que la foudre transforme brusquement en vapeur, grâce à la chaleur intense qu'elle développe sur son passage, l'eau contenue dans les corps qu'elle traverse. Du reste, les phénomènes de transport qu'on vient de décrire sont peut-être eux-mêmes dus à cette cause.

La foudre ayant frappé en 1676 l'abbaye de Saint-Médard de Soissons, voici ce qu'un témoin oculaire rapporte de l'état dans lequel se trouvèrent les chevrons du comble. « Quelques-uns, dit-il, de la hauteur de trois pieds, sont divisés presque de haut en bas *en forme de lattes assez minces;* d'autres, de la même hauteur, sont divisés *en forme de longues allumettes;* on en trouve enfin quelques-uns divisés *en filets si déliés, suivant l'ordre des fibres, qu'ils ne ressemblent pas mal à un balai usé.* » Ici il s'agit de bois mort, dont l'intérieur était probablement pénétré seulement de l'humidité atmosphérique. Voyons l'effet de la foudre sur des arbres, ou sur du bois vert plus ou moins rempli de sève.

Le 27 juin 1756, la foudre tomba à l'abbaye du Val, près de l'Isle-Adam, sur un gros chêne isolé de 16 mètres du haut et de $1^{m},3$ de diamètre à sa base. Le tronc était entièrement dépouillé de son écorce. On trouva cette écorce dispersée par petits fragments, tout autour de l'arbre, à la distance de 30 ou 40 pas. Le tronc, jusqu'à deux mètres de terre, était fendu longitudinalement en morceaux presque aussi minces que des lattes. Les branches tenaient au tronc, mais elles aussi ne conservaient aucune parcelle d'écorce et avaient subi un déchiquetage longitudinal très remarquable. Le tronc, les branches et l'écorce n'offraient *aucune trace de combustion*. Seulement, ils paraissaient avoir été *complètement desséchés*.

Pendant la même année 1756, un gros chêne de la forêt de Rambouillet fut foudroyé. Cette fois les branches, totalement séparées du tronc, furent dispersées tout autour avec une certaine régularité, mais sans offrir de déchiqueture ; d'ailleurs leur écorce resta presque entière. Quant au tronc, il n'avait pas été non plus pelé, mais, comme le chêne de l'Isle-Adam, il avait été divisé en lattes qui se prolongeaient jusqu'à terre.

Enfin un troisième exemple cité par Arago est celui qu'observa le professeur Muncke, et dont il donna la relation dans les *Annales de Poggendorf*. Le diamètre du chêne frappé mesurait 1 mètre à fleur de terre. Le tronc tout entier avait disparu, ou, pour parler plus exactement, il avait été partagé par la foudre en filaments de plusieurs mètres de longueur, de 3 à 4 millimètres d'épaisseur, comme ceux qu'on aurait pu en détacher à l'aide d'une gouge. Trois branches, qui avaient conservé toutes leurs feuilles et leur écorce, étaient tombées verticalement, comme si elles eussent été coupées d'un coup de hache. Nulle trace d'inflammation ni de carbonisation.

Tous ces effets, comme Arago le remarque avec raison, au premier abord si bizarres, n'ont rien qui étonne, si on les considère comme produits par l'action d'une force élastique développée entre les fibres du bois. La foudre qui, entre autres effets physiques, fond instantanément ou tout au moins porte à l'incandescence les fils métalliques qu'elle traverse, doit évidemment réduire instantanément en vapeur l'eau hygrométrique d'un bois de charpente ou la sève d'un arbre vivant : la vapeur ainsi engendrée à l'intérieur des cellules est la force qui fait éclater les fibres de l'arbre.

LES VICTIMES DE LA FOUDRE.

On pourrait encore s'étendre sur les autres effets physiques ou chimiques de la foudre et citer des faits fort curieux qui témoignent de sa puissance calorifique, de l'influence perturbatrice qu'elle exerce sur les aimants, sur les boussoles des navires, etc. Mais, quelque intéressants que soient ces effets de la foudre, aucun d'eux n'excite en nous la même légitime curiosité que ceux qu'elle produit lorsqu'elle frappe l'homme ou les animaux. Ces effets dits *physiologiques* sont de beaucoup les plus terribles.

Sans doute, les accidents de ce genre sont relativement rares; mais il en est des victimes de la foudre comme de toutes celles qui tombent sous le coup d'événements extraordinaires, catastrophes accidentelles, crimes, etc. Elles excitent la pitié à un degré qui est encore dans ce cas particulier, accru par la façon mystérieuse dont l'agent électrique accomplit son œuvre de destruction. Mais passons aux faits.

La foudre tue ou blesse grièvement les hommes et les animaux qu'elle frappe. Tantôt les cadavres foudroyés ne présentent aucune lésion apparente; tantôt ils offrent des plaies, des contusions, des brûlures sous forme de longs sillons où la peau est enlevée. Dans le premier cas, l'autopsie indique, soit une congestion cérébrale, soit des épanchements sanguins dans les organes internes. En un mot, comme l'a dit Gay-Lussac, la cause de la mort par la foudre est, soit la paralysie du système nerveux, soit la lésion des organes ou du système vasculaire. On a remarqué que les cadavres des foudroyés entrent très rapidement en putréfaction : ce qui arrive fréquemment dans les cas de mort subite. Y a-t-il dans ce fait une action décomposante propre à l'électricité, ou bien cette corruption des chairs est-elle due à la chaleur humide des temps d'orage? On affirme que le sang extrait des veines des foudroyés a perdu la propriété de se coaguler.

Il semble que certaines personnes soient plus que d'autres en danger d'être frappées et tuées par la foudre. Les femmes seraient moins exposées que les hommes. D'après une statistique des victimes de la foudre en France, recueillie par le docteur Boudin pour la période comprise entre 1835 et 1863, il y aurait eu 2238 tués. Sur 880 morts pendant les dix dernières années de cette période, on ne comptait que 243 femmes, ou 27 pour 100. Y a-t-il là une immunité physiologique spéciale au sexe féminin, ou la différence tiendrait-elle à ce que les hommes sont plus exposés aux coups de foudre par leurs occupations ou par le manque de prudence? On cite des cas de troupeaux de moutons totalement détruits par la foudre, alors que le berger, resté au milieu de ses animaux, était épargné.

Les personnes foudroyées sont frappées avant d'avoir vu l'éclair et entendu le coup de tonnerre. On a vu plus haut la raison de ce fait, dont l'exactitude est d'ailleurs confirmée par les récits de celles des victimes qui, n'ayant été que blessées ou évanouies, ont été rappelées à la vie. Lors de la catastrophe, fameuse dans les fastes de la foudre, qui, en juillet 1819, coûta la vie à 9 personnes et en blessa 82 dans l'église de Châteauneuf-les-Moustiers, une relation circonstanciée fut adressée à l'Académie des sciences ; elle renferme sur les effets de la foudre des détails intéressants, que nous allons en partie reproduire.

« Le 11 juillet 1819, jour de dimanche, M. Salomé, curé de Moustiers et commissaire épiscopal, alla à Châteauneuf pour y installer un nouveau recteur. Vers les dix heures et demie, on se rendit en procession de la maison curiale à l'église. Le temps était beau, on remarquait seulement quelques gros nuages. La messe fut commencée par le nouveau recteur.

« Un jeune homme de dix-huit ans, qui avait accompagné le curé de Moustiers, chantait l'épître, lorsqu'on entendit trois détonations de tonnerre qui se succédèrent avec la rapidité de l'éclair. Le missel lui fut enlevé des mains et mis en pièces ; il se sentit lui-même serré étroitement au corps par la flamme, qui le prit de suite au cou. Alors, par un mouvement involontaire, ce jeune homme, qui avait d'abord jeté de grands cris, ferma la bouche, fut renversé, roulé sur les personnes rassemblées dans l'église, qui toutes avaient été terrassées, et jeté ainsi hors la porte. Revenu à lui, sa première idée fut de rentrer dans l'église, pour se rendre auprès de M. le curé de Moustiers, qu'il trouva asphyxié et sans connaissance. Ce jeune homme fixa sur ce respectable et infortuné pasteur l'attention et les soins de ceux qui, légèrement blessés, pouvaient donner du secours. On le releva, on éteignit la flamme de son surplis, et, par le moyen du vinaigre, on le rappela à la vie, environ deux heures après son étourdissement. Il vomit beaucoup de sang. Il assura n'avoir pas entendu le tonnerre et n'avoir rien su de ce qui se passait. On le porta au presbytère. Le fluide électrique avait touché fortement la partie supérieure du galon d'or de son étole, coulé jusqu'en bas, enlevé un de ses souliers qu'il porta à l'extrémité de l'église, et brisé la boucle de métal. Le siège sur lequel il était assis fut aussi brisé.

« Le surlendemain, M. le curé fut transporté dans son presbytère à Moustiers, pour être pansé de ses blessures, qui n'ont été cicatrisées que deux mois après. Il avait une escarre de plusieurs travers de doigt à l'épaule droite; une autre s'étendant du milieu postérieur du bras du même côté jusqu'à la partie moyenne et extérieure de l'avant-bras; une troisième escarre profonde partait de la partie moyenne et postérieure du bras gauche, et allait jusqu'à la partie moyenne de l'avant-bras du même côté; une quatrième, plus superficielle et moins étendue, au côté externe de la partie inférieure de la cuisse gauche, et une cinquième sur la lèvre supérieure jusqu'au nez. Il a été fatigué d'une insomnie absolue pendant près de deux mois; il a eu le bras paralysé[1] et souffre des différentes variations de l'atmosphère.

« Un jeune enfant fut enlevé des bras de sa mère et porté à six pas plus loin. On ne le rappela à la vie qu'en lui faisant respirer le grand air. Tout le monde avait les jambes paralysées. Toutes les femmes, échevelées, offraient un spectacle horrible. L'église fut remplie d'une fumée noire et épaisse : on ne pouvait distinguer les objets qu'à la faveur des flammes des parties des vêtements allumées par la foudre.

« Huit personnes restèrent sur place. Une fille de dix-neuf ans fut transportée sans connaissance à sa maison, et expira le lendemain matin, en proie aux douleurs les plus horribles, à en juger par ses hurlements; de sorte que le nombre des personnes mortes est de 9; celui des blessés est de 82.

« Le prêtre célébrant ne fut point atteint de la foudre, sans doute parce qu'il avait un ornement de soie.

« Tous les chiens qui étaient dans l'église furent trouvés morts dans l'attitude qu'ils avaient auparavant.

« Une femme qui était dans une cabane, à la montagne de Barbin, au couchant de Châteauneuf, vit tomber successivement trois masses de feu qui semblaient devoir réduire ce village en cendres.

« Il paraît que la foudre frappa d'abord la croix du clocher, qu'on trouva plantée dans la fente d'un rocher, à une distance de 16 mètres. Le feu électrique pénétra ensuite dans l'église par une brèche qu'il fit

1. Il est curieux de voir que la foudre, qui en certains cas cause la paralysie, dans d'autres guérit de la même affection. M. Daguin cite les deux faits suivants : « En 1762, à Kent, le pasteur Winter, paralysé depuis un an à la suite d'une attaque d'apoplexie, voit tomber la foudre dans sa chambre et reçoit une violente commotion, après laquelle il se trouve radicalement guéri. En août 1819, à Niort, un malade atteint depuis plusieurs années d'un rhumatisme au bras gauche qui le faisait horriblement souffrir, voit le mal disparaître pour ne plus revenir, après qu'il a été renversé par la commotion de la foudre. »

à la voûte, à la distance d'un demi-mètre de celle par où passe la corde d'une cloche. La chaire fut écrasée. On trouva dans l'église une excavation d'un demi-mètre de diamètre, prolongée sous les fondements du mur jusque sur le pavé de la rue, et une autre qui entrait sous les fondements d'une écurie qui est en dessous, et où l'on trouva morts cinq moutons et une jument.

« On sonnait les cloches quand la foudre tomba sur l'église. »

La plupart des effets mécaniques, physiques et physiologiques de la foudre qui ont été mentionnés plus haut, se trouvent rassemblés dans l'événement remarquable dont on vient de lire le récit. Le narrateur attribue au vêtement isolant dont était revêtu le prêtre célébrant, la préservation qui l'empêcha d'être au nombre des victimes; il est possible que telle soit en effet la raison de ce fait, de même que la foudre peut se diriger de préférence sur les personnes qui portent des objets métalliques, bons conducteurs de l'électricité. Mais il ne faut pas oublier que des faits authentiques se trouvent contredire ces sortes de prévisions. Les vêtements de substance isolante ne suffisent pas toujours à préserver ceux qui les portent; la foudre passe d'ailleurs souvent entre la surface du corps et les objets dont il est recouvert, comme si elle trouvait dans cette mince couche d'air, rendue humide par la transpiration, un passage plus facile. Le 20 mars 1784, la foudre, étant tombée sur le théâtre de Mantoue, tua deux spectateurs et en blessa dix, sur 400 environ que la salle renfermait. Or on constata ce fait extrêmement curieux, que « le tonnerre fondit des boucles d'oreilles, des clefs de montre, cliva des diamants, et cela sans blesser en aucune manière les personnes qui portaient ces divers objets ».

On écrirait des volumes en décrivant les singularités des coups de foudre qui atteignent les hommes ou les animaux. Tantôt les victimes n'offrent pas de traces apparentes de blessures ou de brûlures, ou tout au moins ces traces sont très légères; tantôt leurs vêtements restent absolument intacts, tandis que dans d'autres cas ils sont mis en pièces, brûlés ou projetés au loin en minces fragments : les cadavres restent entièrement dépouillés. On cite des cas où les personnes frappées conservent après la mort la même attitude, les mêmes gestes qu'au moment où elles ont été foudroyées. Tel est celui qu'a cité Cardan, et qu'on a souvent reproduit dans les descriptions des effets de la foudre : Des moissonneurs prenaient leur repas sous un chêne, quand un coup de tonnerre éclata et les frappa tous les huit. Lorsque des passants s'approchèrent du groupe, ils s'aperçurent avec stupéfaction qu'ils ne donnaient plus signe de vie, bien que chacun d'eux eût conservé l'attitude même qu'il avait au moment où le fluide l'avait atteint, l'un portant son pain à la bouche, l'autre tenant son verre, etc. Nous avons plus haut comparé les cas de ce genre à ceux de soldats foudroyés par le canon sur les champs de bataille.

En parcourant les innombrables récits où sont relatées les circonstances variées des coups de foudre, on est frappé de voir combien les effets produits semblent contradictoires. L'agent mystérieux et terrible paraît au premier abord éminemment capricieux. C'est que les causes de cette variété dans le mode d'action de la foudre nous sont, la plupart du temps, inconnues. Nous ignorons l'état de l'atmosphère ambiante, l'influence des objets voisins; nous ne savons pas davantage dans quelles conditions physiologiques se trouvent les personnes atteintes, au moment où l'agent électrique les a frappées. Pour qu'on pût donner l'explication scientifique des faits extraordinaires, bizarres et en apparence contradictoires auxquels nous faisons allusion, il faudrait qu'on connût toutes ces circonstances, condition généralement impossible à remplir. Mais, en somme, aucun de ces faits n'est en réelle contradiction avec les lois et les propriétés connues de l'électricité.

DES MOYENS DE SE PRÉSERVER DE LA FOUDRE.

Tout cela intéresse la science proprement dite et, par conséquent, surtout les savants de profession. Ce qui serait d'un intérêt plus universel, c'est de connaître les moyens, s'il y en a, de se préserver de la foudre. En existe-t-il de vraiment efficaces?

Il y en a, du moins pour les personnes qui, en temps d'orage, sont à l'abri dans une maison, dans un édifice : à une condition toutefois, qui malheureusement est assez rarement remplie, c'est que la maison, l'édifice soit muni d'un paratonnerre, et d'un paratonnerre en bon état. Si en effet l'appareil préservateur avait été construit dans des conditions défectueuses, si son conducteur se trouvait détérioré, interrompu, s'il ne communiquait pas d'un côté avec les autres parties métalliques de l'édifice et de l'autre avec une masse d'eau ou de terrain humide d'une suffisante étendue, oh! alors, mieux vaudrait pour les habitants se trouver partout ailleurs, le paratonnerre mal établi constituant un danger de plus pour l'espace qu'il a mission de protéger.

L'inventeur des paratonnerres, l'illustre Franklin, a donné des préceptes, que je vais brièvement résumer, à l'usage de ceux qui se trouvent, pendant un orage, dans une maison non garantie par un paratonnerre. Le nombre en est grand encore, sur le continent surtout, bien que plus d'un siècle se soit écoulé depuis que le savant américain a imaginé son appareil protecteur de la foudre. Il leur recommande d'éviter le voisinage des cheminées, ayant remarqué que la foudre pénètre souvent à l'intérieur du conduit tapissé de suie, c'est-à-dire d'une matière éminemment conductrice de l'électricité. Pour la même raison, on doit autant que possible s'éloigner des objets métalliques, des glaces, des dorures que contient la pièce où l'on se trouve.

Où se placer alors de préférence? Au milieu de la pièce, si toutefois l'on n'a pas au-dessus de sa tête un lustre, une suspension. Il ne faut pas toucher les murs; il faudrait éviter pareillement le contact du sol, de sorte que le moyen le plus sûr serait de se coucher dans un hamac suspendu au plafond. Encore, dans ce cas, les cordons de suspension devront-ils être formés d'une matière isolante, par exemple de soie. Si, à défaut de hamac, on s'assied sur une chaise, un fauteuil, avoir soin d'isoler le siège en faisant reposer les pieds sur du verre, de la résine, des matelas.

Voilà, on en conviendra, des précautions bien minutieuses; mais il est des personnes si timorées, auxquelles la foudre inspire une telle terreur, que l'ennui de telles sujétions ne les fera pas reculer devant leur emploi. Je connais une vieille dame qui pendant un orage se tient au milieu de sa chambre, munie d'un parapluie de soie, tout grand ouvert, sans songer que la monture métallique de son parafoudre pourrait bien annuler la vertu protectrice de l'étoffe. Au reste, il est bien clair que, en ce cas comme en bien d'autres, c'est la foi qui sauve. Aussi n'est-ce pas pour les gens craintifs que nous citons l'opinion d'Arago sur les prescriptions de Franklin :

« Ces précautions, dit-il, doivent atténuer le danger, mais elles ne le font pas disparaître. Il n'est pas sans exemple, en effet, que le verre, la poix ou plusieurs matelas, aient été traversés par la foudre. Chacun doit comprendre aussi que si le météore ne trouve pas tout autour de la chambre un métal continu qui le dirige, il pourra s'élancer sur le point diamétralement opposé et rencontrer dans sa course des personnes situées au milieu, fussent-elles suspendues dans des hamacs. »

Le mieux est donc encore d'avoir un paratonnerre bien établi et en bon état sur sa maison, et il est probable qu'il y aurait un bien plus grand nombre de ces appareils dans nos villes et nos villages, si le prix n'en était pas malheureusement fort élevé.

La foudre frappe de préférence les objets situés sur les hauteurs; cela se conçoit par cela seul que les sommets sont des points pour lesquels existe le plus court chemin entre le nuage orageux et la terre. C'est la raison pour laquelle on recommande aux personnes surprises en plein air par un orage de ne point se mettre à l'abri de la pluie sous des arbres un peu élevés. Mais ce ne sont pas toujours les points les plus saillants qui sont frappés. Il paraît probable que l'essence des arbres a une influence. Déjà en 1764 le capitaine américain Dibden écrivait à Wilson que, d'après son expérience, les chênes des forêts de Virginie, bien que beaucoup moins élevés que les pins, étaient beaucoup plus souvent foudroyés. Cette assertion semble corroborée par une statistique récente portant sur 166 cas d'arbres foudroyés. Sur ce nombre on compte 54 chênes, 16 sapins et pins.

Les anciens croyaient que certains arbres sont respectés par la foudre, le laurier par exemple, et Suétone nous apprend que, pour cette raison, Tibère ne manquait pas de porter une couronne de laurier. Cette opinion de l'immunité de certains arbres, le hêtre, le bouleau, l'érable par exemple, avait encore des partisans il y a un siècle; mais des faits authentiques ont prouvé que cette immunité était tout à fait relative.

Est-on plus à l'abri de la foudre à l'intérieur des maisons qu'en plein air? en un lieu bas, dans une vallée, que sur les points élevés, sur les collines ou les montagnes? à l'intérieur de la terre, dans les caves ou cavernes, qu'au niveau du sol? Toutes questions difficiles à résoudre, parce que le plus souvent d'autres conditions favorables ou défavorables empêchent de formuler une conclusion générale.

Les anciens préconisaient les cavernes comme des abris efficaces contre l'atteinte de la foudre. C'est la conséquence de cette opinion que le feu du ciel ne pénètre jamais dans le sol au delà de cinq pieds. Les historiens racontent qu'Auguste se retirait, dès qu'il apercevait les prodromes d'un orage, dans un lieu bas et voûté. Si l'on doit en croire Kæmpfer, les empereurs du Japon renchérissaient sur le procédé de l'empereur romain : au-dessus de la grotte où la crainte les faisait réfugier en temps d'orage, était établi un réservoir empli d'eau. Dans la pensée des inventeurs de ce système de protection, l'eau était destinée à éteindre le feu de la foudre. En réalité une masse liquide un peu étendue, par sa conductibilité, est propre à atténuer et même à annuler l'énergie destructive du fluide ; c'est pour cela que les conducteurs des paratonnerres doivent autant qu'il est possible descendre dans le sous-sol jusqu'à la couche aquifère, ou bien communiquer avec l'eau d'une rivière, d'un étang. Mais il ne faut pas oublier que, dans le cas où la foudre tombe sur une masse d'eau, les êtres vivants qui s'y trouvent sont le plus souvent foudroyés. On a de ce fait de nombreux exemples. En voici deux que cite Arago :

« Le tonnerre étant tombé, vers l'année 1670, sur le lac de Zirknitz dans le compartiment nommé Lenische, on vit presque aussitôt flotter à la surface de l'eau une telle quantité de poissons, que les habitants du voisinage en remplirent 28 tombereaux.

« Le 24 septembre 1772, la foudre tomba à Besançon dans le Doubs. Aussitôt après, la surface de l'eau fut couverte de poissons étourdis qui flottaient au gré du courant. »

Revenons au danger qu'on peut courir à l'intérieur des maisons, et aux moyens de le conjurer. Qu'y a-t-il de vrai dans le préjugé ancien d'après lequel les personnes au lit et couchées n'auraient rien à redouter de la foudre? Cette opinion est démentie par d'assez nombreuses observations. En voici quelques-unes :

Arago rapporte dans sa *Notice sur le tonnerre* que la foudre, étant tombée, le 3 juillet 1828, sur un cottage situé à Birdham près de Chichester, réduisit un bois de lit en éclats, et roula par terre les draps, les matelas, ainsi que la personne qui reposait dans le lit. A la vérité, elle ne lui fit aucun mal. Même résultat relativement heureux, le 9 du même mois, où la foudre se borna à soulever la couverture du lit où Mme Brook était couchée, sans lui faire d'autre mal que la peur. Ces premiers exemples prouvent seulement que les lits ne sont pas épargnés par la foudre. En voici d'autres où les personnes couchées furent elles-mêmes atteintes :

Le 29 septembre 1772, M. Thomas Hearthley, endormi dans son lit à Harrowgate, fut tué raide d'un coup de foudre. Sa femme, couchée à ses côtés, ne fut pas réveillée par le coup; néanmoins pendant quelques jours elle ressentit une douleur dans le bras droit. Y a-t-il là un cas d'immunité physiologique? Le 27 septembre 1819, à 5 heures du matin, la foudre tomba à Confolens (Charente) sur une maison où elle tua la servante, couchée dans son lit.

Une note, insérée aux Comptes rendus de l'Académie des sciences pour 1864, raconte le fait suivant. La foudre tomba le 2 octobre de cette année sur une maison des environs de Montpellier. Le fluide entra par un trou qu'il pratiqua dans le mur au-dessus d'une fenêtre du premier étage, dont toutes les vitres volèrent en éclats. De la chambre éclairée par cette fenêtre, elle pénétra dans une pièce plus petite où un jeune homme de seize ans, retenu par une indisposition, était couché depuis quelques jours. Elle tua le malade, blessa assez grièvement sa mère à la jambe gauche; trois jeunes gens étaient assis au chevet et aux pieds du lit : l'un d'eux eut son pantalon criblé de brûlures, un autre une plaie contuse au pied.

Cette année même (1887), les journaux ont rapporté le cas d'un homme tué dans son lit par la foudre. Comme dans un des exemples précédents, sa femme, couchée près de lui, n'eut aucun mal.

J'ai donc eu raison, on le voit, de traiter de préjugé cette opinion que les personnes couchées dans un lit étaient à l'abri des coups de foudre. Cela n'est malheureusement pas vrai.

Auguste, on l'a vu, avait peur du tonnerre au point de descendre, en temps d'orage, dans un souterrain voûté; en outre il portait toujours sous ses vêtements une peau de veau marin. Les Romains considéraient cette sorte de peau comme un préservatif efficace contre la foudre; aussi en fabriquaient-ils des tentes à l'usage des gens timorés qui s'y réfugiaient à l'occasion. Dans les Cévennes, les paysans attribuent la même vertu aux peaux de serpents; les bergers en entourent leurs chapeaux.

Ceci nous amène à la question de l'influence des vêtements; sur ce point, je ne saurais mieux faire que de reproduire ce qu'en dit Arago dans sa *Notice sur le tonnerre*.

« Quant à l'idée qu'il peut ne pas être indifférent de choisir certains vêtements en temps d'orage, elle n'a rien de contraire aux connaissances des modernes sur la nature de la foudre. Nous pourrions même citer des cas nombreux où des personnes paraissent avoir été, les unes préservées, les autres foudroyées, suivant qu'elles portaient telles ou telles étoffes, telles ou telles matières.

« Le jour de la catastrophe de Châteauneuf-les-Moutiers, deux des trois prêtres qui entouraient l'autel tombèrent gravement frappés; le troisième, au contraire, n'éprouva aucun mal : lui seul était revêtu d'*ornements en soie*.

« Mille exemples ont prouvé que la foudre ne tombe jamais sur un homme ou sur une femme sans attaquer plus particulièrement les parties métalliques de leurs ajustements. On peut donc admettre que ces parties augmentent sensiblement le danger d'être foudroyé. Cette supposition, personne ne la révoquera en doute, s'il s'agit de masses de métal un peu fortes; en tout cas, je dirai que, le 21 juillet 1819, le tonnerre tomba sur la prison de Biberach (Souabe) et qu'il alla frapper dans la grande salle, *au milieu de vingt détenus*, UN chef de brigands déjà condamné *qui était* ENCHAÎNÉ *par la ceinture*.

« La supposition sera plus difficile à justifier quant aux légères parties métalliques qui entrent dans nos vêtements habituels. Ne pourrais-je pas cependant qualifier du nom de preuve l'observation curieuse faite au Brévent, en 1767, par Saussure et ses compagnons de voyage?

« Le temps était orageux. Quand les observateurs élevaient la main et étendaient un doigt, ils sentaient à l'extrémité une sorte de picotement. « M. Jalabert, qui avait un galon d'or à son chapeau, entendait « autour de sa tête un bourdonnement effrayant. On tirait des étin- « celles du bouton d'or de ce chapeau, de même que de la virole de « métal d'un grand bâton que nous avions avec nous. » Donnez à l'orage un tant soit peu plus d'intensité, ajoute Arago après cette citation, et le léger galon d'or, et le petit bouton de métal deviendront, dans des circonstances pareilles à celles du Brévent, des causes d'explosion; et M. Jalabert sera foudroyé plutôt que ses voisins dont les chapeaux ne sont ornés ni de galons d'or, ni de boutons de métal. »

Arago mentionne encore deux exemples curieux qui montrent bien l'importance du rôle joué par les objets métalliques. C'est, en premier lieu, le cas d'une dame qui étend le bras, par un temps orageux, pour fermer sa fenêtre : la foudre tombe, le bracelet d'or que portait cette dame disparaît si complètement qu'il fut impossible d'en retrouver aucun vestige; elle-même n'avait reçu que d'insignifiantes blessures. Le second cas est celui que rapporte le voyageur anglais Bridone. Une dame de sa connaissance, Mme Douglas, regardait par sa fenêtre pendant un orage. Tout à coup la foudre éclate et le chapeau (le chapeau seul!) de la spectatrice est réduit en cendres Suivant M. Bridone, la foudre avait été attirée par *le mince fil métallique* qui dessinait le contour du chapeau.

Dans ces cas, ne peut-on pas soutenir, avec une égale vraisemblance, que les objets métalliques ont attiré la foudre et, par conséquent, ont accru le danger d'être foudroyé, et aussi qu'ayant servi de conducteurs au fluide, qui sans eux aurait attaqué le corps des personnes atteintes, ces mêmes parties métalliques ont joué un rôle heureux, préservateur?

Dans le cas singulier de transport que j'ai cité plus haut (pages 130 et 131), le jeune homme que la foudre porta, avec sa voiture et son cheval, de la chaussée d'une route dans le champ voisin, n'eut aucun mal : or il était préservé par un vêtement de substance isolante, un pardessus en caoutchouc.

Voici, pour terminer ce que je voulais dire sur ce sujet, un fait très remarquable de foudroiement, dont toutes les circonstances ont été relevées avec précision par un lieutenant-colonel du génie, M. Weynaud. Le coup de foudre dont il s'agit et dont fut victime le capitaine Lacroix, du 11e bataillon de chasseurs, a éclaté pendant un violent orage, dans la soirée du 7 mai 1869, au camp de Châlons. La pluie tombait à torrents quand le coup survint, et la toile de la tente où se tenait la victime était complètement mouillée à l'extérieur.

« Le capitaine était seul dans sa tente, dit M. Weynaud; on ne s'est aperçu de sa mort que le lendemain matin, quand son ordonnance y est entrée comme d'habitude. Le cadavre était couché, la figure tournée vers le ciel, la main droite crispée, tenant un bougeoir métallique intact, serré contre la poitrine. Le terrain portait, à l'emplacement des pieds, des traces circulaires indiquant clairement que le capitaine, debout et tourné vers la porte, le côté droit près de la toile de la tente, la cuisse droite près de la tête du lit en fer, est tombé à la renverse en pirouettant. Le capitaine était en pantalon d'uniforme, vêtu d'un paletot bourgeois, et avait sur la tête son képi à trois galons. Il y avait un fusil de chasse enveloppé de serge et un sabre d'uniforme suspendus au montant de la tente le plus éloigné du capitaine, mais ces armes ne paraissent pas avoir été atteintes par la foudre. La tente était fermée et la porte en toile en était bouclée au dedans et au dehors.

« Il est facile de déterminer la marche suivie par le courant électrique et les différentes étincelles qui ont dû jaillir. La tente elliptique est surmontée d'un faîtage garni à chaque extrémité d'un boulon en fer sous lequel est une garniture en cuir. Or le cuir du boulon Est est lacéré; de cette déchirure part une ligne très visible, de 12 à 15 millimètres de largeur, le long de laquelle la couleur bleue des raies de la tente a été complètement détruite. Cette ligne descend à peu près suivant la direction de plus grande pente, mais un peu zigzaguée cependant, jusqu'au moment où elle rencontre une des coutures de la tente, couture qu'elle suit sur une longueur de 40 centimètres; puis elle abandonne brusquement la couture et va rejoindre presque directement un trou qui existe actuellement à l'emplacement qu'occupait une des boucles extérieures de la tente. Deux autres trous se sont produits; ils correspondent, l'un à la base de la lanière de cuir qui entrait dans la boucle, et l'autre à la base de la lanière qui porte une boucle intérieure : celle-ci n'a pas été enlevée, mais seulement décousue en partie. La boucle extérieure, au contraire, a été retrouvée au dehors, projetée à vingt-trois pas de la tente, et la lanière qui entrait dans la boucle a été coupée en deux, à l'endroit où elle traversait celle-ci, et sa base projetée sur le fauteuil, dans la tente. Les morceaux de toile correspondant à ces trous ont été réduits en charpie, qui s'est répandue en duvet dans toute la tente.

« A ces trois trous de la tente paraissent correspondre trois traces de brûlure sur le front du cadavre : l'une, principale, s'étend sur le côté droit de la tête, sur le cou, l'épaule, le bras et une partie de l'avant-bras, sur une largeur de 15 centimètres; elle se rétrécit en contournant le bras en spirale vers l'intérieur, et s'arrête au coude.

« Le képi du capitaine est complètement brûlé, tous les galons effilochés; les deux boutons de la fausse jugulaire sont complètement désargentés; le fil de fer circulaire qui se trouve dans l'intérieur du képi a sa soudure fondue. La montre qui était dans la poche droite du gilet est arrêtée à 7 heures 53 minutes; elle présente sur le boîtier une trace de fusion de un demi-millimètre de diamètre. Le porte-monnaie, qui était dans la poche droite du pantalon, n'offre aucune trace de l'accident; mais le cadavre présente à la cuisse droite une meurtrissure qui semble provenir d'un choc donné par le porte-monnaie. La partie inférieure du cadavre ne présente aucune trace de la foudre; les bottes sont complètement intactes; au contraire, la chemise, le paletot et le haut du pantalon, jusqu'à la poche, sont entièrement brûlés le long de la trace indiquée sur le cadavre. La couverture du lit présente aussi des brûlures très accusées. Le lit en fer, près duquel se trouvait debout le capitaine (probablement à une dizaine de centimètres au plus) au moment de l'accident, porte à peu près à la hauteur du porte-monnaie sept ou huit petites traces très visibles de fusion; à hauteur du coude, sur la partie supérieure de la tête du lit, il y a aussi quelques traces très petites de fusion. Enfin, de l'autre côté du lit, à l'endroit où il est le plus rapproché de la toile de la tente (10 centimètres), le lit montre des traces très évidentes de fusion, et la toile présente une quinzaine de petits trous analogues à des piqûres de grosse épingle. Ils sont situés à peu près verticalement au-dessous du point où la trace sur la tente dont nous avons parlé plus haut quitte la couture, par un coude brusque, pour se jeter vers la boucle. »

Voilà de bien minutieux détails, dont le lecteur sera peut-être tenté de me reprocher la reproduction littérale. A la vérité, ils sont nécessaires à la recherche du trajet qu'a suivi la foudre pour pénétrer dans la tente et en sortir après avoir frappé la victime. Ils sont bien propres aussi à rendre raison des sinuosités de ce trajet, en vertu des lois connues de la conductibilité électrique. Le savant officier du génie qui a recueilli toutes ces données, en tire les conclusions que voici :

« Il paraît démontré que le chemin parcouru par l'électricité est le suivant : le boulon du faîtage, la toile de tente suivant la trace qui en est restée, la boucle extérieure, la tête du capitaine et le képi galonné, distant seulement de 6 à 10 centimètres de la toile de la tente au moment de la décharge électrique, le bras droit, puis d'un côté une étincelle rejoignant le lit, d'autre part une étincelle rejoignant la montre, le corps, le porte-monnaie, le lit. Il est probable qu'une partie de l'électricité a gagné directement le lit pour s'écouler dans le sol, au moment où l'autre s'est dirigée vers la boucle en quittant la couture suivie d'abord. »

Ce qui paraît ressortir principalement de ce récit, c'est que le corps du malheureux capitaine, par son attitude au moment du coup de foudre, a servi de conducteur au fluide entre le sommet de la tente et le sol. On peut croire que s'il eût été couché dans son lit, le métal de ce meuble eût suffi à remplir cet office, et que l'accident se fût borné à une commotion et à de simples blessures. D'après le rapport du médecin militaire qui a fait l'autopsie, la mort a dû être instantanée : le cerveau, les poumons, le cœur furent gravement atteints. En outre, une brûlure s'étendant sur le côté droit de la tête, le cou, l'épaule, le bras et l'avant-bras, était si profonde, que sur tous les points parcourus par le fluide la peau était « parcheminée, carbonisée dans toute son épaisseur, ainsi que le tissu cellulaire sous-jacent ».

Une personne ainsi foudroyée n'a pu avoir le temps de souffrir, ainsi qu'en témoignaient du reste la face de la victime, son air calme et la sérénité répandue sur ses traits.

SAINT-MORITZ DANS LES GRISONS.

VI

LES PAYS ÉLECTRIQUES

Les orages, avec leurs accompagnements habituels d'éclairs, de tonnerre et quelquefois de grêle, sont à coup sûr une des plus imposantes manifestations de l'électricité terrestre. Mais toutes les régions du globe ne sont pas également partagées sous ce rapport : il en est où les orages sont d'une fréquence extraordinaire, comme la Jamaïque, où pendant cinq mois consécutifs il tonne tous les jours, dans l'après-midi ; d'autres, telles que le Spitzberg et en général les régions polaires, ou encore le Bas-Pérou, où il ne tonne jamais. Dans nos zones tempérées, les orages électriques, rares en hiver, sont assez fréquents, comme on sait, pendant l'été. Les influences locales sont certainement une des causes de cette inégale répartition des décharges électriques ; mais la circulation générale doit sans doute jouer un grand rôle à ce point de vue. Les mouvements qui entraînent les tourbillons cycloniques de la zone équatoriale vers l'un et l'autre pôle, suivant des trajectoires déterminées, marquent la suite des régions où les orages doivent être fréquents, puisqu'il est constaté que c'est dans la partie dangereuse des cyclones que naissent, se développent et se suivent les perturbations secondaires de cette nature.

Dans les zones glaciales, les décharges de l'électricité terrestre prennent un autre caractère : c'est à elles qu'on doit le phénomène si curieux et si mystérieux des aurores, boréales et australes. C'est un sujet qui demande à être traité à part, et que nous laisserons pour cette fois-ci.

Mais, en dehors de ces deux sortes de perturbations, orages et aurores, l'électricité se présente encore, à la surface de notre planète, dans un certain nombre de régions, sous une forme particulière, et avec des caractères si singuliers, que, pour distinguer ces pays des autres, on leur a donné le nom de *pays électriques*. L'étude de ces phénomènes a été l'objet de diverses recherches, dues à un de nos savants distingués, bien connu par ses travaux de géologie, M. Fournet, à qui la mort n'a pas permis de rassembler tous les faits qu'il avait recueillis sur ce sujet intéressant.

Volney, pendant son voyage aux États-Unis à la fin du dernier siècle, étudia le climat et le sol du pays qu'il visitait. Il fut frappé de la plus grande intensité et de la plus grande fréquence des phénomènes électriques, comparées avec celles qu'ils présentent en nos pays d'Europe. « Un dernier point météorologique, dit-il, sur lequel l'air du continent américain diffère de celui de l'Europe, est la quantité de fluide électrique dont l'air du premier est imprégné dans une proportion beaucoup plus forte; l'on n'a pas besoin des appareils mécaniques et artificiels pour rendre ce fait sensible : il suffit de passer vivement un ruban de soie sur une étoffe de laine pour le voir se contracter avec une vivacité que je n'ai jamais remarquée en France; les orages, d'ailleurs, en fournissent des preuves effrayantes par la violence des coups de tonnerre, et par l'intensité prodigieuse des éclairs. Dans les premières occasions où j'eus ce spectacle à Philadelphie, je remarquai que la matière électrique était si abondante, que tout semblait en feu par la succession continue des éclairs; leurs zigzags et leurs flèches étaient d'une largeur et d'une étendue dont je n'avais pas d'idée, et les battements du fluide électrique étaient si forts, qu'ils semblaient à mon oreille et à mon visage être le vent léger que produit le vol d'un oiseau de nuit. Leurs effets ne se bornent point à la démonstration ni au bruit; les accidents qu'ils occasionnent sont fréquents et graves. » Suit une statistique des victimes de la foudre pendant l'été de 1797. Volney appuie sur cette circonstance, que la chaleur n'est pas une cause nécessaire de l'extraordinaire abondance du fluide électrique, puisque c'est souvent par le vent froid du nord-ouest que son intensité est la plus grande. La sécheresse de l'air est une condition plus probable, et il cite à cette occasion les observations des savants russes, Gmelin, Pallas, Muller, Georgi, etc, qui prouvent que l'électricité est d'une abondance excessive dans l'air sec et glacial de la Sibérie. Il ajoute en note cette remarque des mêmes observateurs, à savoir, que les habitants et surtout les femmes y sont d'une extrême irritabilité.

Un savant américain contemporain, M. Loomis, a donné sur l'état électrique de l'atmosphère à New-York des détails qui confirment ce qu'en avait dit Volney dans son *Tableau du climat et du sol des États-Unis*. C'est surtout en hiver que se manifestent les phénomènes électriques. Alors les cheveux sont fréquemment électrisés, et spécialement lorsqu'ils ont été peignés par un peigne fin. Souvent ils se dressent, et plus on les travaille pour rendre la chevelure unie, plus ils refusent de se tenir en place. Ils se dirigent alors vers les doigts qu'on place devant eux, et pour remédier à cet inconvénient il suffit de les mouiller. Les dames américaines, on en conviendra, doivent avoir quelque peine à préparer leurs coiffures, lorsqu'elles se disposent à aller en soirée, à moins qu'elles n'adoptent une mode spécialement appropriée à la tendance que l'électricité donne à leurs cheveux.

« Dans cette même saison, toutes les parties des vêtements de laine, les pantalons surtout, attirent les duvets, les poussières qui flottent dans l'air; ces particules se fixent principalement vers les pieds, et la brosse ne fait que les rendre plus adhérentes. Une éponge humide est toujours le seul remède à appliquer en pareil cas.

« Pendant la nuit, les tapis épais des salons chauffés font entendre de petits craquements; ils brillent lorsqu'on s'y promène, et si l'on passe deux ou trois fois avec rapidité, le jet peut atteindre quelques centimètres de longueur, de façon à faire sentir une piqûre cuisante. Un objet en métal, comme, par exemple, le bouton d'une porte, envoie une étincelle à la main qui s'en approche, et parfois ces étincelles effrayent les enfants. On peut même quelquefois allumer un bec de gaz avec son doigt après s'être promené sur le tapis isolant. »

L'état de sécheresse de l'air est aussi, d'après M. Fournet, la principale condition de la production de ces phénomènes singuliers. M. H. de Saussure, le petit-fils du célèbre explorateur des Alpes, a constaté au Mexique, sur les hauts plateaux du pays, des phénomènes semblables. A la fin de l'hiver, la sécheresse de l'air y devient excessive, et l'évaporation considérable, de sorte qu'aucune vapeur ne trouble plus la sérénité du ciel; alors la production d'étincelles électriques au contact des objets s'y manifeste avec une remarquable intensité.

Cependant, dans les mêmes contrées, une semblable tension de l'électricité de l'air s'observe en pleine saison des pluies; mais alors c'est surtout quand le temps est orageux qu'on en est témoin. Le voyageur que nous venons de citer, ayant entrepris en août 1856, avec M. Peyrot, l'ascension d'un pic mexicain, le Nevado de Toluca, malgré les avis des habitants du pays, ne tarda point à être enveloppé par un brouillard glacial, avant-coureur d'un orage prochain. En effet, « un vent violent, du grésil, puis des éclairs, des coups de tonnerre, roulant presque sans interruption et avec un fracas épouvantable, les obligèrent à descendre, poursuivis par la crainte des décharges. Plus bas, l'orage parut se calmer un instant et nos voyageurs furent enveloppés par un brouillard ou nuage gris, accompagné de grésil, dans lequel on vit les chevaux des guides indiens s'agiter comme pour se soulever; bientôt aussi survint un bruit sourd, indéfinissable, d'abord faible quoique général, mais de plus en plus fort, très distinct, et même inquiétant. C'était une crépitation universelle, du genre de celle qu'auraient faite les petites pierrailles de la montagne, si elles s'étaient entre-choquées. Enfin à cette rumeur, d'une durée de cinq à six minutes, succédèrent de nouveaux tonnerres et des pluies qui se soutinrent jusqu'à la limite supérieure des forêts, où l'orage devint plus supportable, parce que, d'une part, la distance du foyer électrique était devenue plus grande, et que, d'un autre côté, les décharges partielles se trouvaient multipliées et favorisées par la végétation. »

Ce n'était pas, du reste, la première fois que des phénomènes de ce genre étaient observés au Mexique. Un physicien de Mexico, M. Craveri, les avait constatés dans une ascension. « Les sensations électriques qu'éprouvèrent ses guides et lui, à leurs extrémités, aux doigts, au

LA JUNGFRAU.

nez, aux oreilles, furent aussitôt suivies d'un bruit sourd, et pourtant le tonnerre ne grondait pas encore; les longs cheveux des Indiens se tenaient raides et hérissés, en donnant à la tête de ces hommes une grosseur énorme, de façon que la vue de cet effet aggrava leur terreur superstitieuse. Enfin, le bruit devint fort intense, paraissant général dans la montagne et toujours semblable au claquement que produiraient des cailloux alternativement attirés et repoussés par l'électricité; mais il était très probablement dû au pétillement des myriades d'étincelles jaillissant d'un sol rocailleux. Ici intervint encore une fois le grésil. »

Voilà donc, dans le continent américain du Nord, des contrées qui, à certaines époques ou dans certaines circonstances, présentent, aussi bien sur le sol que dans l'air, des manifestations électriques très caractérisées, et cela, en dehors des orages proprement dits. Pour ce motif, M. Fournet leur a donné le nom de *pays électriques*. Mais ce n'est pas seulement dans l'Amérique du Nord que se rencontrent de telles régions. Les plateaux des Andes, dont l'extrême sécheresse est bien connue, offrent des phénomènes semblables. On voit souvent au Chili, dans le désert d'Atacarna, les cheveux se hérisser sur la tête, des étincelles jaillir du sol. Livingstone, dans ses explorations de l'Afrique australe, a constaté la tension électrique considérable que provoquait, dans les déserts de ces contrées, le vent chaud du nord : les plumes d'autruche s'électrisent d'elles-mêmes et donnent de vives commotions au contact de la main; la seule friction des vêtements en fait jaillir des gerbes lumineuses.

Après avoir signalé tous les faits de ce genre qui ont pour théâtre les parties du monde autres que l'Europe, M. Fournet ne tarda point à reconnaître que des phénomènes de tension électrique du même genre avaient été remarqués déjà dans les régions montagneuses des Alpes, par divers voyageurs. Voici quelques-uns des exemples les plus remarquables recueillis par notre savant compatriote.

En juillet 1863, M. Watson, en compagnie d'autres touristes et de plusieurs guides, visitait le col de la Jungfrau. La matinée avait été fort belle; mais, un peu avant qu'elle eût atteint le point où elle se rendait, la caravane fut assaillie par un coup de vent, et la grêle se mit à tomber de gros nuages qui s'étaient amoncelés au col. Il fallut battre en retraite; mais pendant la descente la neige tombait si épaisse, que la petite troupe se trompa de direction et chemina pendant quelque temps dans le Latoch-Sittel. « A peine eut-on reconnu cette erreur, qu'un formidable coup de tonnerre retentit, et bientôt après M. Watson entendit une espèce de sifflement qui partait de son bâton : ce bruit ressemblait à celui que fait une bouilloire dont l'eau en ébullition chasse vivement la vapeur au dehors. On fit une halte, et l'on remarqua que les cannes ainsi que les haches, dont chacun était muni, émettaient un son pareil. Ces mêmes objets, enfoncés dans la neige par l'une de leurs extrémités, n'en continuèrent pas moins ce singulier sifflement. Alors un des guides ôta son chapeau, en s'écriant que sa tête brûlait. En effet, ses cheveux étaient hérissés comme ceux d'une personne qu'on électrise sous l'influence d'une puissante machine, et chacun éprouva des picotements, une sensation de chaleur au visage aussi bien que sur d'autres parties du corps. Les cheveux de M. Watson se tenaient droits et raides; le voile qui garnissait le chapeau d'un autre voyageur se dressa verticalement, et l'on entendait le sifflement électrique au bout des doigts agités dans l'air.

« La neige elle-même émettait un bruit analogue à celui qui se serait produit par la chute d'une vive ondée de grêle. Cependant aucune apparition de lumière ne se manifesta; mais certainement il n'en eût pas été ainsi pendant la nuit. D'autres coups de tonnerre arrêtaient subitement tous ces phénomènes, qui pourtant recommençaient avant même que le grondement de la foudre se fît entendre dans les échos des montagnes. D'ailleurs, tous éprouvèrent un choc électrique plus ou moins violent sur divers points; le bras droit de M. Watson en fut paralysé pendant quelques minutes, jusqu'à ce que l'un des guides l'eût poussé violemment avec la main; mais une douleur se fit encore sentir à l'épaule pendant plusieurs heures. Enfin, à midi et demi, les nuages s'éloignèrent et ces effets finirent par disparaître après avoir duré vingt-cinq minutes environ. »

Dans ce cas, comme dans ceux que nous allons reproduire encore, c'est à une certaine altitude que les phénomènes se manifestent, probablement pour deux raisons : la première, le voisinage des nuages électrisés qui met les observateurs ou le sol sur lequel ils marchent presque en contact avec ces mêmes nuages; la seconde est la sécheresse de l'air, généralement prononcée dans les hautes régions. Aux États-Unis, c'est en plein pays de plaine qu'on observe cette singulière tension électrique, et sous ce rapport les contrées qui jouissent de cette propriété sont plus justement qualifiées de pays électriques.

H. de Saussure, dont les observations au sommet du Nevado de Toluca ont été citées plus haut, a fait en Suisse, en juin 1865, l'ascension du Piz Surley, montagne de 2300 mètres d'altitude qui s'élève près de Saint-Moritz (Grisons). Pendant les journées précédant l'ascension, le vent du nord régnait avec persistance; puis il devint variable et le ciel se couvrit de nuages errants. « Vers midi, dit l'observateur, ces vapeurs augmentèrent, se réunirent au-dessus des cimes les plus élancées, en se tenant d'ailleurs assez élevées pour ne pas voiler la plus grande partie des sommités de l'Engadine, sur lesquelles tombèrent bientôt des averses locales. Leur aspect de *vapeurs poussiéreuses*, avec une demi-transparence, nous fit supposer qu'il ne s'agissait que de giboulées de neige ou de grésil.

En effet, vers une heure du soir, nous fûmes assaillis par un grésil fin, clairsemé, en même temps que des giboulées analogues enveloppaient la plupart des aiguilles rocheuses, telles que les Piz Ot, Piz Jutier, Piz Languard et les cimes neigeuses de la Bernina, tandis qu'une forte averse de pluie fondait sur la vallée de Saint-Moritz.

« Le froid augmentait, et à 1 heure 30 minutes du soir, arrivés au sommet du Piz Surley, la chute du grésil devenant plus abondante, nous nous disposâmes à prendre notre repas près d'une pyramide en pierres sèches qui en couronne la cime. Appuyant alors ma canne contre cette construction, j'éprouvai dans le dos, à l'épaule gauche, une douleur fort vive, comme celle que produirait une épingle enfoncée lentement dans les chairs, et en y portant la main, sans rien trouver, une piqûre analogue se fit sentir dans l'épaule droite. Supposant alors que mon pardessus de toile contenait des épingles, je le jetai ; mais, loin de me trouver soulagé, les douleurs augmentèrent, envahissant tout le dos d'une épaule à l'autre, et elles étaient accompagnées de chatouillements, d'élancements douloureux comme ceux qu'aurait pu produire une guêpe ou tout autre insecte se promenant dans mes vêtements, où il me criblait de piqûres.

« Otant à la hâte mon second paletot, je n'y découvris rien qui fût de nature à blesser les chairs, tandis que la douleur prenait le caractère d'une brûlure. Sans y réfléchir davantage, je me figurai que ma chemise de laine avait pris feu et j'allais me déshabiller complètement, lorsque notre attention fut attirée par un bruit qui rappelait les stridulations des bourdons. C'étaient nos bâtons qui chantaient avec force, en produisant un bruissement analogue à celui d'une bouilloire dont l'eau

UN ORAGE DANS LA MONTAGNE.

est sur le point d'entrer en ébullition; tout cela peut avoir duré environ quatre minutes.

« Dès ce moment, je compris que mes sensations douloureuses provenaient d'un écoulement électrique très intense qui s'effectuait par le sommet de la montagne. Quelques expériences improvisées sur nos bâtons ne laissèrent apercevoir aucune étincelle, aucune clarté appréciable de jour, mais ils vibraient dans la main de façon à faire entendre un son intense. Qu'on les tint verticalement, la pointe soit en haut, soit en bas, ou bien horizontalement, les vibrations restaient identiques, mais le sol demeurait inerte. Alors le ciel était devenu gris dans toute son étendue, quoique inégalement chargé de nuages.

« Quelques instants après, je sentis mes cheveux et ma barbe se dresser en produisant sur moi une sensation analogue à celle qui résulte d'un rasoir passé à sec sur des poils raides. Un jeune homme qui m'accompagnait s'écria qu'il sentait tous les poils de sa moustache naissante, et que, du sommet de ses oreilles, il partait des courants très forts. D'autre part, en élevant la main, je vis des courants non moins prononcés s'échapper de nos doigts. Bref, une forte électricité s'écoulait des bâtons, habits, cheveux, barbe et de toutes les parties saillantes de nos corps.

« Un coup de tonnerre lointain vers l'est nous avertit qu'il était temps de quitter la cime, et nous descendîmes rapidement jusqu'à une centaine de mètres. Nos bâtons vibrèrent de moins en moins à mesure que nous avancions, et nous nous arrêtâmes lorsque leur son fut devenu assez faible pour ne plus être perçu qu'en les approchant de l'oreille. La douleur au dos avait cédé dès les premiers pas de la descente, mais j'en conservais encore une impression vague. Dix minutes après le premier, un second roulement de tonnerre se fit entendre encore à l'ouest dans un grand éloignement, et ce furent les seuls. Aucun éclair ne brilla, et une demi-heure après notre départ de la cime le grésil avait cessé; les nuages se rompaient. Enfin, à 2 heures 30 minutes du soir, nous atteignîmes de nouveau le point culminant du Piz de Surley pour y trouver le soleil. Mais le même jour il régnait un violent orage sur les Alpes Bernoises, où une dame anglaise fut foudroyée.

« Au surplus, nous jugeâmes que notre phénomène devait s'être étendu sur toutes les hautes cimes rocheuses de la chaîne des Grisons, même jusqu'à l'horizon, où divers pics rocailleux étaient, comme celui que nous occupions, enveloppés par des tourbillons de grésil, tandis que les grandes sommités neigeuses de la Bernina semblaient en être exemptes, malgré les nuages déchirés qui les couronnaient.

« Le phénomène électrique qui vient d'être décrit, et que l'on pourrait appeler le *chant des bâtons* ou le *bourdonnement des roches*, n'est

PHÉNOMÈNE DE TENSION ÉLECTRIQUE DANS L'ATMOSPHÈRE. — LE FEU SAINT-ELME.

pas rare dans les hautes montagnes, sans pourtant y être très fréquent. Parmi les guides que j'ai interrogés à ce sujet, les uns ne l'avaient jamais observé, les autres ne l'ont entendu qu'une ou deux fois dans leur vie. Toutefois il convient de faire observer qu'il se présente précisément dans les journées où le ciel menaçant éloigne les voyageurs des cimes culminantes. »

En recueillant tous ces faits, qui sont par eux-mêmes intéressants, le savant professeur de géologie de la Faculté des sciences de Lyon se proposait d'en trouver la relation avec les autres éléments météorologiques, avec les vents par exemple. Mais il n'a pu réaliser son dessein.

Ce que l'on sait, ce qui a été établi par de nombreux expérimentateurs, c'est qu'à l'état normal l'atmosphère est chargée d'électricité positive. D'autre part, la partie solide et liquide du globe terrestre est, au contraire, chargée d'électricité négative. Cette opposition d'ailleurs est toute naturelle, l'une des électricités ne pouvant se manifester à l'état libre sans provoquer le dégagement d'une quantité équivalente de l'autre électricité. Au-dessus du sol, la couche d'air en contact avec la partie liquide ou solide du globe se trouve à l'état neutre, à cause de la recomposition incessante des deux électricités. Et à mesure qu'on s'élève dans l'atmosphère, on voit croître la quantité d'électricité positive.

La neutralisation dont on vient de parler est favorisée par l'humidité de l'air, qui est toujours plus grande au voisinage du ciel, au contact des parties recouvertes soit par des végétaux, soit par des masess liquides, rivières, lacs ou mers. Mais il n'en est pas de même des sommets des montagnes; sur les pics élevés, la sécheressse de l'air rend difficile la combinaison des électricités opposées; chacune d'elles, la négative dans le sol, la positive dans l'air, acquiert une tension très énergique. Il est aisé dès lors de se rendre compte des phénomènes qui se passent sur les hauts sommets, lorsque les décharges électriques sont provoquées par les voyageurs et les objets qu'ils portent avec eux.

Dans des pays de plaine où règnent des vents qui favorisent l'évaporation et la sécheresse de l'air, les mêmes phénomènes doivent se produire, et la produisent en effet, ainsi que Volney le constatait aux États-Unis, à la fin du dernier siècle.

LA MER DE LAIT

VII

LA MER DE LAIT

PHOSPHORESCENCE DE LA MER.

La surface de la mer offre parfois, pendant la nuit, l'aspect d'une masse liquide lumineuse, phosphorescente. Ce phénomène singulier, qui a longtemps excité la curiosité des marins et exercé la sagacité des savants, est produit, on le sait maintenant, par la présence dans l'eau de la mer d'une multitude d'animalcules très petits, d'infusoires, ou même d'animaux marins de plus grandes dimensions, dont chacun est le siège d'une émission de lumière dont le mode de production reste encore mystérieux.

Avant de dire quels sont les êtres vivants qui déterminent cette phosphorescence des eaux de l'Océan, décrivons le phénomène lui-même d'après des témoins oculaires. Voici d'abord le récit d'un voyageur français, M. Poussielgue, parti de Washington en septembre 1851, sur une goélette, *la Découverte*, en vue d'explorer la partie orientale de la Floride. Après une journée de chaleur accablante, le soleil se couchant dans un horizon ensanglanté, une brume irisée s'élevant de la mer et tout faisant présager un prochain orage, la nuit était venue, et avec elle un calme menaçant. « Le ciel est envahi, dit M. Poussielgue, par un linceul de sombres nuées; en revanche l'Océan s'illumine.

« Quel magnifique spectacle la nature se plaît à nous donner cette nuit, et que les tours de force des Ruggieri sont loin de ces merveilles naturelles! Chaque vague roule enveloppée dans une lumière blanche, nappe frangée et lumineuse qui s'étend comme une écharpe et ondule avec l'Océan. La goélette est plus noire que le ciel; nous-mêmes, sur le tillac, nous ne nous apercevons point à deux pas de distance; nous voguons sur du feu; chaque lame qui vient frapper la proue du navire rebondit en gerbes étincelantes. Un seau qu'on descend pour puiser de l'eau paraît s'enfoncer dans une fournaise, et nous remonte plein de flammes liquides; la corde et nos doigts humides sont phosphorescents comme lorsqu'on a touché des allumettes mouillées.

« Des troupes de bonites, des requins qui flairent la tempête et qui chassent dans cette nuit sinistre, tracent des traînées lumineuses dans leur puissant sillage : on dirait des coins de feu qui se croisent autour du bâtiment; mais quand un de ces poissons bat l'onde de sa queue, il fait jaillir des gerbes de flamme qui retombent en cascades d'étincelles. Deux ou trois grands souffleurs qui flottent dans notre voisinage en lançant l'eau par leurs évents, produisent des jets de feu d'un effet admirable.

« Ce n'est pas tout : voici le bouquet! A la lumière blanche viennent se joindre les feux de couleur : le feu Saint-Elme, d'un violet chatoyant, parcourt en frissonnant l'extrémité des mâts et des vergues; l'électricité des nuages qui nous enveloppent se joue autour de notre paratonnerre, dont la pointe produit l'effet d'une pile de Volta. Puis les mollusques phosphorescents illuminent à leur tour : voici les grandes méduses, les pélagies qui flottent à la surface de la mer, semblables à des parachutes, ou plutôt aux globes dépolis de vastes lampes; les mélitées, autres méduses plus petites, dont les bras forment la croix de

PHOSPHORESCENCE DE LA MER

11

Malte et reflètent un rouge éclatant; les ocyroès, acalèphes microscopiques qui brillent dans chaque goutte d'eau comme une constellation de diamants; les vélelles au corps comprimé, dont la crête jette une douce lumière bleu de ciel; les béroés, sorte de concombres épineux dont les feux sont d'un vert tendre.

« Mais ce n'est rien encore : à une certaine profondeur se forment des rosaces, des étoiles, des chaînes, des rubans de flamme d'une merveilleuse régularité, qui ondulent avec les vagues, imitant, dans ce feu d'artifice de la mer, les guirlandes de verre qu'on suspend aux mâts pavoisés de nos fêtes nationales! Voulant connaître l'animal qui produisait ces singulières illuminations, j'en ai fait pêcher quelques-uns : c'est un mollusque de quelques pouces, mou, à corps diaphane et cylindrique; à chaque extrémité de ce tube vivant, se trouvent des ventouses qui lui servent à s'attacher à ses congénères; ainsi réunis, ils forment des agglomérations qui comptent plusieurs milliers d'individus, et qui prennent en s'agrégeant des figures géométriques parfaites qu'elles conservent en nageant à quelques pieds de la surface de la mer. C'est une des espèces du genre biphore (*Salpa biphoris*, Lamarck), nommé ainsi des deux trous percés à chaque extrémité de cet animal.

« Vers la fin de la nuit, le vent s'est élevé, l'abîme a fait entendre un bruit sourd, précurseur de l'orage. La mer, éteignant ses magnificences de lumière, est devenue noire, tandis que le ciel noir se mettait à resplendir d'éclairs fulgurants.

« C'était la tempête! »

LA MER DE LAIT.

Le phénomène observé par M. Poussielgue était, comme on vient de le voir, fort complexe. Aux phosphorescences de l'eau de la mer, d'ailleurs très variées de teinte, se joignaient les lueurs électriques de l'atmosphère. Souvent l'illumination se produit par un temps serein et calme, et si elle est due à des animalcules très nombreux et doués d'un faible pouvoir lumineux, elle fait paraître les eaux de la mer tout à fait blanches. C'est à ce genre de phénomène que les marins hollandais ont donné le nom de *Mer de lait* ou de *Mer de neige*. Frédol (Moquin-Tandon), dans son *Monde de la mer*, cite les deux exemples suivants. En 1854, en traversant le golfe du Bengale, le capitaine Kingmann navigua l'espace de 30 milles au milieu d'une immense tache blanche : c'était une mer de lait. Pendant la nuit du 20 au 21 août 1860, M. Trébuchet, commandant la frégate *la Capricieuse*, fut témoin, dans la rade d'Amboine, d'un phénomène semblable qui dura jusqu'au jour. La mer avait l'aspect d'une plaine de terrain crayeux fortement éclairée par la lune.

M. A. Marche, dans son voyage aux Philippines à bord du transport de l'État *le Tonquin*, décrit en ces termes le phénomène de la mer de lait, dont il fut témoin dans la soirée du 10 août 1879, à la sortie du golfe d'Aden :

« Au devant du navire la mer se dresse en une muraille blanche pareille à un talus de neige qu'éclaireraient les rayons lunaires; puis, quand on est au centre du phénomène, si vive est la lumière, qu'on n'aperçoit plus le vaisseau; on ne voit plus que le ciel noir avec ses étoiles, la mer phosphorescente et la traînée lumineuse sur le sillage du navire.

« Quand on entre dans la mer de lait, il semble pendant quelques instants qu'on navigue sur une moitié de vaisseau, car l'avant est dans la lumière et l'arrière dans l'ombre; quand on en sort, l'avant est dans l'ombre, l'arrière dans la lumière, sur le sillage étincelant, et l'on dirait que le navire va s'engloutir dans un vide obscur.

« Vers dix heures nous avons franchi la mer de lait, et, au lever de la lune, nous ne voyons plus que les calmes et le ciel pur, éclairant notre route de ses plus belles constellations. »

Maintenant que nous nous sommes fait une idée de l'aspect que présente la mer dans ces circonstances curieuses, et que nous avons admiré le phénomène avec ses narrateurs, interrogeons les naturalistes sur les êtres vivants capables de le produire.

L'un des infusoires marins qui contribuent le plus à la phosphorescence laiteuse des eaux de la mer est le *noctiluque miliaire*. C'est une sorte de globule de gelée transparente, offrant à son intérieur des points lumineux qui paraissent et disparaissent instantanément; la plus faible agitation les fait briller dans l'eau comme autant de petites étoiles. On comprendra quelle est la petitesse de ces étincelles vivantes, quand on saura qu'elles ne font guère que la trentième partie de la sphère qui les produit, et qu'un centimètre cube d'eau de mer ne contient pas moins de huit mille de ces animalcules!

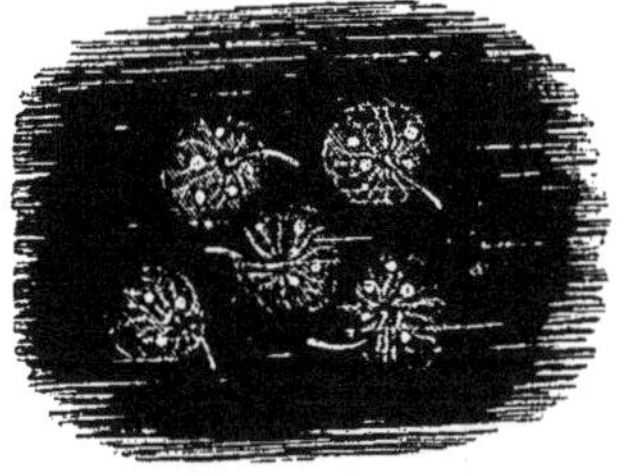

NOCTILUQUE MILIAIRE.

Les infusoires ne sont pas les seuls animaux marins qui émettent de la lumière : la phosphorescence de la mer est aussi produite par diverses espèces de *Méduses*, d'*Astéries*, de *Mollusques*, de *Crustacés*. « Ils multiplient et diversifient les phénomènes, dit A. Frédol. La lumière qu'ils produisent passe tantôt au verdâtre, tantôt au rougeâtre. A certains moments, on croit voir, dans le sombre royaume, des disques rayonnants, des plumets étoilés, des franges flamboyantes. Plusieurs animaux paraissent de loin comme des masses métalliques rougies à blanc, où comme des bouquets de feu lançant des étincelles. Il y a des festons de verres de couleur comparables aux guirlandes de nos illuminations publiques, et

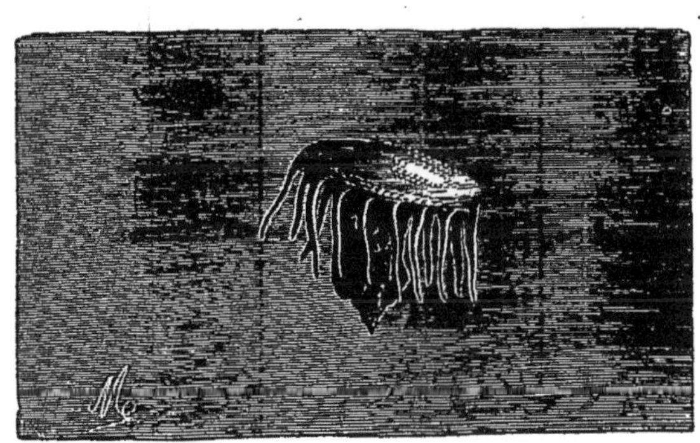

MÉDUSE.

des météores incandescents allongés et globuleux, qui se poursuivent à travers les vagues, montent, descendent, s'atteignent, se groupent, se confondent, se disjoignent, décrivent mille courbes capricieuses et s'éteignent pour se rallumer et se poursuivre de nouveau. »

Les méduses, dont les nombreuses espèces ont des formes très variées, ressemblent ordinairement à des ombrelles, ou mieux à d'élégants champignons, dont le pédoncule est remplacé par des appendices filiformes : tantôt incolores, tantôt légèrement translucides, opalins et de couleur bleue ou rose tendre, ces animaux délicats flottent sans être endommagés dans les eaux agitées, sur les crêtes des vagues, aussi bien qu'à la surface de la mer quand elle est calme. Celles qui

PHYSOPHORE.

sont douées de phosphorescence ressemblent à des cloches intérieurement illuminées. Spallanzani, qui a fait sur la propriété lumineuse des méduses de nombreuses expériences, a reconnu qu'elle réside dans les appendices ou tentacules de l'animal, ainsi que dans la zone musculaire et dans la cavité de l'estomac. Les autres parties du corps ne brillent que par réverbération ou reflet. C'est à la sécrétion d'un liquide visqueux suintant à la surface des organes qu'est due la production de la lueur phosphorescente. En mêlant cette humeur à d'autres liquides, on rend ceux-ci lumineux. C'est ainsi qu'une seule *aurélie* (espèce de méduse), pressée dans un litre de lait de vache, rendit ce lait si brillant, qu'on pouvait à sa lueur lire une lettre à un mètre de distance.

Les *physophores*, qui appartiennent aussi aux méduses, les *pholades*, sorte de mollusque acéphale, sont également au nombre des animaux marins qui jouissent de la propriété d'émettre de la lumière. Il en est de même des *pyrosomes*, des *salpes* ou *biphores*. « Le nom de pyrosome, dit Frédol, signifie littéralement *corps de feu*. Humboldt a vu une troupe de ces splendides mollusques côtoyer son vaisseau comme une bande de globes enflammés vivants, projetant des cercles de lumière de cinquante centimètres de diamètre, qui lui faisaient apercevoir, à une profondeur de cinq mètres, et pendant plusieurs semaines, des thons et d'autres poissons qui suivaient le navire. »

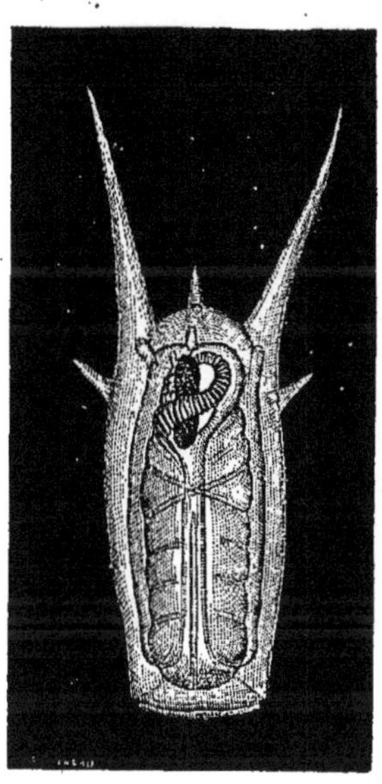

SALPE.

Les salpes s'agglomèrent en longues files transparentes, en chaînes sinueuses, composées de myriades d'individus greffés côte à côte. Ces colonnes flottantes mesurent parfois 30 ou 40 milles de longueur, et les marins leur ont donné le nom de *serpents de mer*.

C'est surtout dans les pays chauds, dans les mers tropicales, que se manifestent ces singulières et quelquefois splendides illuminations de la mer. Les animalcules qui déterminent cette phosphorescence sont sans doute très nombreux, et comme genres, et comme espèces. Viviani, dans les seuls parages du golfe de Gênes, en a trouvé quatorze espèces; van Beneden et Quatrefages en signalent une soixantaine. Mais comment, des profondeurs de la mer où vivent habituellement les plus nombreuses agglomérations, les infusoires par exemple, arrivent-ils à la surface? On prétend que l'influence des conditions météorologiques est grande; mais quelles sont ces conditions? Nous croyons que c'est une question qui n'a pas encore été bien élucidée. Le calme de la mer ne paraît pas moins favorable que l'agitation des vagues, si l'on en juge par ce qu'en disent des voyageurs naturalistes. D'après Humboldt, c'est seulement quand le soleil a disparu sous l'horizon, et dans certaines conditions météorologiques, que les myriades d'animalcules phosphorescents se montrent près de la surface de la mer. Si celle-ci est tranquille, on croit voir à sa surface, dit Frédol, des millions de vives étincelles qui flottent et se balancent, et, au milieu d'elles, de

CHAINE DE SALPES PHOSPHORESCENTES.

gracieux feux follets qui se poursuivent et se croisent. L'effet est celui d'une vaste nappe de phosphorescence bleuâtre ou blanchâtre, pâle et vacillante; c'est le phénomène de la mer de lait. Si, au contraire, la mer est très agitée, les flots semblent s'embraser. Ils s'élèvent, roulent, bouillonnent, et se brisent en flocons d'écume qui brillent et disparaissent comme les bluettes d'un immense foyer. En déferlant sur les rochers du rivage, les vagues les ceignent d'une bordure lumineuse : le moindre écueil a son cercle de feu (Quatrefages). Rien n'est gracieux, dit Humboldt, comme une troupe de dauphins qui se jouent au milieu de la nuit, frappant, divisant, éparpillant, pulvérisant cette onde merveilleuse. Puisée dans un seau, cette eau brillante offre l'aspect du plomb fondu. Si l'on y plonge la main, on la retire couverte de corpuscules lumineux et dégouttante de diamants vivants.

Ces descriptions, ces comparaisons mettent sous nos yeux, comme le ferait le pinceau d'un habile peintre, le phénomène de la phosphorescence de la mer, elles ne nous en donnent pas l'explication. Spallanzani, on l'a vu plus haut, a étudié les organes producteurs de la lumière dans les méduses. D'un autre côté, un physiologiste français, M. R. Dubois, a fait tout récemment des recherches sur le mode de production de la lumière des pholades. Suivant ce savant, c'est à tort qu'on a vu là un phénomène de phosphorescence; c'est tout simplement le résultat d'une réaction chimique. Il a isolé deux substances extraites des parties lumineuses du *pholas dactylus;* ces substances sont suffisantes pour produire, indépendamment des organes, le phénomène de la luminosité animale.

Au demeurant, ce qui nous intéresse dans cet aspect singulier des eaux de l'Océan, c'est le phénomène lui-même dans sa beauté, son etrangeté, sa magnificence, et les récits des voyageurs suffisent amplement, je crois, à justifier leur admiration. Il est curieux aussi de constater que ce phénomène est dû à des êtres vivants, le plus souvent à des infiniment petits accumulés par milliards à la surface des eaux; il le serait plus encore de savoir dans quelles circonstances, et sous l'empire de quelles influences ces êtres infimes se mettent tout à coup, et tous ensemble, à produire leur lumière ou à la montrer en émergeant des profondeurs.

Quant au procédé, soit chimique, soit physiologique, en vertu duquel se produit la lumière au sein de ces organismes, c'est aux savants spéciaux à en poursuivre la recherche. C'est ce problème que le grand Spallanzani, et à sa suite le savant français dont nous venons de citer les conclusions, M. Dubois, se sont efforcés de répondre, au moins pour les méduses et les pholades. Quel que soit le résultat de leurs recherches, la phosphorescence de la mer, la mer de neige ou de lait, restera un des plus beaux spectacles offerts aux marins par l'Océan, qui est le théâtre de tant d'autres merveilles!

DEUXIÈME PARTIE

LE CIEL

CHUTE D'UN BOLIDE. — LE MÉTÉORE D'URWORTH.

I

LES PIERRES QUI TOMBENT DU CIEL.

CHUTES DE PIERRES A LAIGLE, A LUCÉ, A BARBOTAN.

Le mardi 6 floréal an XI (26 avril 1803), vers une heure de l'après-midi, le temps étant serein, on aperçut de Caen, de Pont-Audemer et des environs d'Alençon, de Falaise et de Verneuil, un globe enflammé, d'un éclat très brillant, et qui se mouvait dans l'atmosphère avec beaucoup de rapidité.

Quelques instants après, on entendit à Laigle et autour de cette ville, dans un arrondissement de plus de trente lieues de rayon, une explosion violente qui dura cinq ou six minutes.

Ce furent d'abord trois ou quatre coups semblables à des coups de canon, suivis d'une espèce de décharge qui ressemblait à une fusillade, après quoi on entendit comme un épouvantable roulement de tambours. L'air était tranquille et le ciel serein, à l'exception de quelques légers nuages comme on en voit fréquemment.

Le bruit partait d'un petit nuage qui avait la forme d'un rectangle, et dont le plus grand côté était dirigé est-ouest. Il parut immobile pendant tout le temps que dura le phénomène; seulement les vapeurs qui le composaient s'écartaient momentanément de différents côtés par l'effet des explosions successives. Ce nuage se trouvait à peu près à

MÉTÉORITE OU FER DE PALLAS.

une demi-lieue au nord-nord-ouest de la ville de Laigle; il était très élevé dans l'atmosphère, car les habitants de la Vassolerie et de Boislaville, hameaux situés à plus d'une lieue de distance l'un de l'autre, l'observèrent en même temps au-dessus de leurs têtes. Dans tout le canton sur lequel ce nuage planait, on entendit des sifflements semblables à ceux d'une pierre lancée par une fronde, et l'on vit en même temps tomber une multitude de masses solides, exactement semblables à celles que l'on a désignées sous le nom de *pierres météoriques*.

L'arrondissement dans lequel ces pierres ont été lancées a pour limites le château du Fontenil, le hameau de la Vassolerie et les villages de Saint-Pierre-le-Sommaire, Gloss, Gouvain, Ganville et Saint-Michel-de-Sommaire.

C'est une étendue elliptique d'environ deux lieues et demie de long sur à peu près une de large, la plus grande dimension étant dirigée du sud-est au nord-ouest, par une déclinaison d'environ 22 degrés : c'est la direction actuelle (1803) du méridien magnétique à Laigle.

Les plus grosses pierres sont tombées à l'extrémité sud-est du grand axe de l'ellipse, du côté de Fontenil et de la Vassolerie; les plus petites sont tombées à l'autre extrémité, et les moyennes entre ces deux points. Les plus grosses paraissent être tombées les premières.

La plus grosse de toutes celles que l'on a trouvées pesait 8^{kil},5 (17 livres et demie) au moment où elle tomba; la plus petite que j'aie vue, et que j'ai rapportée avec moi, ne pèse que 7 ou 8 grammes (environ 2 gros); cette dernière est donc environ mille fois plus petite que la précédente. Le nombre de toutes celles qui sont tombées peut être évalué à deux ou trois mille.

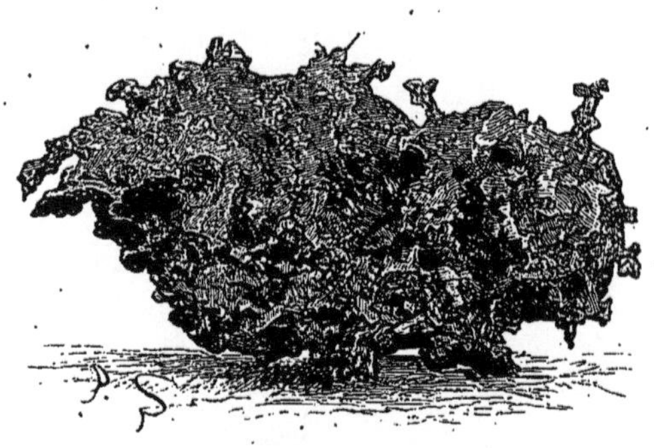

FRAGMENT DU FER DE PALLAS.

Le récit qu'on vient de lire est emprunté au Rapport d'un de nos plus éminents physiciens, J.-B. Biot, rapport lu par ce savant à la Classe des sciences de l'Institut, le 29 messidor an XI, trois mois environ après l'événement qu'il constate.

C'est une date mémorable dans l'histoire de la science et particulièrement de celle des météores, que cette constatation pour ainsi dire officielle d'un phénomène auquel les esprits les plus éclairés, les savants les plus compétents n'ajoutaient auparavant aucune créance. N'avait-on pas vu, treize ans auparavant, notre immortel Lavoisier lui-même refuser le caractère de l'authenticité à une chute du même genre que celle de Laigle, arrivée le 24 juillet 1790, à Barbotan, hameau d'une petite commune du département du Gers. Je reviendrai tout à l'heure sur le côté historique de la question que Biot avait mise en pleine lumière et dont la solution, admise aujourd'hui comme incontestablement démontrée, se résume en une seule ligne :

De temps à autre, il tombe des pierres du ciel.

Et puis je reviens au récit de notre académicien, qui contient quelques particularités fort curieuses.

Parmi les nombreux témoins qui ont donné à Biot des renseignements sur le météore de Laigle, les uns avaient seulement entendu la détonation, les autres avaient en outre vu la lumière du globe enflammé avant son explosion, d'autres enfin avaient vu tomber les pierres et les avaient touchées ou ramassées. L'explosion avait été si violente, que beaucoup de personnes en furent effrayées. La frayeur passée fit place à un étonnement non moindre, lorsque, jetant leurs regards dans l'air, elles s'aperçurent que le ciel était serein. Les animaux mêmes eurent peur. C'est ainsi qu'à Merlerant, dont la distance à Laigle est cependant de 7 lieues, des chevaux qui étaient dans une cour, revenant des champs et encore attelés, sautèrent tout effrayés par-dessus une haie et s'enfuirent dans la rue.

Il y a 150 kilomètres à vol d'oiseau d'Avranches à Laigle, c'est-à-dire au point où se produisit l'explosion. Or on entendit le bruit aux environs de la première de ces villes. « Un petit chaudronnier de dix à douze ans, dit Biot, qui faisait route avec sa tôle et ses outils sur le dos, écoutait une femme du pays à qui je demandais des détails de l'explosion. « Oh! monsieur, me dit-il, on l'a entendue beaucoup « plus loin; on l'a entendue à trois lieues d'Avranches. — Vous avez « ouï dire cela? — Monsieur, je le sais mieux que par ouï-dire, parce « que j'y étais. » On voit par ce fait quelle dut être l'intensité du bruit pour qu'il parvînt à une telle distance. Sa durée ne fut pas moins extraordinaire : divers témoins l'ont évaluée à cinq ou six minutes, et deux d'entre eux méritaient une confiance particulière. L'un était un confrère de Biot, un académicien, M. Leblond, en qui, dit Biot, je fus heureux de trouver les lumières d'un savant et la bienveillance d'un ami. Selon lui, le bruit du météore était comme un roulement de tonnerre, qui dura sans interruption pendant environ cinq minutes, et qui était accompagné d'explosions fréquentes, semblables à des décharges de mousqueterie. Dans le premier moment, il l'avait pris pour le bruit d'une voiture qui passait en roulant sur le pavé, ou pour celui que produit un feu violent dans une cheminée.

Le météore, quelque extraordinaire qu'aient été sa violence, sa durée, l'étendue de l'espace où il fut vu ou entendu, aurait peut-être passé pour un coup de foudre exceptionnel, sans cette circonstance tout à fait surprenante, de la pluie de pierres dont fût couverte la contrée qui avoisine Laigle. C'est cette chute de masses pesantes venant du ciel, des hauteurs de l'atmosphère, et sans doute, comme il est aujourd'hui reconnu, de l'espace céleste lui-même, qui a fait l'originalité du phénomène et lui a donné toute son importance. Voyons donc, toujours d'après les témoignages recueillis, quelles furent les circonstances de cette chute.

Une des pierres, la plus grosse de toutes, tomba dans le voisinage d'une habitation de la Vassolerie, à une lieue au nord de Laigle. Biot

MÉTÉORITE OU FER DE CAILLE.

interrogea les propriétaires de cette habitation, entendit les témoignages des enfants qui étaient restés dans la maison quand la masse tomba à vingt pas d'eux, et voici les renseignements qu'il en reçut.

Le père de ces enfants revenait de Laigle avec sa femme et sa belle-fille; ils entendirent tout à coup dans l'air un bruit de tonnerre extraordinaire, accompagné d'un roulement semblable à celui d'un grand feu dans une cheminée. Il n'y avait presque point de nuages dans l'air, si ce n'est un petit nuage noir, et quelques autres comme on en voit fréquemment; mais point d'apparence d'orage. Ce bruit semblait partir du petit nuage, et s'éloignait devant eux en soufflant et bourdonnant toujours. Ils étaient tous trois extrêmement effrayés. La jeune femme se trouva mal et le père n'osait parler. Ce bruit effrayant ne dura que quelques minutes. En arrivant chez eux, ils virent tous leurs voisins assemblés et crurent qu'il était arrivé quelque malheur pendant leur absence; ils s'approchèrent, et on leur montra la masse que l'on venait de déterrer. Le père la pesa aussitôt : son poids était de dix-sept livres et demie.

Le fils, de retour des champs, donna à Biot des détails encore plus précis : c'étaient lui et ses frères qui étaient accourus les premiers au bruit de la chute de la pierre et qui l'avaient déterrée.

Il dînait avec ses frères et sœurs sous un noyer; tout à coup ils entendirent au-dessus de leur tête un bruit de tonnerre effroyable, accompagné d'un roulement si continuel, qu'ils se crurent près de périr. Le jeune homme dit à ses frères de se coucher par terre, de peur d'être emportés. Alors ils entendirent dans le pré voisin un terrible coup, qu'ils comparent à celui d'un tonneau plein qui tomberait de haut. Ils coururent à cet endroit, dont ils étaient séparés par une haie, ils virent cette pierre, qui était enfoncée si profondément, qu'elle avait fait sourdre l'eau.

En d'autres endroits, les pierres que virent tomber et que ramassèrent divers témoins de la chute, étaient encore brûlantes au moment où ils les touchaient. Tous s'accordaient à dire qu'elles fumaient sur la place où elles venaient de tomber. Portées dans les maisons, elles exhalaient une odeur de soufre si désagréable, qu'on fut obligé de les mettre dehors. Circonstance curieuse : elles se cassaient et s'effritaient aisément pendant les premiers jours après leur chute; plus tard, elles acquirent une dureté qui ne permettait plus de les briser sans effort.

Toutes les pierres ramassées sur le terrain de forme elliptique que couvrit la chute, bien que très différentes en grosseur, on l'a vu plus haut, avaient le même aspect, absolument différent de celui des pierres connues dans le pays. Le sol y est d'ailleurs composé de bonne terre franche; au-dessous de la terre végétale, on trouve des cailloux qui n'ont avec les pierres tombées aucune ressemblance. Analysées par l'illustre chimiste Thénard, les pierres météoriques de Laigle fournirent des quantités à peu près égales, 42 et 41 pour 100 de silice et d'oxyde de fer, environ 10 pour 100 de magnésie, 2 de nickel et 5 de soufre.

On verra plus loin les diverses compositions des pierres tombées du ciel, que les savants distinguent en diverses classes.

Tous les faits qu'on vient de résumer justifient les conclusions du savant-rapporteur que le Ministre de l'Intérieur avait, sur l'invitation de la Classe des Sciences de l'Institut, envoyé faire une enquête dans le département de l'Orne. Le météore de Laigle démontra l'authenticité d'un phénomène que les savants s'obstinaient à nier, envers et contre tous. De plus, on connut dans tous leurs détails les circonstances d'une chute si extraordinaire, détails qui s'accordaient, en outre, avec ceux qu'avaient fournis plusieurs chutes antérieures.

Trente-cinq ans auparavant, des pierres étaient en effet tombées du

MÉTÉORITE DE JUVINAS.

ciel en France même, en trois endroits différents, à Lucé dans le Maine, à Aire en Artois, et en Normandie à Coutances. En 1790, un petit hameau du Gers, Barbotan, qui est connu pour ses eaux minérales, fut témoin d'un météore analogue à celui que les environs de Laigle virent treize ans plus tard; et enfin, en décembre 1798, une chute semblable eut encore lieu à Bénarès, dans l'Inde. C'est sans doute à cette accumulation de témoignages que se rendirent les savants officiels, lorsqu'ils réclamèrent du ministre une enquête sérieuse. On ne pouvait choisir, pour la mener à bonne fin, un juge plus éclairé, plus sévère, plus compétent que notre illustre compatriote Biot, bien qu'il n'eût alors que vingt-neuf ans, et qu'il fût membre de l'Institut depuis moins d'une année.

Mais, pour que le lecteur se rende bien compte de la similitude de ces phénomènes, je vais encore mettre sous ses yeux les récits des témoins oculaires. Les faits sont plus éloquents que toutes les dissertations.

Voici le résumé présenté à l'Académie des sciences, en 1769, par l'abbé Bachelay, des dépositions que lui firent les témoins de la chute de Lucé :

« Le 13 septembre 1768, sur les quatre heures et demie du soir, il parut du côté du château de la Chevalerie, près de Lucé, petite ville du Maine, un nuage orageux dans lequel se fit entendre un coup de tonnerre fort et sec, à peu près semblable à un coup de canon ; on entendit à la suite, dans un espace d'à peu près deux lieues et demie, sans apercevoir aucun feu, un sifflement considérable dans l'air, et qui imitait si bien le mugissement d'un bœuf, que plusieurs personnes y furent trompées. Enfin, plusieurs particuliers qui travaillaient à la récolte dans la paroisse de Périgné, à trois lieues environ de Lucé, ayant entendu le même bruit, regardèrent en haut et virent un corps opaque qui décrivait une ligne courbe, et qui alla tomber sur une pelouse dans le grand chemin du Mans, auprès duquel ils travaillaient. Tous y accoururent promptement et trouvèrent une espèce de pierre dont la moitié environ était enfoncée dans la terre. Mais elle était si chaude et si brûlante, qu'il n'était pas possible d'y toucher. Alors ils furent tous saisis de frayeur et prirent la fuite ; mais, étant revenus quelque temps après, ils virent qu'elle n'avait pas changé de place, et ils la trouvèrent assez refroidie pour pouvoir la manier et l'examiner de plus près. Cette pierre pesait sept livres et demie ; elle était de forme triangulaire, c'est-à-dire qu'elle présentait trois espèces de cornes arrondies, dont une dans le moment de la chute était entrée dans le gazon. Toute la partie qui était entrée dans la terre était de couleur grise ou cendrée, tandis que le reste, qui était exposé à l'air, était extrêmement noir. »

N'admettant pas qu'il puisse exister ce qu'on nommait alors des *pierres de tonnerre*, la commission de l'Académie conclut de ce récit et de l'examen d'un fragment de la pierre de Lucé, qu'*il n'est point vrai qu'il tombe des pierres du ciel*. Une conclusion semblable accueillit encore les témoignages recueillis en 1790 à l'occasion de la chute de pierres observée à Barbotan. Cependant alors ce fut un des plus grands génies scientifiques des temps modernes, le créateur de la chimie, Lavoisier, en un mot, qui prononça la sentence. A Barbotan, le globe lumineux, son explosion, le tonnerre des détonations, les pierres recueillies, dont les plus grosses pesaient de 25 à 30 livres, tout concourait à frapper l'esprit et l'imagination.

C'est entre 9 et 10 heures du soir, par un temps calme, un ciel d'une sérénité parfaite et un superbe clair de lune, qu'apparut le météore.

De Mont-de-Marsan, d'Agen, de Dax, on vit un globe de feu sillonner la nue en laissant derrière lui une longue traînée de lumière; à la suite, une explosion d'une extrême violence, et enfin, sur un espace de deux lieues de rayon, la chute d'un nombre considérable de pierres, dans les communes de Caraubon (Barbotan), Créon, Saint-Julien, Lagrange-de-Juillac, accompagna l'explosion. « Nous fûmes surpris, écrivit un témoin du nom de Baudin, qui se trouvait au moment de l'apparition dans la cour du château de Mormès, de nous voir tout à coup comme environnés d'une lumière blanchâtre, vive; levant la tête, nous vîmes passer près de notre zénith un globe de feu dont le diamètre apparent était plus grand que celui de la lune. Il traînait après lui une queue dont la longueur me parut égale cinq à six fois son diamètre. A peine y avait-il deux secondes que nous le regardions, qu'il se sépara en plusieurs parties considérables, que nous vîmes tomber dans différentes directions. Environ trois minutes après, nous entendîmes un coup de tonnerre terrible, ou plutôt une explosion pareille à celle qu'aurait pu faire une décharge de grosse artillerie. Le bruit de l'écho paraissait retentir dans les montagnes des Pyrénées et dura bien quatre minutes. »

En admettant que la température de l'air fût, au moment de l'explosion, de 20 à 25 degrés, et que 3 minutes se soient écoulées entre la vue du météore et l'audition du son, on en conclut que la hauteur du météore n'était pas, à cet instant, inférieure à 60 kilomètres. Il ne s'agissait pas là, comme on voit, d'un phénomène de foudre comme en donnent les nuages orageux, dont la hauteur dépasse rarement quelques kilomètres.

Quant aux pierres, qui furent ramassées en grand nombre, elles étaient d'un gris d'ardoise foncé, généralement de forme ovale et aplatie, très dures et très pesantes. On cite à cet égard un fait curieux et qui témoigne bien de l'incrédulité des gens éclairés de l'époque pour des faits qu'ils considéraient comme impossibles, et dont les témoins, la plupart du temps ignorants, leur semblaient victimes de quelque illusion : les paysans n'ayant eu rien de plus pressé que de montrer et d'offrir aux personnes instruites du pays les pierres qu'ils avaient recueillies, se virent refuser avec dédain ; on se moqua d'eux, ce qui, vingt ans après, fit dire à Vauquelin : « Ils pourraient aujourd'hui, avec plus de raison, se moquer des savants qu'ils trouvèrent si incrédules. »

QUE SONT LES AÉROLITHES OU PIERRES TOMBÉES DU CIEL?

On pourrait multiplier les exemples semblables à ceux dont je viens de donner la description : les mêmes caractères, avec des différences de détail, se reproduiraient dans tous les récits. On compte par centaines les chutes de pierres que les annales des différents peuples avaient enregistrées avant le météore de Laigle. Depuis que le rapport de Biot a consacré l'authenticité de ce genre de phénomènes, on en a pareillement constaté plusieurs centaines. D'ailleurs, les savants ayant sur ce point l'œil en éveil, et n'étant plus portés à nier ce qu'ils ne pouvaient expliquer, les observations sont devenues plus précises. On a comparé, discuté, analysé le phénomène, en vue de la solution d'une question inévitable, que tous mes lecteurs, j'en suis sûr, ont sur les lèvres :

Quelle est l'origine des pierres tombées du ciel ?

Jadis la réponse était toute prête et pour ainsi dire toute naturelle : c'étaient des signes, des avertissements de la Divinité, la Divinité elle-même qui, sous cette forme quelque peu grossière, se manifestait aux mortels. La grande déesse, la mère des dieux, Cybèle, était particulièrement adorée à Pessinonte, où l'on montrait la pierre tombée du ciel, qui, pour tous les pays helléniques, était son simulacre vénéré. Quinze cents ans environ avant notre ère, il tomba en Crète une pierre qu'on désigna comme une pierre de foudre et qui passa également comme un symbole de Cybèle. La pluie de pierres qui tomba sur l'armée des cinq rois amorrhéens fut un témoignage redoutable de la protection dont Jéhovah couvrit les fils d'Israël : « Le Seigneur, lit-on dans la Bible (Josué, X, 11), envoya sur eux (les Amorrhéens) de grandes pierres du ciel jusqu'à Azeca. » C'est une tendance si instinctive des populations de considérer les phénomènes célestes extraordinaires comme dus à une intervention surnaturelle, que c'est ainsi que pendant l'antiquité, tout le moyen âge et jusqu'à nos jours, furent presque toujours interprétées les chutes de pierres enregistrées. Parmi les traits que rapporte Biot dans son rapport sur le météore de Laigle, il en est un qui témoigne bien de cette tendance : « Mon jeune guide, dit-il, me montra dans les champs un berger qui passait autrefois pour un incrédule, mais que la peur de ce terrible météore avait converti. » Au nombre des témoins, Biot cite encore « une femme âgée qui, persuadée que ce phénomène est un avertissement du ciel, n'aurait pas osé en dénaturer les circonstances ».

MÉTÉORITE D'ENSISHEIM[1].

Au reste, les croyances superstitieuses dont nous parlons eurent un bon côté : sans elles, il est probable que les chroniqueurs ne se fussent pas empressés de mentionner de tels faits. Ils les eussent passés sous silence, s'ils les avaient considérés comme tout naturels; regardés comme des prodiges, on s'empressa d'en conserver la mémoire.

Quand il fut établi que des masses pesantes, provenant des hautes régions de l'air, venaient tomber à la surface de la Terre, les savants se demandèrent quelle en était l'origine.

Plusieurs hypothèses furent proposées.

L'une d'elles fut promptement abandonnée : c'est celle qui voyait dans les pierres tombées un produit de la foudre, et, pour ce motif, les nommait *pierres de tonnerre*. L'électricité atmosphérique, condensant les matières subtiles qu'on supposait contenues dans l'air, en formait des masses minérales que leur pesanteur faisait ensuite précipiter à la surface du sol. Mais l'invraisemblance d'une telle formation,

1. Voici la traduction de l'inscription en allemand qu'on lit dans l'église d'Ensisheim : « L'an 1492, le 7 novembre, on entendit la nouvelle qu'en plein jour, près de la ville, d'un coup de tonnerre une grosse pierre était tombée des nues, pesant trois quintaux et demi, couleur de fer : on alla la chercher en procession et on en enleva beaucoup de morceaux. »

qui devait être instantanée, sautait aux yeux. On se rabattit sur une autre hypothèse, qui, elle non plus, ne supporta l'examen : on regarda les pierres tombées du ciel comme projetées par des éruptions volcaniques. Mais comment admettre une telle origine pour les météores qui avaient fait leur apparition loin de tout volcan connu en pays de plaine? D'ailleurs la composition des pierres recueillies n'avait rien qui permît de les confondre avec les substances vomies par les cratères terrestres.

Je passe sous silence nombre d'autres explications qui surgirent dès que la réalité des chutes fut établie, et dont les auteurs consultèrent leur imagination beaucoup plus que les faits; j'arrive à la théorie admise aujourd'hui.

Chose curieuse : elle fut formulée, dès l'année 1803, par un professeur de Wittemberg, dont le nom est surtout connu par ses recherches d'acoustique, Chladni. Ce savant physicien assignait aux pierres tombées une origine extra-terrestre; c'étaient bien, selon l'expression vulgaire qui disait naïvement la vérité, des *pierres tombées du ciel*.

Chladni avait été conduit à cette idée hardie par l'examen de la masse de fer que Pallas avait observée à Krasnojark, en Sibérie. Il ne put se résoudre à considérer un tel bloc de 700 kilogrammes, où le fer entre pour plus de 90 pour 100, comme un produit de la foudre, comme une sécrétion des gaz de l'atmosphère, ou encore, ainsi qu'on l'avait supposé, comme le résultat de la combustion d'une forêt et de la fusion de minerais existant dans le sol même. Pour lui, préoccupé sans doute des phénomènes qui accompagnent les chutes des météores, apparition d'un globe lumineux, etc., il assimila le phénomène à celui des *balles de feu*, des *dragons volants*, comme on nommait alors ce qu'aujourd'hui l'on appelle un *bolide*.

Voyageant d'un façon indépendante, dans l'espace céleste ou interplanétaire, avec toutes les allures d'une planète en miniature, ces petits corps, arrivant dans le voisinage de la Terre, subissent son attraction prépondérante, qui les force à se précipiter à sa surface. En arrivant aux limites supérieures de l'atmosphère, et avant d'y pénétrer, leur vitesse est considérable, et de l'ordre des vitesses qui animent une planète dans son orbite (plusieurs milliers de mètres par seconde). Cette rapidité de course est telle, que les couches les plus rares de l'atmosphère dégagent, par une compression brusque, une chaleur assez forte pour porter à l'incandescence la croûte externe de la masse météorique. Cette masse s'enflamme donc; de là la couche mince et noire, vitrifiée, qu'on observe le plus souvent à la surface de ses fragments. La haute température en provoque l'explosion, due aux gaz qui se forment intérieurement sous son influence. Comme, à mesure que la masse a pénétré plus profondément dans l'atmosphère, la résistance de l'air à son mouvement a été croissante, la vitesse du météore, au contraire, a dû diminuer; les fragments, dans leur chute, n'ont plus que la vitesse des corps graves qui tombent d'une grande hauteur.

Telle est, en substance, avec les modifications et perfectionnements apportés à l'hypothèse de Chladni, suggérés par des observations et des discussions nouvelles, la théorie admise maintenant par la plupart des physiciens et des astronomes. Elle rend bien compte de toutes les circonstances, de tous les faits anciens et modernes, dont il a été question plus haut.

Mais la curiosité humaine n'est jamais satisfaite, et il reste à savoir ce que sont ces corpuscules célestes qui circulent dans les mêmes parages du ciel que notre globe. Sont-ils de la même famille que ces nuées, ces essaims qui viennent périodiquement illuminer nos nuits de leurs magiques apparitions, semblables à d'immenses bouquets d'artifice? Ou bien sont-ils d'une autre nature, et faut-il voir dans les pierres tombées du ciel, non pas les débris de comètes dispersées, ainsi qu'il paraît que sont les essaims d'étoiles filantes, mais bien des fragments de planètes ruinées? On a fait aussi l'hypothèse que ce sont des pierres lancées par la Lune sur la Terre, vomies par des éruptions volcaniques de notre peu respectueux satellite. Deux grands géomètres, Laplace et Poisson, ont tout au moins démontré qu'il n'y avait rien là d'impossible : d'après leurs calculs, pour qu'une pierre projetée par un volcan lunaire pût atteindre et dépasser le point où l'attraction de la Terre l'emporterait sur celle de la Lune, il suffirait qu'elle sortît du cratère avec une vitesse d'environ 2150 mètres par seconde, ce qui n'a rien d'exagéré. Mais si la chose est possible, rien ne démontre pour cela qu'elle se réalise. Il n'est pas sûr qu'il y ait maintenant encore sur la Lune des volcans en activité, comme quelques récentes observations en ont suggéré l'idée; du moins les preuves invoquées en témoignage de cette activité actuelle sont bien faibles.

On a supposé encore que la Terre possédait, outre la Lune, un certain nombre de satellites, trop petits pour être vus. Admettant que ces corpuscules, dans la circulation autour du globe terrestre, éprouvent des perturbations qui altèrent leurs mouvements, on peut concevoir qu'à la longue ils viennent jusque dans les régions de l'atmosphère, dont la résistance amène leur incandescence, leur explosion et finalement leur chute.

L'opinion qui paraît la plus vraisemblable est celle qui considère les météorites comme des corpuscules célestes indépendants, se mouvant dans l'espace au même titre que les essaims qui produisent les

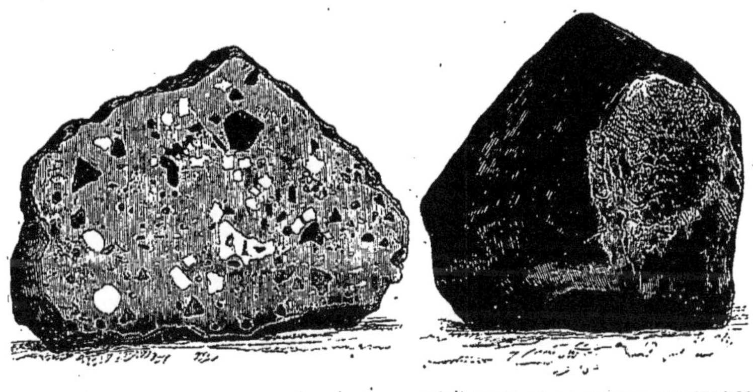

MÉTÉORITE CHARBONNEUSE D'ORGUEIL. MÉTÉORITE DE LA SIERRA DE CHARCO.

étoiles filantes, et venant, au hasard de leur course, frôler la Terre et s'y précipiter.

Nous voilà donc, nous autres habitants de l'une des moyennes planètes du monde solaire, en rapport direct avec le ciel, avec les corps qui parcourent le ciel. Cela semble merveilleux de toucher de nos mains des parcelles de matière qui viennent des profondeurs de l'espace, peut-être de la région des étoiles. Et cependant quoi de plus naturel? Notre Terre elle-même n'est-elle pas un astre? Ne nous mène-t-elle pas, d'une année à l'autre, et dans la suite des années, par des chemins non frayés, vers des régions de l'espace sans bornes toujours nouvelles? Dans cette pérégrination sans fin, la Terre marche de conserve avec tous les corps célestes qui composent le monde solaire; avec le Soleil d'abord, ce roi d'un empire qui a la gravitation pour force dominante; avec les planètes, qui ne diffèrent pas d'elle sous ce rapport; puis avec les comètes, avec celles du moins qui, venues sans doute de régions situées au delà des confins de notre groupe, se sont trouvées prisonnières et condamnées tout au moins pour un temps à circuler, comme les autres, dans des orbites fermées ayant le Soleil pour foyer. En arrivant ainsi dans nos parages, en y subissant la loi du plus fort, ces pauvres comètes sont parfois bien endommagées; on en a vu qui se dédoublaient, se dispersaient en fragments. Ces morceaux dépareillés ne laissent pas de continuer leurs routes et, quand ils viennent, au hasard de directions nouvelles, heurter quelque pla-

MASSE DE FER MÉTÉORIQUE D'OVIFAK.

nète, c'est encore aux dépens de leurs substances. Ainsi se produisent ces flux d'étoiles filantes, de bolides, de météores enflammés qui nous apparaissent surtout pendant la nuit.

N'est-ce pas dans ce troupeau de corpuscules dispersés que les météorites ou pierres tombées du ciel doivent être rangées? Il en est, dans le nombre pour lesquels cette assimilation ne semble pas douteuse : ce sont ceux dont l'arrivée coïncide avec les pluies d'étoiles filantes. D'autres, au contraire, semblent des voyageurs tout à fait isolés, par exemple le bolide observé en septembre 1868 par M. Tissot, et dont l'orbite était manifestement hyperbolique. C'est dire que ce corps arrivait, sur l'une des branches infinies de cette courbe, d'un point du ciel situé dans les profondeurs du monde sidéral. Sa vitesse, de 79 kilomètres par seconde, dépassait le double de celle de la Terre. De quel système sidéral venait-il, ce rapide messager de l'infini? Depuis combien de siècles était-il en route? On ne sait, mais l'imagination est vraiment stupéfaite quand on songe que pour effectuer le voyage, en ne partant que de la dernière étape, c'est-à-dire de l'étoile la plus voisine, le météore a certainement mis plus de seize mille années!

Enfin, l'un de nos savants géologues, M. Stanislas Meunier, en étudiant la composition chimique et minéralogique, ainsi que la structure de certaines météorites, en les comparant aux roches terrestres, est arrivé à cette conclusion que ce sont des fragments d'astres qui se sont à la longue brisés ou désagrégés. Pour lui, la plupart des pierres tombées du ciel sont des fragments de planètes, qui continuent à circuler dans l'espace sous l'empire des lois de la gravitation et qui, de temps à autre, viennent rencontrer la Terre dans leur route.

Voilà des explications bien différentes du phénomène décrit dans ce chapitre, et de l'origine des pierres tombées du ciel. A notre avis, il n'y aurait rien d'impossible à ce que chacune de ces explications renfermât sa part de vérité. Si la nature est une dans ses lois générales, elle offre une variété infinie dans le détail de l'application de ces lois.

II

L'INFINIMENT GRAND

LE TÉLESCOPE. — LA DÉCOUVERTE DE NOUVEAUX MONDES.

Avez-vous jamais regardé le ciel à l'aide d'un télescope ou d'une lunette astronomique?

Si vous n'avez pas eu l'occasion de satisfaire sur ce point votre curiosité, je vais essayer d'y suppléer autant qu'il m'est possible.

Mais, tout d'abord, suis-je dans la vraisemblance en supposant que vous êtes curieux de mettre l'œil à l'oculaire de l'une de ces grandes lunettes, de ces télescopes, qui restent cachés aux profanes, dans l'ombre mystérieuse des observatoires? Par expérience, je crois devoir répondre affirmativement. Cette curiosité est si naturelle; n'a-t-elle pas tout l'attrait de l'inconnu, d'un inconnu particulièrement difficile à dévoiler, puisqu'il est inaccessible, au moins directement, à nous tous habitants de la Terre?

Je me rappelle qu'étant tout jeunes, sur les bancs du collège, mon père nous avait acheté une longue-vue, une lunette terrestre, dont les tubes en carton, se déboîtant les uns des autres, mesuraient bien 60 à 70 centimètres. C'était une grande joie pour mes frères et moi quand, aux jours de congé, nous pouvions emporter à mi-côte la fameuse lunette, et que le temps favorable nous permettait de la braquer sur tous les points de l'horizon. De la colline où nous nous trouvions postés au milieu des vignes de Beaune, le coup d'œil embrassait toute la plaine qui s'étend entre la Côte d'Or et le Jura, et qu'arrosent les eaux de la Saône et du Doubs. Par un ciel très clair, nous voyions à l'orient le profil des collines et des monts Jura, dominés par les crêtes des Alpes; le Mont-Blanc dessinait très nettement sa silhouette blanche ou colorée de rose par les rayons du soleil couchant. Nous passions là des heures à inspecter de l'œil et de l'instrument tous les coins de l'immense paysage, tout fiers de découvrir, dans le fouillis de verdure ou dans les bleus lointains, des détails que la vue simple, notre vue de quinze ans cependant, était impuissante à reconnaître.

L'instrument n'était pas d'une grande puissance, à coup sûr, mais il nous montrait le caché, l'inconnu, un inconnu bien rapproché en comparaison de celui des profondeurs du ciel. D'autres fois, notre plaisir était tout contraire : c'est, quand la limpidité de l'air, un peu avant le coucher du soleil, nous laissait voir l'église et les maisons du pays natal se détachant comme des points brillants sur un fond bleu-verdâtre à 45 kilomètres de distance. Depuis, j'ai eu entre les mains de bien autres instruments, qui m'ont révélé de bien autres mystères; mais, si j'ai bonne mémoire, aucun ne m'a causé de plus vive jouissance que notre pauvre et modeste longue-vue en carton, qui valait bien cent sous.

Eh bien, cette curiosité pour laquelle je me suis donné en exemple, je l'ai remarquée presque toujours, aussi bien chez les grands que chez les petits. Il est vrai d'ajouter qu'elle est égale vis-à-vis du microscope comme du télescope. Que l'inconnu soit au sein d'une goutte liquide, où fourmille un monde d'infiniment petits, ou qu'il se perde dans l'étendue de l'espace, et nous découvre l'infiniment grand dans les soleils et les nébuleuses, il n'importe : la même avidité de voir et de savoir nous attire tous.

A l'époque que je viens de rappeler, bientôt vieille d'un demi-siècle, je ne songeais pas encore aux merveilles du ciel, et c'était bien heureux, car notre longue-vue ne nous aurait pas fait voir grand'chose et j'aurais sans doute éprouvé quelques déceptions à en braquer l'objectif sur les étoiles. Mais, quelques années plus tard, je fus initié à l'existence de ces merveilles par la lecture des Notices astronomiques d'Arago, par les leçons d'une si éloquente familiarité que le grand savant et vulgarisateur faisait à l'Observatoire, et ma curiosité se trouva excitée au plus haut point. Elle n'a pas diminué et n'a point été rassasiée. C'est toujours avec les mêmes sentiments de profonde admiration pour les splendeurs du ciel et pour l'infatigable labeur des savants qui les ont successivement reconnues, que je parcours cette suite prodigieuse de recherches ingénieuses, d'observations délicates et de profonds calculs qui, depuis Hipparque et Ptolémée chez les Anciens, et depuis Galilée et Képler chez les Modernes, ont conduit l'Astronomie au degré où nous la voyons aujourd'hui.

Galilée fit ses premières observations avec la lunette qui porte son

GALILÉE.

nom, dans les premières années du dix-septième siècle. Il les publia en 1610 dans le *Nuncius Sidereus*. « Il est impossible, dit à ce sujet un des grands astronomes qui ont marché dans la voie ouverte par Galilée, W. Struve, de se faire aujourd'hui une idée parfaite de l'enthousiasme que ces annonces ont dû exciter alors. C'était la révélation inattendue du monde céleste, invisible et inaccessible à l'esprit humain depuis des milliers d'années. Voici comment Galilée s'exprime sur les étoiles fixes :

« C'est vraiment un grand événement que d'ajouter au nombre considérable d'étoiles fixes, qui pouvaient être aperçues jusqu'à présent avec les moyens naturels (la vue simple à l'œil nu), d'autres étoiles innombrables, et de faire voir à l'œil des étoiles qui n'avaient jamais été vues auparavant, et dont la multitude est au moins dix fois plus grande que le nombre des étoiles anciennement connues. C'est un fait de haute importance que d'avoir ainsi mis fin aux disputes sur la Voie lactée et d'en avoir manifesté la construction aux sens et à l'intelligence. »

ÉTOILES VISIBLES A L'ŒIL NU DANS UN COIN DE LA CONSTELLATION DES GÉMEAUX.

Un peu plus d'un siècle auparavant, Christophe Colomb avait révélé aux habitants de l'ancien monde l'existence d'un monde nouveau qui doublait l'espace ouvert à l'activité de l'homme : Galilée décuplait la population sidérale, et bientôt ses découvertes étaient elles-mêmes agrandies au delà de toute espérance.

Il ne faut pas oublier que le nombre des étoiles qu'il est possible de voir distinctement à l'œil nu est bien plus petit qu'on ne pense. Hévélius n'avait pu en cataloguer que 1533; c'était la totalité des étoiles qu'il avait pu observer à l'œil nu sur l'horizon de Dantzig. Les meilleures vues ne peuvent guère distinguer à la fois que 3000 étoiles environ : encore faut-il qu'on observe par une belle nuit, sans crépuscule et sans clair de lune. Cela fait en tout, pour les deux hémisphères célestes, de 5 à 6000 étoiles. L'imagination, il est vrai, en grossit singulièrement le nombre; peut-être aussi la scintillation aide-t-elle à l'illusion.

Quoi qu'il en soit, la lunette de Galilée montrait des étoiles là où auparavant était le vide, l'obscurité; elle en mentionne dix pour une. L'augmentation surtout était sensible dans le voisinage et au sein du ruban vaporeux, de la zone de lumière laiteuse connue sous le nom de Voie lactée.

C'était le point de départ de toute une révolution dans les idées des astronomes.

A mesure, en effet, que les nouveaux instruments se perfectionnèrent, qu'ils grandirent en puissance, les découvertes se multiplièrent, les bornes de l'univers visible s'agrandirent.

On sait que, pour classer les étoiles d'après l'intensité de leur éclat, on les a rangées en divers ordres de grandeur, de grandeur apparente bien entendu, ne préjugeant rien sur leurs grosseurs réelles. Dans les télescopes les plus puissants, les étoiles de 18e grandeur sont les plus faibles de toutes; quelques observations d'Herschel, je crois, descendent jusqu'à la 20e grandeur : c'est le point lumineux mathématique pour ainsi dire.

Or, plus on descend l'échelle des grandeurs, plus le nombre des étoiles va en augmentant. Les évaluations de sir William Herschel ou

ÉTOILES VISIBLES A L'AIDE D'UN TÉLESCOPE DANS LA MÊME RÉGION DES GÉMEAUX.

de Herschel I, le grand astronome de Slough, comptaient 20 millions d'étoiles environ depuis la 1re jusqu'à la 15e grandeur.

Des astronomes de tous les pays, réunis en congrès pour arrêter les bases d'une entreprise qui eût été, il y a à peine un siècle, considérée comme chimérique, ont résolu d'établir une carte du ciel contenant, dans leur situation relative exacte, toutes les étoiles jusqu'à la 15e grandeur exclusivement. Même ainsi restreinte, cette carte, obtenue par la photographie du ciel d'après les procédés de deux astronomes français, MM. Paul et Prosper Henry, ne contiendra sans doute pas moins de 15 millions d'étoiles! Que serait-ce si l'on eût été jusqu'à la 18e grandeur, par exemple?

L'INFINITÉ DE L'ESPACE CÉLESTE.

Ce n'est pas seulement par eux-mêmes que ces nombres ont une signification. Il ne s'agit pas seulement de l'innombrable quantité d'astres dont ils révèlent l'existence; ils sont la traduction d'une autre vérité, liée intimement, il est vrai, à la première, à savoir, que les profondeurs du ciel, les abîmes de distance où parvient à pénétrer l'œil télescopique, sont vraiment insondables. On est autorisé à croire que si l'optique perfectionnée poussait plus loin encore la limite de ses investigations, de nouvelles étoiles, de nouveaux soleils apparaîtraient : une telle progression, jamais terminée, ne nous donne-t-elle pas, autant que notre faible intelligence peut la concevoir, l'idée de l'étendue infinie, de l'infinité de l'univers?

On va voir qu'une autre idée s'ajoute à celle-ci, l'idée de la durée infinie. Les sondages que le télescope a permis de faire dans le ciel impliquent en effet ces trois ordres d'immensités, le nombre indéfini des mondes existants, les bornes de l'espace ou les dimensions de l'univers visible indéfiniment reculées, l'ancienneté de ces mondes prouvée par leur visibilité même.

Il est, en effet, extrêmement curieux de voir avec quelle rapidité croît le nombre des étoiles de chaque ordre, à mesure qu'on descend l'échelle des grandeurs. Qu'on en juge par ce tableau, qui comprend les neuf premières classes :

Nombre des étoiles de		1re	grandeur	2[illegible]
—	—	2e	—	65
—	—	3e	—	200
—	—	4e	—	425
—	—	5e	—	1 100
—	—	6e	—	3 200
—	—	7e	—	13 000
—	—	8e	—	40 000
—	—	9e	—	142 000

Au delà, les étoiles ne se comptent plus pour ainsi dire. Tout ce qu'on sait, c'est que la progression ascendante continue. Les jauges de sir W. Herschel donnent pour le ciel entier, tel du moins que son grand télescope de 20 pieds le montrait, plus de 20 millions d'étoiles.

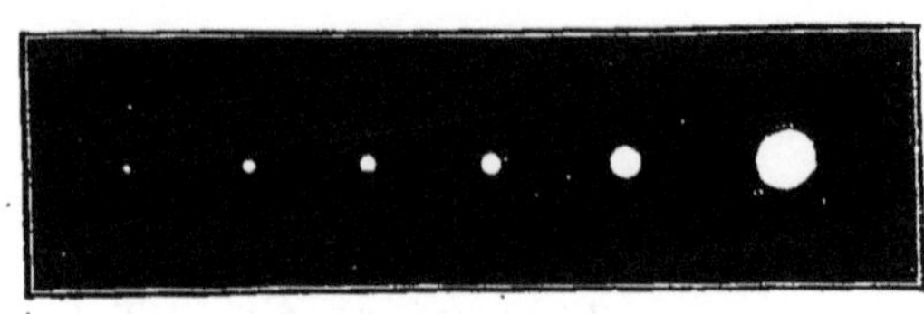

ÉCLAT RELATIF DES ÉTOILES DES SIX PREMIERS ORDRES DE GRANDEUR.

En moyenne, plus l'éclat d'une étoile est faible, plus est considérable la distance probable où elle est de nous. Des calculs d'astronomes éminents, tels que Strüve, Petèrs, qui ont consacré de longues années à des recherches sur les étoiles, ont montré que, si l'on prend pour unité le rayon de la sphère renfermant les étoiles de 1re grandeur les plus rapprochées de nous, c'est par 25 qu'il faut multiplier cette quantité pour avoir la distance des étoiles de 9e grandeur; c'est par 228 qu'il faudrait multiplier le même rayon pour avoir celle des plus petites étoiles visibles dans le grand télescope d'Herschel.

Mais que représentent ces chiffres? De quelle profondeur de l'espace sont-ils la mesure?

A cette question, il faut bien le dire, on peut répondre par des chiffres encore, aligner des colonnes de zéros à droite de ceux qui représentent numériquement de telles distances. L'esprit est vraiment impuissant à les comprendre. L'unité dont on fait choix a beau être grande, nous restons confondus devant l'immensité qu'expriment les nombres donnés par le calcul. Essayons toutefois.

C'est la distance du Soleil à la Terre qui sert d'unité pour la mesure des distances sidérales. Mais quelle unité déjà! Quelle distance, que celle qu'un de nos trains rapides mettrait des siècles à parcourir, qu'un boulet de canon conservant indéfiniment sa vitesse initiale ne franchirait qu'en 12 ans! Déjà la route nous semble d'une prodigieuse longueur; que sera-ce quand nous chercherons à nous figurer la moyenne distance des étoiles les plus brillantes! Struve l'a trouvée égale à 986 000 fois celle de la Terre au Soleil, notre unité. Notre boulet mettrait, poùr faire ce voyage, bien près de 12 millions d'années. C'est effrayant.

Toutefois nous ne sommes là qu'au seuil de l'univers visible. Donnons encore un nombre, celui qui mesure la distance des plus faibles étoiles d'Herschel, 224 500 000. Plus de 224 millions de fois la distance du Soleil à la Terre!

La lumière se meut, tout le monde aujourd'hui le sait, avec une vitesse si foudroyante, que celle du boulet qui vient de nous servir de terme de comparaison peut sembler la lenteur même. Dans le faible intervalle d'une seconde, l'ondulation lumineuse se transmet à 300 000 kilomètres. Ce n'est pas loin de 10 milliards de kilomètres par an.

Cette nouvelle unité simplifiant les résultats numériques, précisément à cause de sa grandeur, les astronomes l'ont prise pour représenter les distances sidérales. La distance d'une étoile se trouve ainsi précisément mesurée par le temps que sa lumière met à nous parvenir. C'est 15 ans et demi pour la moyenne des étoiles de 1re grandeur, 120 ans pour celles de 6e, les dernières visibles à l'œil nu; c'est 187 ans pour celles de 9e; enfin, pour les plus faibles étoiles que découvrait le télescope de W. Herschel, c'est 3541 années.

La sphère céleste dans laquelle pénètre ainsi le regard de l'astronome mesure donc en diamètre une telle longueur, qu'un rayon de lumière met sept mille ans à la traverser de part en part!

L'HISTOIRE ANCIENNE DU CIEL.

Quelque effroyables que soient ces abîmes, notre imagination va plus loin. Elle s'élance jusqu'à ces profondeurs, prend les astres qui s'y trouvent pour points de départ de nouveaux sondages au sein de l'océan éthéré, et, au risque du vertige, elle pénètre de plus en plus loin dans l'espace. Elle fait avec les nébuleuses, avec ces associations d'étoiles si éloignées de nous que les plus puissants télescopes ne peuvent les décomposer tout à fait, les mêmes calculs que nos plus savants astronomes ont faits avec les étoiles isolées, et alors elle s'efforce de concevoir l'idée que j'énonçais au début, celle de l'étendue infinie de l'univers sidéral. Qu'est-ce qui peut en effet nous amener plus près de cette conception que ce résultat des observations du grand

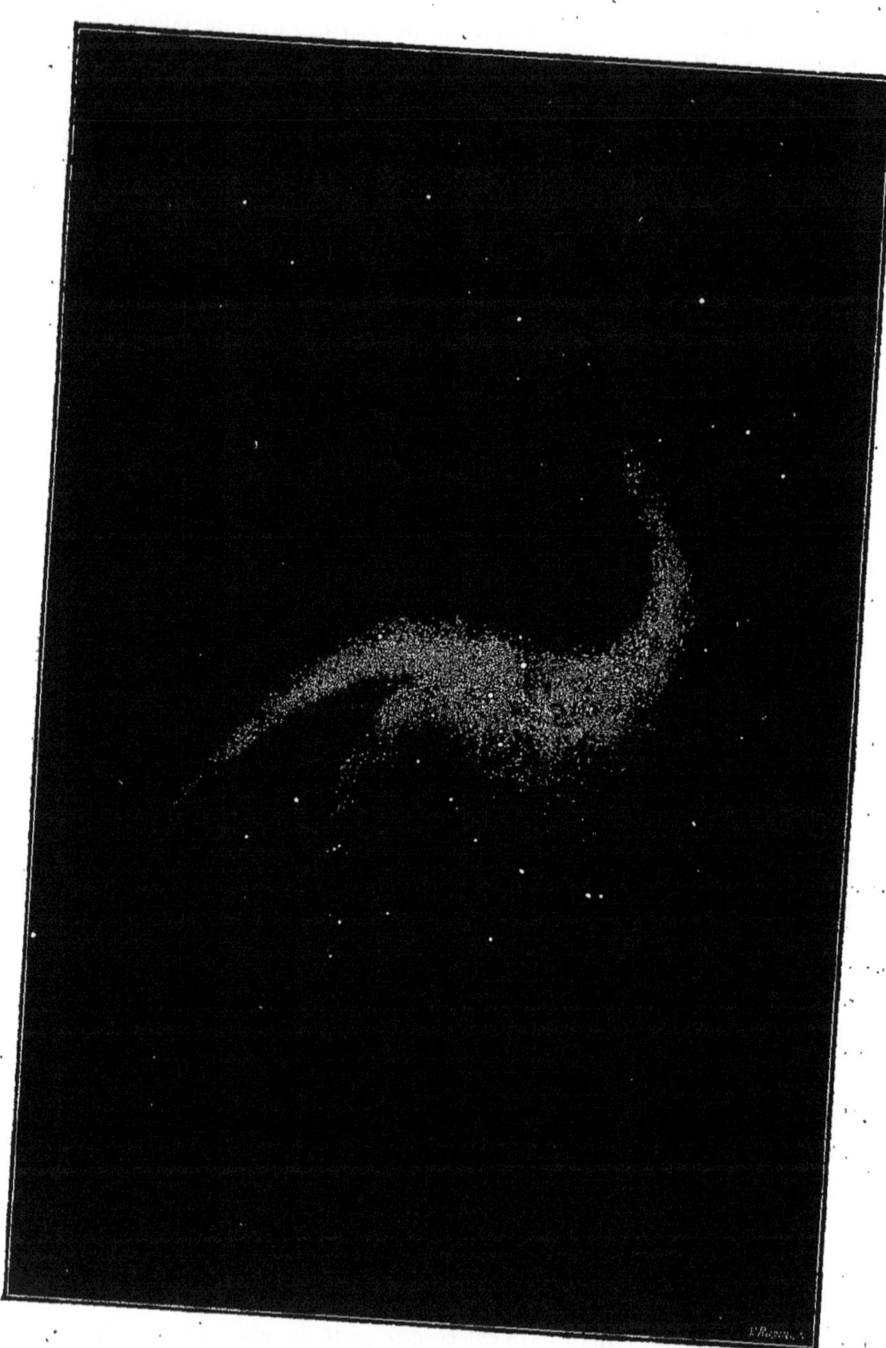

UNE NÉBULEUSE.

astronome de Slough : avec son télescope de 40 pieds de foyer, il découvrait des nébuleuses si reculées dans l'espace, que, d'après son estime, leur lumière met deux millions d'années à nous parvenir.

D'où cette inévitable conséquence :

Les rayons de lumière qui pénètrent dans l'œil, lorsqu'on le met à l'oculaire du télescope herschélien, et lui font voir actuellement ladite nébuleuse, sont des rayons qui sont en route depuis deux millions d'années. Ils révèlent l'état de la nébuleuse à une époque séparée de la nôtre par cet immense intervalle. Dès lors, si depuis quelque révolution s'y était produite, si, par une catastrophe tout à fait imaginaire, les corps célestes qui la forment avaient été dispersés, anéantis, on n'en saurait rien encore, et c'est seulement après vingt mille siècles écoulés que l'événement se traduirait aux yeux de l'observateur. « Ainsi, ai-je dit ailleurs (et le lecteur voudra bien me pardonner cette citation), nous ne voyons pas le ciel comme il est, mais comme il était, non pas même comme il était à une époque donnée, mais à la fois à plusieurs époques, à une infinité d'époques différentes, de sorte que chaque étoile pourrait être annotée d'une date particulière de l'histoire du ciel. Ici, nous assistons au spectacle d'une nébuleuse contemporaine d'Homère; là, ce soleil nous envoie des feux qui datent de Périclès; la lumière de la Chèvre est en route depuis notre grande épopée révolutionnaire de 92 (nous écrivions ceci il y a 25 ans). Et ainsi à l'infini. Spectacle étrange, qui laisse la pensée s'abîmer devant la bizarrerie d'un fait où viennent se confondre à la fois, sans contradiction pour la raison, les temps et les distances! »

Humboldt, sur le même sujet, s'exprime ainsi dans son *Cosmos* :

« Bien des phénomènes ont disparu longtemps avant d'être perçus par nos yeux; bien des changements que nous ne voyons pas encore se sont depuis longtemps effectués. Les phénomènes célestes ne sont simultanés qu'en apparence; et quand on voudrait placer plus près de nous les faibles taches des nébuleuses ou les amas d'étoiles, quand même on réduirait les milliers d'années qui mesurent leurs distances, la lumière qu'ils ont émise et qui nous parvient aujourd'hui n'en resterait pas moins, en vertu des lois de sa propagation, le témoignage le plus ancien de l'existence de la matière. »

Oui, Galilée avait raison de dire que c'était « un grand événement » que l'application du télescope aux investigations célestes, cette application se fût-elle bornée à la découverte d'innombrables étoiles jusqu'alors inconnues. C'est l'infiniment grand qui s'ouvrait devant les regards de l'homme ébloui.

A l'origine cependant, c'était une chose bien modeste que la lunette astronomique telle que la construisait Galilée. Le grand astronome débuta par un simple grossissement de 4 fois, qu'il porta successivement à 7 et en dernier lieu à 32 fois. Il n'en découvrit pas moins ainsi les satellites de Jupiter, les phases de Vénus et les taches du Soleil, sans compter la multitude d'étoiles, invisibles jusqu'alors, dont il révéla l'existence à des profondeurs du ciel inexplorées avant lui. Près de trois siècles se sont écoulés depuis Galilée, et l'Univers, exploré par un nombre toujours croissant d'observateurs, armés d'instruments d'une puissance de pénétration de plus en plus grande, a vu ses bornes reculées à l'infini : groupes stellaires, systèmes d'étoiles doubles, nébuleuses de toutes formes, se sont multipliés depuis avec une profusion inouïe. Mais l'abondante moisson de tant de brillantes et riches découvertes accumulées par plusieurs générations d'astronomes ne doit pas nous faire oublier les initiateurs de ce grand mouvement. Galilée est un de ceux à qui la science astronomique doit une reconnaissance éternelle.

III

LA DYNASTIE DES HERSCHEL

HERSCHEL I, SA VIE.

Il n'est pas rare, dans les publications astronomiques où il est question des recherches télescopiques d'Herschel, de voir employer cette dénomination *Herschel I*, *Herschel II*. On peut dire maintenant *Herschel III*. C'est un moyen commode de distinguer les membres de cette triple génération d'astronomes, que le public confond volontiers.

Sir William Herschel fut le fondateur de cette dynastie de savants, dont toute l'activité s'est portée vers les paisibles travaux qui ont pour objet le progrès des sciences, et plus spécialement de l'astronomie. Il est né à Hanovre le 15 novembre 1738. Voici quelques détails sur les débuts de celui que François Arago appelait avec raison un des plus grands astronomes de tous les temps et de tous les pays. Je les emprunte à la belle Notice que lui a consacrée l'illustre secrétaire perpétuel de l'Académie des sciences.

Le père de l'astronome William, Jacob Herschel, était un musicien de mérite; Arago dit un artiste éminent, que distinguaient d'ailleurs les qualités du cœur et de l'esprit. Sa fortune, très modeste, ne lui permettait point de donner à ses dix enfants (six garçons et quatre filles) une éducation complète, mais tous, par ses soins, devinrent des musiciens excellents. L'aîné, Jacob, acquit même une rare habileté, qui lui valut le poste de chef de musique dans un régiment hanovrien.

Il passa avec ce régiment en Angleterre. Quant au troisième fils, William, il resta d'abord sous le toit paternel, où il étudia assidûment le français et aussi la métaphysique, pour laquelle il conserva, paraît-il, jusqu'à la fin de ses jours, un goût prononcé.

A l'âge de vingt et un ans, en 1759 par conséquent, William rejoignit son frère aîné. Après trois années de privations assez cruelles, qu'il supporta d'ailleurs courageusement, le pauvre musicien hanovrien fut engagé par lord Durham comme instructeur de la musique d'un régiment anglais qui tenait garnison sur les frontières de l'Ecosse; puis, sa réputation s'étant étendue, il fut nommé organiste à Halifax, dans le Yorkshire. Au lieu de se laisser endormir par le succès, le jeune William profita de la modeste aisance que lui procurait ce nouveau poste : il employa ses loisirs à parfaire son éducation, donnant ainsi la preuve de l'énergique volonté et de la persévérance qui caractérisèrent plus tard ses travaux scientifiques.

« C'est alors, dit Arago, qu'il apprit le latin et l'italien, sans autre secours qu'une grammaire et un dictionnaire; c'est alors aussi qu'il se donna lui-même une légère teinture de grec. Tel était le besoin de savoir dont Herschel était dévoré pendant son séjour à Halifax, qu'il trouva moyen de faire marcher de front, avec ses pénibles études de linguistique, une étude approfondie de l'ouvrage savant, mais fort obscur, de R. Smith sur la théorie mathématique de la musique. Cet ouvrage supposait, soit explicitement, soit implicitement, des connaissances d'algèbre et de géométrie qu'Herschel n'avait pas, et dont il se rendit complètement maître en très peu de temps. »

D'Halifax, W. Herschel passa à Bath, où ses relations mondaines, bien que plus étendues, ne purent distraire le jeune organiste de ses études de prédilection. De la musique il était arrivé aux mathématiques; des mathématiques il fut conduit à l'optique, « source première, dit Arago, de sa féconde et de sa grande illustration. L'heure sonna enfin où ces connaissances théoriques devaient guider le jeune musicien dans des travaux d'application complètement en dehors de ses habitudes, et dont l'éclatant succès, l'excessive hardiesse excitèrent un juste étonnement.

« Un télescope, un simple télescope de deux pieds anglais de long, tombe dans les mains d'Herschel pendant son séjour à Bath. Cet instrument, tout imparfait qu'il est, lui montre dans le ciel une multitude d'étoiles que l'œil nu n'y découvre pas, lui fait voir quelques-uns des astres anciens sous leurs véritables dimensions, lui révèle des formes que les plus riches imaginations de l'antiquité n'avaient pas même soupçonnées. Herschel est transporté d'enthousiasme. Il aura sans retard un instrument pareil, mais de plus grandes dimensions. La réponse de Londres se fait attendre quelques jours : ces quelques jours sont des siècles. Quand la réponse arrive, le prix que l'opticien demande se trouve fort au-dessus des ressources pécuniaires d'un simple organiste. Pour tout autre c'eût été un coup de foudre. Cette difficulté inattendue inspira au contraire à Herschel une nouvelle énergie : il ne peut pas acheter de télescope, il en construira un de ses mains. »

Pour ceux de nos lecteurs qui n'ont pas eu de télescope à leur disposition ou qui n'en connaissent pas la théorie, je vais entrer dans quelques détails à ce sujet, sans aborder, bien entendu, ni le côté

COUPE D'UNE LUNETTE ASTRONOMIQUE.

scientifique, ni le côté technique de la question, mais de façon à faire comprendre la nature des difficultés qu'eut à surmonter Herschel.

Tout télescope comprend deux parties essentielles et distinctes : en premier lieu l'*objectif*, en second lieu l'*oculaire*.

L'objectif, ainsi nommé parce que sa fonction est de recevoir les rayons de lumière émanés de l'objet, de les rassembler, en vertu des lois de l'optique, en un même point ou foyer ; là ces rayons réunis forment une image fidèle, nette, précise, de l'astre observé ou de la région du ciel vers laquelle l'axe du système optique est tourné.

L'oculaire, dont le nom indique assez que c'est la partie de l'instrument à laquelle s'applique l'œil de l'observateur, n'est autre chose qu'une loupe, qui sert à examiner, en les grossissant convenablement, tous les détails de l'image.

L'objectif est la pièce capitale du télescope, celle dont dépend surtout sa puissance. Il y en a de deux sortes, selon que l'objectif est constitué par un miroir ou par une lentille. Avec le premier système, les rayons lumineux émanés de l'objet pénètrent par l'ouverture tubulaire du télescope et vont tomber sur le miroir formant l'objectif, miroir courbe qui réfléchit les rayons d'un point situé en avant du miroir :

là se forme l'image du point. Ce genre d'instrument est basé, comme on voit, sur les lois de la réflexion de la lumière à la surface des miroirs courbes ; c'est un réflecteur, *reflector*, disent les Anglais ; c'est un *télescope* pour les astronomes français.

Le second genre de télescope (que les savants anglais ont coutume de nommer un réfracteur, *refractor*, ou encore *achromatic*) est basé, au contraire, sur les lois de la réfraction de la lumière dans les lentilles. L'objectif dans ce genre de télescope est, en effet, une lentille ou

LUNETTE ASTRONOMIQUE.

un système de lentilles disposé à l'ouverture du tube de l'instrument. Ces lentilles sont juxtaposées et leurs courbures sont calculées de manière à supprimer les colorations ou irisations dont sont entourées les images, par le fait de la décomposition de la lumière par son passage dans la matière transparente d'une seule lentille. C'est pour cette raison que l'on nomme *achromatiques* les objectifs ainsi formés. Disons en passant que les oculaires, dans les réflecteurs comme dans les réfracteurs, sont toujours achromatiques. En France, la coutume est de réserver le nom particulier de *télescopes* aux réflecteurs ; les réfracteurs sont des *lunettes astronomiques*. Nous avons surtout à parler des premiers, car c'est d'eux que s'est particulièrement servi le grand Herschel ; c'est à construire le miroir qui sert d'objectif qu'il donna tous ses soins.

La grandeur d'ouverture de l'objectif est un indice de la puissance de l'instrument; mais ce n'est pas un indice assuré. En effet, plus cette ouverture est considérable, plus la quantité de lumière émanée de l'objet et qui tombe à la surface de l'objectif, pour aller former au foyer son image, est grande elle-même. On pourra donc, en général, examiner cette image avec un grossissement plus fort, mais à une condition, c'est que la netteté soit parfaite; c'est que, par des défectuosités de forme, l'image ne soit pas altérée, ce qui dépend pour la plus grande partie de la perfection avec laquelle la surface du miroir, si c'est un réflecteur, la surface des lentilles, si c'est une lunette astronomique, aura été travaillée et polie. Un objectif sans défauts, quoique de dimensions restreintes, donne un résultat bien meilleur qu'un objectif énorme que ses dimensions mêmes auront rendu difficile à travailler.

Le faisceau de lumière qui tombe sur un objectif télescopique n'est d'ailleurs pas utilisé tout entier pour la production de l'image focale. S'il s'agit d'un miroir, quel que soit son degré de poli, la réflexion absorbe une bonne partie des rayons; un second miroir plus petit, destiné à renvoyer la lumière sur le côté ou sur le fond du tube, en absorbe également une autre partie. Si l'objectif est formé d'une lentillle, la lumièreest absorbée dans son passage au travers de la matière transparente qui la forme. Mais, à égalité d'ouverture, l'expérience a prouvé que c'est la lunette qui l'emporte. Un télescope réflecteur doit avoir, à égalité d'éclat, une ouverture plus grande qu'un réflecteur, dans la proportion de 7 ou 8 à 5, selon le système. L'astronome romain Secchi trouvait qu'un achromatique de 9po,6 d'ouverture était égal au télescope d'Herschel II, de 18 pouces et demi.

Revenons maintenant à Herschel, et voyons comment il s'y prit pour se procurer le télescope que ses ressources ne lui permirent point d'acheter.

Aussitôt sa résolution prise, l'organiste de Bath « se lance, dit Arago, dans une multitude d'essais sur les alliages métalliques qui réfléchissent la lumière avec le plus d'intensité, sur les moyens de donner aux miroirs une figure parabolique, sur les causes qui, dans l'acte du polissage, altèrent la régularité de la figure doucie, etc. Une si rare persévérance reçoit enfin son prix. En 1774, Herschel a le bonheur de pouvoir examiner le ciel avec un télescope newtonien de 5 pieds anglais de foyer, exécuté tout entier de sa main. Ce succès l'excite à tenter des entreprises encore plus difficiles. Des télescopes de 7, de 8, de 10 et même de 20 pieds de distance focale couronnent ses ardents efforts. Comme pour répondre d'avance à ceux qui n'eussent pas manqué de taxer de superfluité d'apparat, de luxe inutile, la grandeur des nou-

LE GRAND TÉLESCOPE DE W. HERSCHEL.

veaux instruments et les soins minutieux de leur exécution, la nature accorda au musicien astronome, le 13 mars 1781, l'honneur inouï de débuter dans la carrière de l'observation par la découverte d'une nouvelle planète, située aux confins de notre système solaire. » C'était la planète Uranus, d'abord nommée Herschel, la plus éloignée des planètes alors connues, comme l'indique la dernière phrase d'Arago. Soixante-cinq ans plus tard, une planète plus éloignée encore, Neptune, était découverte par une méthode autrement extraordinaire, puisque son existence fut démontrée par la seule puissance du calcul; les formules de la mécanique céleste avaient devancé le télescope, qui ne fit que confirmer la théorie. C'est à un astronome français, à Le Verrier, qu'est due cette brillante découverte.

A partir de l'époque où il débuta si heureusement comme astronome-observateur, William Herschel se consacra à peu près tout entier à la nouvelle science, multipliant les recherches, étendant le champ de ses études : les planètes et leurs satellites, les étoiles, la Voie lactée, les nébuleuses. Entre 1780 et 1822, date de sa mort, il ne publia pas moins de 69 mémoires. Pendant son séjour à Bath, il ne fit pas moins de 200 miroirs newtoniens de 7 pieds anglais de foyer, de 150 miroirs de 10 pieds, et d'environ 80 miroirs de 20 pieds. De cette façon, il put comparer la perfection relative de ces innombrables objectifs à mesure qu'il les travaillait : dès que l'un d'eux était manifestement supérieur aux autres, il le mettait de côté, jusqu'à ce que l'un des autres miroirs en train lui fût devenu supérieur. Plus tard, il substitua une méthode plus sûre à cette méthode de tâtonnements empiriques; mais sa ténacité et sa persévérance ne se lassèrent jamais. Lalande, en 1785, faisait connaître une particularité bien propre à donner une idée de cette ténacité, de cette ardeur au travail qui devait porter tant de fruits, lorsqu'il appliqua les instruments créés par lui aux observations astronomiques. « Chaque fois, dit-il, qu'Herschel entreprend de polir un miroir de télescope, il en a pour dix, douze, quatorze heures d'un travail continu. Il ne quitte pas un instant, même pour manger, et reçoit des mains de sa sœur les aliments sans lesquels on ne pourrait supporter une si longue fatigue : pour rien au monde Herschel n'abandonnerait son travail; suivant lui, ce serait le gâter. »

La sœur dont il est ici question, miss Caroline Herschel, ne se bornait point à ces soins domestiques; elle fut, avec un autre de ses frères, Alexandre Herschel, qui aidait William dans la fabrication de télescopes, une collaboratrice assidue de ses travaux astronomiques. Elle était venue en Angleterre lorsque, après la découverte d'Uranus, George III pensionna Herschel et l'installa dans une habitation voisine de Windsor, à Clay-Hall, puis à Slough. Elle entra au service de son frère avec le titre d'*astronome assistant.* Et de fait, ainsi que le rapporte Arago, « Mlle Caroline partagea *toutes les gardes de nuit* (*watches*) de son frère, constamment l'œil à la pendule et le crayon à la main; elle fit *tous ses calculs* sans exception; elle copia trois ou quatre fois *toutes ses observations* dans des registres particuliers, les coordonna, les classa, les analysa. »

LE TÉLESCOPE DE LORD ROSS A L'OBSERVATOIRE DE PARSONSTOWN.

HERSCHEL I ET HERSCHEL II. — LEURS DÉCOUVERTES.

William Herschel eut un fils qui suivit de près les traces de son père. Sir John Herschel, ou Herschel II, fit également un grand nombre

SIR JOHN HERSCHEL (HERSCHEL II).

d'observations astronomiques, parmi lesquelles il faut citer, comme ayant le même objet que les études sidérales d'Herschel I, la revision du ciel austral; ses catalogues d'étoiles doubles, de nébuleuses et d'amas stellaires enrichirent la littérature astronomique de documents précieux sur des parties du ciel encore inexplorées. C'est au Cap de Bonne-

Espérance qu'il consacra plusieurs années à enregistrer le résultat de ses recherches télescopiques : la Voie lactée dans son cours austral, les Nuées de Magellan, les grandes nébuleuses d'Orion, du Navire, du Renard, etc.

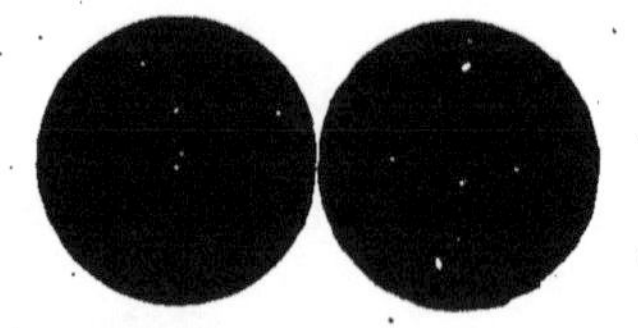
ÉTOILE DOUBLE : EPSILON DE LA LYRE.

Le troisième Herschel, celui qui continue aujourd'hui la dynastie dont on vient de lire la courte histoire, histoire courte eu égard aux longues années de son règne si fécond en découvertes, est Alexandre S. Herschel, le fils de Sir John. Ce savant s'est voué d'une façon spéciale à l'étude d'une branche nouvelle de l'astronomie, celle qui a pour objet les étoiles filantes, les bolides, considérés surtout comme faisant partie d'essaims météoriques.

COMPOSANTES DE L'ÉTOILE DOUBLE DE LA LYRE.

Pour terminer cette esquisse, pour lui donner tout son intérêt, pour animer ces vies de savants, si paisibles, si pauvres en anecdotes, il faudrait exposer la série d'innombrables découvertes qui sont les vrais événements capables d'émouvoir, de passionner ceux qui se sont ainsi volontairement retirés du *monde*, pour se mettre en communication constante avec les MONDES. Ne pouvant et ne voulant ici tenter une aussi laborieuse tâche, qui ne serait certainement pas à sa place dans ce volume, du moins j'essayerai de donner une idée des vues que les travaux des Herschel, et il faut ajouter de nombre d'autres astronomes qui ont marché sur leurs traces, ont suggérées sur ce sujet si important et si vaste :

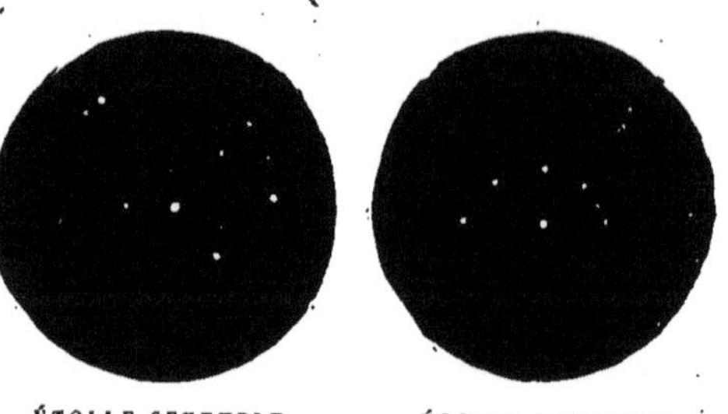
ÉTOILE SEXTUPLE. ÉTOILE SEPTUPLE.

La constitution de l'univers.

Comment l'univers, la portion du moins de l'univers qui est accessible aux plus puissants télescopes, ce qu'on nomme en d'autres termes l'univers visible, est-il composé? Quelle place occupe notre planète, notre Soleil ou mieux notre monde solaire, dans cet immense ensemble?

On a vu plus haut à quelles prodigieuses distances sont reléguées les étoiles, même les plus voisines de nous. La conséquence immédiate de cette immensité, c'est que les étoiles brillent d'une lumière qui leur est propre, comme le Soleil. Chaque étoile est un soleil, ou, ce qui est la même vérité retournée, notre Soleil est une étoile. S'il pouvait, sans que nous le suivissions, s'enfoncer dans l'éther et reculer jusqu'à la distance de l'étoile la plus voisine, ses dimensions apparentes et son éclat diminueraient progressivement; parvenu à la distance dont nous parlons, ce ne serait plus qu'un simple point lumineux. Là il ne ferait plus à nos yeux qu'une assez médiocre figure dans le ciel étoilé, où il brillerait tout au plus de l'éclat d'une étoile de deuxième grandeur.

Certains soleils, Sirius, la Chèvre par exemple, sont incomparablement plus brillants et sans doute de plus grandes dimensions que ne serait le nôtre à la même distance. Mais ils sont si loin que, vus au foyer des plus puissants télescopes, ils se réduisent à des points lumineux. Impossible de mesurer leurs diamètres.

Si chaque étoile, parmi les innombrables étoiles que présente la voûte étoilée, est un soleil, il est possible, il est probable qu'elle n'est point seule, qu'elle a, comme notre soleil, un cortège de planètes; mais tous ces petits corps sont imperceptibles, leur lumière est noyée, perdue dans les rayons de l'étoile centrale.

Il y a aussi dans les profondeurs sidérales, chose inconnue dans notre monde solaire, des étoiles (c'est-à-dire des soleils) doubles, des groupes de deux soleils liés entre eux par une attraction réciproque. Il en est de triples, de quadruples. Ces systèmes sont quelquefois formés d'étoiles de même éclat; plus souvent l'un d'eux l'emporte sur l'autre ou sur les autres : ceux-ci sont des satellites du soleil principal.

Voilà un premier degré d'association dans les soleils. C'est W. Herschel qui a le premier découvert la connexion physique des deux composantes d'une étoile double. Avant lui, on pouvait penser que le seul hasard de la perspective faisait paraître si voisins deux astres que séparait en réalité une énorme distance.

Il existe des associations d'étoiles beaucoup plus nombreuses. C'est

AMAS STELLAIRE.

à ces groupes qu'on donne le nom d'*amas stellaires*. Tout le monde connaît, pour l'avoir observé par les belles soirées d'automne et d'hiver, le groupe des Pléiades : ses six étoiles principales apparaissent à l'œil serrées les unes contre les autres, et donnent bien l'idée d'un petit monde d'étoiles. Au télescope, on les compte par milliers. Un grand nombre d'autres amas ne sont pas même visibles à l'œil nu ; dans de faibles lunettes, ce sont des lueurs plus ou moins condensées, des nébuleuses ; mais, dès qu'on leur applique un télescope d'une suffisante puissance, on voit cette lumière indécise se résoudre en une multitude souvent prodigieuse de points lumineux. En un mot, ce sont des groupes d'étoiles.

Quelles lois président aux mouvements des innombrables soleils qui composent un de ces groupes ? Dans les étoiles doubles, on sait que les mouvements sont soumis aux mêmes lois que les astres de notre monde solaire ; en un mot ils obéissent à la loi de gravitation. L'analogie porte à croire qu'il en est de même des étoiles formant les amas ; mais parviendra-t-on jamais à le constater ? Les orbites de ces milliers de corps qui s'attirent en raison de leurs masses et inversement aux carrés de leurs mutuelles distances, doivent être terriblement compliquées. A un tel degré d'éloignement d'ailleurs, les mouvements les plus rapides se réduisent à rien, s'évanouissent pour ainsi dire aux yeux des observateurs d'un jour qui fixent la position relative des points lumineux, problème déjà si difficile, que la photographie céleste aidera à résoudre.

Les amas d'étoiles sont excessivement nombreux, surtout dans la Voie lactée. On leur donne souvent le nom de *nébuleuses*, parce que leur premier aspect est celui de nuages lumineux ; mais, pour les distinguer des autres nébuleuses, on dit que ce sont des *nébuleuses résolues* ou *résolubles*, entendant par ce dernier mot que les plus puissants télescopes laissent soupçonner que des instruments supérieurs les décomposeront réellement en étoiles.

La Voie lactée est une nébuleuse résolue pour la presque totalité de son ensemble. Il serait plus exact de dire toutefois que c'est un prodigieux amas, formé lui-même par la réunion d'une multitude d'amas et d'innombrables étoiles répandues de part et d'autre d'un plan, dont notre Soleil n'est pas fort éloigné. W. Herschel évaluait à 18 millions le nombre des étoiles de la Voie lactée. Il se basait ainsi sur les jauges ou sondages qu'il avait effectués pendant des années d'observation, à l'aide de ses grands télescopes de 20 pieds. Il croyait pénétrer de la sorte dans toute la profondeur de la nébuleuse. Mais plus tard il était

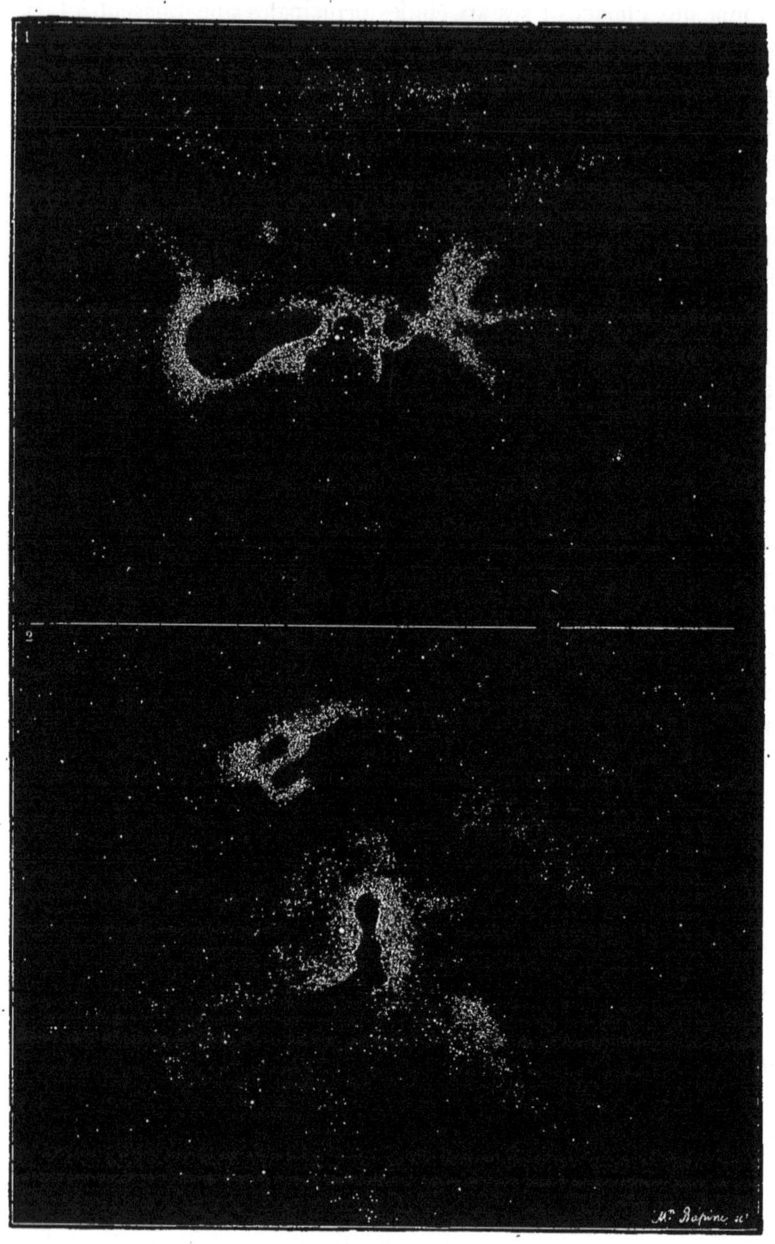

NÉBULEUSES.

obligé de reconnaître que dans certaines directions il ne réussissait pas à décomposer la nébulosité en étoiles, que son étendue visible va en augmentant avec la puissance de l'instrument employé, que même le télescope de 40 pieds ne parvient pas à résoudre la Voie lactée, qui en réalité est insondable!

Quant à nous, j'entends quant à notre monde solaire, Soleil, Terre, satellite, planètes, où sommes-nous? A cette question on peut répondre de la façon la plus positive : Le Soleil est une étoile de la Voie lactée; avec toutes les étoiles visibles à l'œil nu, il fait partie d'un amas qui est lui-même profondément plongé dans la Voie lactée et en constitue une partie intégrante.

Arrêtons-nous là dans la contemplation de ces conceptions grandioses; ce ne sont pas de pures et simples vues de l'esprit, mais les conséquences nécessaires, géométriques, de l'étude approfondie du ciel, de la distribution connue des millions d'astres que le télescope y découvre. D'importants travaux ont été effectués depuis que les deux grands astronomes dont je viens d'esquisser l'histoire ont publié leurs nombreux mémoires d'astronomie sidérale; mais nul plus que Herschel I et Herschel II n'a contribué à la solution de la grande question que je viens de résumer brièvement : *la structure de l'univers.*

INTÉRIEUR D'UN CRATÈRE DE LA LUNE.

IV

PAYSAGES LUNAIRES

LA LUNE VUE A L'ŒIL NU.

Rien n'est plus propre à donner une idée de l'infini de l'espace que le sondage télescopique des diverses parties de la Voie lactée; rien, si ce n'est la contemplation des innombrables nébuleuses dispersées au delà de ses limites, et la pensée que plusieurs de ces nébuleuses sont certainement elles-mêmes des voies lactées perdues dans les dernières profondeurs de l'univers visible. Que sommes-nous, qu'est le monde solaire, son étoile centrale, ses planètes, qu'est notre globe devant ces effroyables abîmes de l'étendue! Le Soleil et tout son cortège n'est qu'un atome de l'une de ces gigantesques associations sidérales, qu'une molécule lumineuse du grand Tout. Certes, l'intelligence la plus puissante, comme celle d'un Galilée, d'un Képler, d'un Newton, d'un W. Herschel, a beau faire effort pour embrasser le système de cette infinité de corps rayonnants et les lois de leurs mouvements éternels : elle recule effrayée et saisie de vertige devant l'impuissance même qu'elle éprouve à imaginer des limites à l'Univers !

Le besoin de prendre pied au bord de l'océan éthéré va nous faire quitter les profondeurs sidérales et nous ramener à notre monde. C'est pourquoi je propose une simple excursion au voisinage de notre Terre ; c'est presque ne point quitter en effet notre planète que d'explorer son satellite, *la Lune.*

La Lune, à sa plus grande distance de la Terre, n'en est éloignée que d'environ 101 000 lieues ; en moyenne, c'est 96 000 lieues qui nous en séparent. Encore s'agit-il là des centres des deux globes. Les surfaces sont plus rapprochées de toute la longueur des deux rayons, et les points les plus voisins peuvent n'être distants que de 89 000 lieues. Qu'est cela ? Rien ou presque rien, et comme le télescope permet de réduire considérablement cette faible distance, on comprend, avant toute description, que la surface de notre satellite est accessible à l'observation dans les moindres détails de sa structure.

Mais il ne faut rien exagérer. On a construit des télescopes qui permettent, dit-on, d'employer des grossissements considérables, de 6000 diamètres par exemple. Tel est, en effet, le fameux réflecteur que lord Ross a fait installer dans son observatoire de Parsonstown. Avec un tel grossissement, la distance de l'objet se trouve réduite dans la même proportion, ou 6000 fois moindre. La Lune serait vue ainsi comme si elle n'était plus éloignée que de 16 lieues de l'œil de l'observateur. Malheureusement, l'emploi d'un grossissement aussi fort n'est nullement avantageux quand on l'applique à un objet qui, comme la Lune, ne brille pas d'un éclat qui lui est propre, mais seulement de la lumière solaire réfléchie. En ce cas, la grande ouverture de l'objectif du télescope, en rassemblant au foyer, pour la formation de l'image, une grande abondance de lumière, ne compense pas, tant s'en faut, l'affaiblissement qui résulte du grossissement. Une autre raison, d'ailleurs capitale, s'oppose à l'emploi d'oculaires aussi puissants : c'est le défaut d'homogénéité de l'atmosphère, si rarement calme et pure ; les images sont alors si peu nettes, si ondulées, qu'on perd tout le bénéfice qu'on croyait obtenir. Une association d'astronomes anglais qui, sous le nom de *Moon Committee*, s'est proposé l'étude spéciale de notre satellite, recommande comme suffisant un grossissement de 1000 diamètres. Un astronome français, J. Chacornac, qui a fait d'intéressantes études des montagnes lunaires, ne dépassait pas le pouvoir de 1200, adapté au télescope de Léon Foucault, si j'ai bonne mémoire. Nasmyth, à qui l'on doit des observations très détaillées et de superbes dessins des mêmes montagnes, se servait ordinairement d'un grossissement de 350, au maximum de 400 diamètres. Ce qui importe avant tout, c'est de proportionner la force de l'oculaire à l'ouverture de l'objectif : avec une ouverture convenable et un grossissement moyen, on distinguera des détails que ne donnerait point un oculaire beaucoup plus fort adapté à un télescope de moindre ouverture. Une seconde condition essentielle, c'est d'observer dans des circonstances atmosphériques favorables ; une troisième et non moins importante condition, celle-là applicable à toutes les observations télescopiques, c'est d'avoir la vue exercée à la vision dans les instruments. La nécessité d'une éducation spéciale de l'œil est reconnue par tous les observateurs : là où un astronome qui a une longue pratique de son instrument distingue de minutieux détails, l'observateur novice ne parvient à rien voir. Il est bon que les amateurs soient mis en garde contre une cause de désappointement qui disparaîtra s'ils persévèrent, et s'ils exercent leur vue dans ce but particulier d'acquérir l'habitude des observations télescopiques.

Mais en voilà assez sur les moyens à employer pour étudier la constitution physique de la Lune. Voyons à quels résultats sont arrivés les astronomes.

En tout temps, la Lune a joué un plus grand rôle en poésie qu'en astronomie. On trouve beaucoup plus de gens disposés à rêver le soir à la douce et tranquille lueur de son croissant délié, à admirer les teintes vaporeuses qu'elle donne au paysage, ou, si la Lune brille dans son plein, les contrastes de sa lumière crue et blafarde avec les ombres noires des objets qu'elle inonde de ses rayons, que l'on ne rencontre de curieux se demandant ce qu'est ce globe si voisin du nôtre.

La netteté de ses contours, des taches sombres ou brillantes qui parsèment son disque, semblent nous inviter cependant à déchiffrer ces hiéroglyphes, dont la figure et la situation invariables se reproduisent périodiquement sous nos yeux. Seule, la vue simple permet déjà de tirer quelques conclusions de leur examen. Dans leur ensemble, les taches du disque lunaire ont une physionomie avec laquelle on se familiarise vite. Chacun, à la vérité, y voit ce que son imagination lui suggère, à peu près comme il arrive pour les formes plus ou moins bizarres de certains nuages. Pour les uns, la Lune dans son plein prend l'aspect d'une figure humaine dont les taches sombres représentent les yeux, le nez, la bouche. Pour d'autres, c'est un bonhomme cheminant sur le disque, c'est Judas expiant son crime; les Anciens y plaçaient le lion de Némée. On comprend qu'il n'y ait pas lieu de s'arrêter à ces fantaisies des traditions populaires qui n'apprennent rien sur notre satellite.

Un point plus important, que la vue simple permet aussi de constater aisément, c'est que, dans le cours de ses révolutions et de ses phases, la face de la Lune tournée vers la Terre est toujours la même. Les auteurs anciens, tels que Plutarque, Simplicius, en avaient fait la remarque. Le phénomène est intéressant, en ce qu'il prouve que la Lune tourne sur son axe en un temps dont la durée est précisément égale à celle de son mouvement de révolution autour de la Terre, soit en 27 jours 8 heures environ. Bien entendu, nous ne nous arrêterons pas à la démonstration de ce fait astronomique, dont la théorie donne d'ailleurs l'explication; bornons-nous à rappeler une singularité de l'opinion des personnes étrangères à l'astronomie, qui voulaient induire de la persistance de la Lune à ne montrer à la Terre qu'une moitié de sa surface la non-existence de son mouvement de rotation. Ces personnes se butaient à cet argument aussi faux que spécieux : « *Si la Lune tournait sur elle-même, nous devrions, de la Terre, voir successivement toutes ses faces.* » Je ne m'arrête point à réfuter ce raisonnement; le lecteur le fera de lui-même, s'il veut réfléchir un instant à la question; sinon, je le renvoie aux traités de cosmographie.

Nous ne voyons donc qu'un hémisphère lunaire, et notre curiosité aura beau s'évertuer, elle ne parviendra point à connaître l'aspect de celui que la Lune nous cache et nous cachera éternellement, au moins pour la plus grande partie; car il est bon d'ajouter que, grâce à diverses oscillations, à des balancements en divers sens, on arrive à découvrir périodiquement quelques parties des régions, orientales et occidentales, boréales et australes, du disque.

Une autre particularité fort intéressante de l'examen de la Lune à l'œil nu est celle-ci : toutes les fois que les conditions atmosphériques sont favorables, que le ciel bien pur laisse le disque tout à fait à découvert, les taches brillantes ou obscures ne sont voilées par aucune nébulosité, par rien qui obscurcisse ou ternisse leur éclat. Cela était

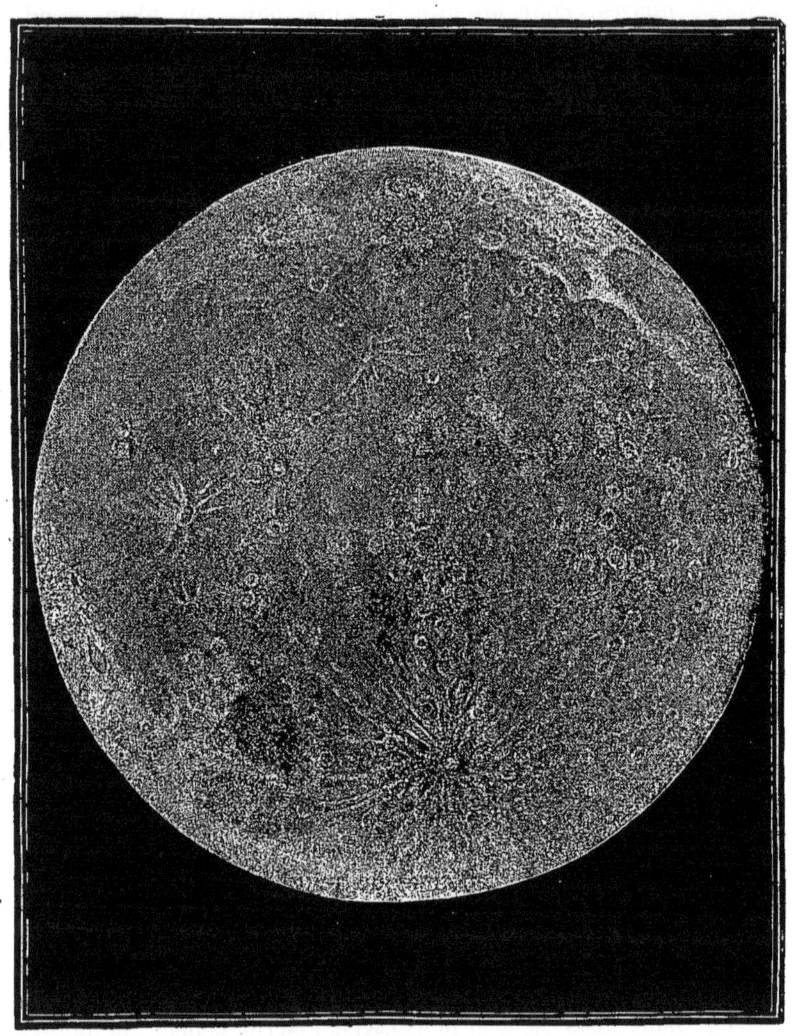

LA LUNE VUE DANS SON PLEIN.

visible avant l'invention des lunettes, mais ne pouvait s'entendre que de l'ensemble : l'examen télescopique le plus minutieux a confirmé le fait, et montré qu'il est rigoureusement vrai pour les plus petits objets de la surface du disque lunaire. En assimilant la Lune à notre planète, on peut donc déjà conclure du fait dont il est question, que son climat doit considérablement différer du nôtre.

Qu'on s'imagine, en effet, un observateur posté sur la Lune et examinant la Terre. Comment la verra-t-il? Quel aspect trouvera-t-il à sa surface? Sans doute, nos continents, formés de substances solides, réfléchissantes, lui paraîtraient les parties brillantes du disque, tandis que les océans et les mers, qui absorbent la lumière du Soleil, en seraient les parties sombres. Du moins en serait-il probablement ainsi dans l'hypothèse où l'atmosphère ne serait couverte d'aucun nuage, où le ciel terrestre serait exceptionnellement partout d'une sérénité absolue. Or, en réalité, les choses ne se passent pas ainsi sur la Terre. Les régions où le ciel est pur sont relativement rares; les nuages recouvrent le plus souvent une notable partie des continents et des mers; de plus, ils éprouvent des déplacements rapides. Pour un observateur examinant notre globe d'un point de l'espace tel que la Lune, les taches permanentes de la surface terrestre seraient donc souvent masquées; il aurait quelque peine à les distinguer des taches mobiles, dont l'éclat varierait d'ailleurs suivant l'épaisseur et la nature des nuées.

Puisque rien de pareil ne se voit sur la Lune, puisque à l'œil nu comme au télescope les moindres détails de sa surface sont toujours aussi nets, c'est que, dans son atmosphère supposée, il n'y a jamais rien qui puisse faire soupçonner l'existence de la moindre vapeur, de la moindre nébulosité. En un mot, le ciel lunaire est un ciel sans nuages.

Cette singularité de la constitution physique de notre satellite a paru si extraordinaire à quelques-uns, qu'ils ont donné à l'hémisphère invisible ce qu'ils étaient obligés de refuser à l'hémisphère tourné vers nous, une atmosphère vaporeuse. Mais sur quelle raison baser cette hypothèse? Pourquoi ce privilège d'un ciel toujours pur donné à une moitié du globe lunaire? Triste privilège après tout, qui, si cette moitié était habitée, serait d'une monotonie désespérante pour ses habitants.

Que d'ailleurs cette absence de nébulosités soit à nos yeux chose bonne ou mauvaise, il n'importe : c'est un fait. Maintenant on peut se demander d'où vient ce fait. Est-ce qu'à la surface de la Lune il n'existe pas de substances liquides vaporisables, pas d'eau, par exemple, aucune substance gazeuse susceptible de se précipiter, sous l'influence combinée de la pression et de la température? Si de telles substances existent sur notre satellite, y sont-elles donc toujours éloignées de leur point de saturation?

Répondons nettement, sans chercher d'ailleurs à montrer comment on s'est assuré de l'exactitude de la proposition que voici :

La Lune, si elle a une atmosphère, en a une d'une telle rareté, qu'un rayon de lumière qui la traverse ne subit aucune déviation; peut-être à une faible hauteur au-dessus du niveau moyen de ses plaines existe-t-il quelques couches aériennes, qui remplissent ainsi les cavités de ses montagnes. C'est une simple supposition, une possibilité, voilà tout.

En tout cas, la pression que cette mince atmosphère supposée exerce à la surface du sol lunaire, doit être très faible : elle est d'autant plus faible que l'intensité de la pesanteur est à peu près, sur la Lune, égale à la 5e ou à la 6e partie de celle qui agit à la surface de notre globe.

Joignez à cela l'énorme chaleur que le Soleil verse pendant la durée d'une journée lunaire, durée qui n'est pas moindre de 354 de nos heures. Si de l'eau existait à la surface de la Lune, si, comme on l'a cru longtemps, les grandes taches grisâtres dont une partie de son disque est couvert, étaient des mers, cette chaleur intense les vaporiserait, et les vapeurs ainsi formées constitueraient pour notre satellite une véritable atmosphère. Pendant le refroidissement de la longue nuit de 354 heures qui suit chaque journée, il y aurait formation de nuages, et il serait bien étrange que, de la Terre, on n'eût jamais rien vu qui accusât l'existence d'un seul de ces nuages.

Il paraît donc avéré que si la Lune n'a pas d'atmosphère, ou du moins ne peut avoir qu'une atmosphère fort limitée, il n'existe pas non plus d'eau à sa surface, pas de liquide susceptible comme l'eau de se réduire en vapeur, ou de se précipiter sous forme de brouillards, de vapeurs vésiculaires, de nuages en un mot.

Telles sont les premières données qu'on peut tirer d'un examen du disque lunaire, sans qu'on ait besoin d'une étude détaillée et approfondie des accidents que le télescope va nous montrer maintenant.

LA LUNE VUE AU TÉLESCOPE. — SES MONTAGNES.

Pour les curieux des choses de la nature, c'est un sujet bien attrayant que l'étude télescopique de la Lune. Que de choses on peut voir déjà avec une simple lunette supportant un grossissement de 30, 40, 60 fois!

Ce n'est pas l'astre dans son plein qu'il faut examiner d'abord : l'éclairage uniforme ou à peu près uniforme de tous les points du disque empêcherait de saisir les creux et les reliefs de ses accidents. C'est quand la Lune est à son premier ou à son dernier quartier, ou dans le voisinage tout au moins de l'une de ces deux phases, que l'observateur qui braque pour la première fois un télescope sur le disque lunaire, sera le plus surpris de la beauté et de la variété du spectacle que lui offrira le champ de l'instrument.

Ce spectacle est en effet véritablement merveilleux.

Prenons pour exemple la Lune vue à l'époque du premier quartier, c'est-à-dire quand c'est la moitié occidentale du disque qui est éclairée par les rayons solaires. Toutes les parties brillantes, les plus blanches ou les plus lumineuses surtout, se montrent criblées d'une multitude de trous, de cavités de forme circulaire ou ovale, des dimensions les plus variées. C'est près du centre, ou mieux dans le voisinage de la ligne de séparation de la lumière et de l'ombre, que se dessine le plus nettement, que s'accuse le plus fortement la structure de ces aspérités du sol lunaire. Imaginez autant de coupes dont les bords ou arêtes, en forme de remparts circulaires, s'élèvent à la fois au-dessus du niveau général et au-dessus du fond de la cavité. Le relief de chacun de ces accidents est rendu très sensible par la vive lumière qui éclaire les bords de la coupe du côté de l'occident, à l'extérieur le demi-cercle qui présente sa convexité aux rayons solaires, à l'intérieur l'autre moitié de l'enceinte, ou celle qui leur présente sa concavité.

A l'opposé, ou du côté de la moitié obscure du disque, ce sont les ombres très nettes, très vives qui achèvent de dessiner à merveille la forme générale de tous ces accidents du sol. Le fond même de la coupe, qu'on aperçoit très bien dans toutes les cavités qui ont des dimensions suffisantes, est tantôt très lumineux, tantôt d'une teinte un peu assombrie. Dans quelques-unes, on peut distinguer des éminences qui projettent leur ombre sur le fond du *cratère*. A cause de leur ressemblance

LA LUNE AU PREMIER QUARTIER, VUE AU TÉLESCOPE.

avec le cratères de nos volcans terrestres, on a donné, en effet, sans idée préconçue sur leur véritable nature, le nom de cratères aux cavités lunaires qu'on vient de décrire. Toutefois on réserve le nom de *cirques* à celles qui ont de très grandes dimensions.

Près du centre du disque, ce sont des cercles; près des bords, ce sont des ovales, des ellipses plus ou moins aplaties. Mais cette forme ovale des cratères lunaires — est-il besoin de le dire — n'a rien de réel : c'est un effet de perspective. La Lune étant sphérique, chaque cratère n'est vu sous sa forme véritable que dans les régions voisines du centre; là il se présente, sauf les irrégularités de détail, sous la forme d'un cercle; plus on s'éloigne de ce centre, plus le cercle qui termine les contours de la montagne annulaire est vu obliquement; tout près des bords, ce n'est plus qu'un mince anneau elliptique dont le grand axe est toujours dirigé parallèlement à la circonférence.

C'est principalement dans la partie australe de l'hémisphère lunaire que les aspérités cratériformes sont nombreuses : en certaines régions le sol en est véritablement criblé. Il est aisé de se rendre compte de cette structure en jetant un coup d'œil sur quelques-unes de nos gravures. Ailleurs, à l'intérieur des grandes taches sombres du disque, le sol est plus uni, les montagnes plus rares : ce sont de vastes plaines, et c'est sans doute autant à leur uniformité qu'à leur teinte sombre qu'elles doivent d'être prises pour des mers.

Je me borne à ces généralités sur les montagnes de la Lune. Toutefois il faut dire un mot encore au sujet de leurs dimensions. Ce qui intéresse tout d'abord dans une montagne, c'est sa hauteur. A-t-on quelque idée de l'élévation qu'atteignent les crêtes des cratères ou les pics qu'on voit émerger du fond de leurs enceintes? Oui; seulement j'ajouterai qu'on a mieux qu'une idée, mieux même qu'une évaluation approchée. On a pu déduire, de la longueur des ombres projetées par les sommets, des mesures précises de leur altitude, comptée tantôt au-dessus du niveau moyen du sol d'alentour, tantôt au-dessus du niveau du fond même de chaque cratère, quand ce fond est uni et plat. C'est par centaines qu'on a effectué de telles mesures. Deux astronomes, Beer et Mædler, à qui l'on doit une belle carte topographique de la Lune, ont déterminé, à eux seuls, l'altitude de 1100 points. Pour un assez grand nombre de ces points, l'altitude est considérable.

Il y a, par exemple, dans le voisinage du pôle austral, deux pics dont la hauteur atteint 7600 mètres. Quatre autres sommets ont plus de 6000 mètres. Au centre du cratère remarquable qui a reçu le nom de

Tycho, s'élève un piton dont la cime domine de 5000 mètres le fond du cratère; dans Ératosthène, un pic intérieur atteint 4800 mètres : toutes ces hauteurs sont supérieures à celle de notre Mont-Blanc. Au reste, 39 des points relevés par Beer et Mædler dépassent en altitude ce colosse de la chaîne des Alpes, et plusieurs dans le nombre rivalisent avec les sommets les plus élevés des Cordillères des Andes.

Toutes proportions gardées, le globe de la Lune étant de dimensions beaucoup moindres que celles du globe terrestre, ses montagnes sont relativement beaucoup plus hautes que nos montagnes. Le sol lunaire est donc extraordinairement accidenté : cela se voit du premier coup d'œil en jetant les yeux sur la figure qui représente le premier quartier vu dans une lunette. Ce que ne pouvait donner cet aspect, c'est la dimension réelle des reliefs du sol lunaire.

Leurs dimensions diamétrales sont peut-être plus étonnantes encore, et il est important de les avoir présentes à l'esprit, pour éviter de faire des comparaisons inexactes, provenant d'analogies fausses ou prématurées. Le nom même de *cratères* ou de *volcans*, qu'on emploie assez souvent pour désigner les montagnes de la Lune, tendrait à faire supposer que chaque cavité circulaire est un foyer éruptif semblable à nos volcans terrestres. Or l'échelle même sur laquelle, dans cette hypothèse, auraient dû se produire les phénomènes éruptifs lunaires, est si considérablement supérieure à celle de nos volcans, qu'une assimilation ne peut être admise sans de grandes réserves. Certains cirques ont jusqu'à 250 kilomètres de diamètre intérieur; il n'est pas rare d'en trouver qui mesurent plus de 20 lieues ou 80 kilomètres; c'est à ces grandes circonvallations qu'on réserve le nom de cirques. Mais, parmi les cavités moyennes qu'on nomme des cratères, on en trouve encore un grand nombre dont les dimensions vraiment énormes dépassent tout ce que, sur la Terre, nous connaissons en fait de cirques volcaniques. Mais aussi, quand on use de télescopes d'une plus forte puissance, on trouve, à côté des cratères en question, une multitude incroyable de petits orifices qui par leurs dimensions sont tout à fait comparables à nos volcans terrestres. Beaucoup n'ont guère plus de 1 à 2 kilomètres de diamètre; ils donnent l'idée des cratères, d'ailleurs bien plus petits, qu'on observe par centaines sur les flancs de l'Etna.

Ces premières données que fournit l'observation télescopique de la Lune étaient nécessaires pour qu'on pût pénétrer plus avant dans la structure du sol de notre satellite. Peut-être maintenant, en faisant appel à l'imagination, à ce genre d'imagination qui consiste à se représenter vivement mais exactement l'aspect d'un objet qui ne s'offre à nous qu'en perspective et à vol d'oiseau, parviendrons-nous à donner au lecteur l'illusion de ce que doit être un paysage lunaire. Essayons.

UN PAYSAGE SUR LA LUNE.

Nous allons nous aider pour cela des belles études télescopiques du sol lunaire et de sa topographie, qu'un labeur de trente années, une science et une persévérance rares, ont permis à un regretté astronome anglais, M. Nasmyth, de mener à bonne fin.

Supposons donc qu'un observateur se trouve transporté à la surface de la Lune, et soit doué de la faculté de respirer et de vivre là où l'air et la vapeur d'eau manquent également. Il est plein jour, c'est-à-dire notre observateur a abordé en l'une des régions éclairées du disque, sur laquelle dardent par conséquent les rayons du Soleil. Le premier phénomène qui le frappe est celui-ci :

Pendant que le Soleil verse sur tous les objets une lumière d'une intensité extrême, d'une crudité dont rien à la surface de la Terre n'a pu jamais lui donner l'idée, le ciel au contraire resplendit comme s'il faisait une nuit profonde par un temps d'une sérénité absolue. Les étoiles brillent d'un éclat extraordinaire, mais sont dépourvues de toute scintillation. L'écharpe nébuleuse de la Voie lactée fourmille de points lumineux sur un fond vaporeux, phosphorescent; les moindres de ses rameaux se détachent avec une remarquable netteté. Enfin, le nombre des étoiles visibles dans toutes les constellations en vue est incomparablement plus grand que sur la Terre : il semble à notre observateur que ses deux yeux sont au foyer d'un puissant télescope et que le champ de l'instrument, par une merveilleuse propriété, au lieu de se réduire en proportion de sa puissance, se soit augmenté au contraire jusqu'à embrasser tout le ciel.

Mais si la voûte céleste gagne en splendeur, en revanche elle perd un de ses charmes, cette douceur, cette transparence que lui donne la

UN PAYSAGE LUNAIRE.

teinte fondue et bleuâtre de l'atmosphère terrestre. Le fond du ciel est noir sur la Lune, noir en plein jour, ne l'oublions pas.

Quant au Soleil, c'est un globe étincelant dont il est tout à fait impossible de soutenir l'éclat, à moins de le regarder au travers d'un verre de couleur. Il n'a pas de rayons. En revanche, sur son contour, un mince anneau de couleur rose d'où jaillissent des flammes de même nuance entoure son disque et accuse la présence de la *chromosphère;* une couronne beaucoup plus étendue et moins lumineuse l'enveloppe à une assez grande distance. Ces détails, que les astronomes n'ont pu distinguer de la Terre que pendant la courte durée d'une éclipse totale, qu'ils ont réussi cependant à observer à l'aide des appareils de spectroscopie, se voient en tout temps sur la Lune. Il suffirait, pour en distinguer les particularités les plus minutieuses, de les examiner avec un instrument d'optique d'un grossissement convenable.

Voilà pour l'aspect du ciel, vu d'une région quelconque de la Lune, en plein jour. Pendant que nous sommes en train de le contempler, faisons quelques remarques qui ne manqueront pas d'être notées par notre observateur supposé. D'abord, un astre d'une dimension considérable se montrera immobile au milieu des étoiles sous la forme d'un disque en partie éclairé, en partie obscur, suivant l'époque ou mieux suivant l'heure du jour lunaire. Cet astre n'est autre chose que la Terre, semblable à une grosse Lune dans le ciel de la Lune, laissant voir aussi à sa surface des taches sombres et des taches lumineuses, très variables d'éclat et de forme; ces taches se meuvent d'ailleurs sur le disque, de façon à parcourir un de ses diamètres en douze heures. De la Lune, la Terre paraît plus grosse que la Lune vue de la Terre, trois fois et demie environ en diamètre, treize fois en superficie.

Les étoiles, dans leur ensemble, ont aussi un mouvement de rotation, de même que notre ciel semble tourner autour de la polaire. Mais le point fixe n'est plus le même sur la Lune et, de plus, la rotation est très lente; mettant à s'effectuer plus de vingt-sept de nos jours. Il en est de même du Soleil, qui, lui, effectue son mouvement de révolution en vingt-neuf jours et demi.

Il n'est pas sûr que notre explorateur ait fait toutes ces observations sur le ciel lunaire avant d'avoir jeté un coup d'œil sur le paysage proprement dit, sur le sol que nous supposons qu'il foule à ses pieds. Là, en effet, son étonnement ne serait pas moindre. Quelle prodigieuse différence d'aspect avec les paysages terrestres!

En premier lieu, contraste presque absolu entre la lumière et l'om-

LA TERRE DANS LE CIEL DE LA LUNE.

bre ; puis, absence de cette dégradation de teinte que nous nommons la perspective aérienne, et qui adoucit pour nous, sur la Terre, toutes les lumières trop vives, toutes les ombres trop noires. Sur la Lune, rien de pareil.

Que la lumière du Soleil vienne du zénith, de l'horizon ou de toute hauteur intermédiaire, tout objet qui la reçoit est également éclairé. Bien entendu, les ombres se raccourcissent ou s'allongent avec cette hauteur; c'est là tout le changement. La lumière est toujours d'une crudité extrême et l'ombre portée d'une intensité telle, que l'on n'y pourrait distinguer rien sans la réverbération; les seuls jeux de lumière sont produits par les réflexions successives des objets qui s'élèvent en relief sur le sol, et se servent ainsi mutuellement de réflecteurs. Aucune atmosphère gazeuse ou vaporeuse n'existant à la surface de notre satellite, l'œil doit avoir quelque peine à apprécier la distance relative des objets en vue. Les premiers plans n'ont pas plus de relief que les lointains, les sommets ne s'y perdent point en s'effaçant ou s'estompant dans les profondeurs des hautes régions, que ne voile aucun azur. Il y a là une cause de confusion optique à laquelle on ne pourrait échapper que par une longue éducation du sens de la vue, incessamment contrôlé par celui du toucher.

Là où les accidents du sol sont rares, comme dans les régions de plaines qu'on a baptisées des *mers*, cette confusion serait sans doute réduite à son minimum. Mais dans les pays de montagnes, par exemple dans le voisinage de Tycho, où les cratères se joignent, s'enchevêtrent, se superposent dans un pêle-mêle qui ressemble au chaos, comment se reconnaître au milieu de ces pics entassés, de ces formidables remparts qui s'élèvent devant soi, par côté, par derrière? Comment savoir si telle masse de roches appartient à ce cratère ou à cet autre, quand leurs reliefs sont aussi vigoureusement éclairés d'un côté, aussi sombres dans leurs parties privées de lumière. Imaginez un paysage où toutes les teintes, lumineuses ou non, auraient même intensité de tons, où les lointains seraient traités comme les premiers plans, où les objets seraient vus avec une netteté absolue ou égale, quelle que soit leur distance : cela donnerait assez l'idée de ce que doit être un paysage lunaire pour l'œil d'un observateur transporté subitement de la Terre sur notre satellite et non préparé à ce brusque changement d'aspect.

Autre différence, autre contraste. Sur la Terre, en général, on distingue trois parties bien tranchées dans la série d'objets qui composent un paysage, le ciel mis à part : ce sont les parties nues du sol, terres ou roches; la végétation; les eaux. Par leurs formes variées, par leurs couleurs, les plantes, les herbes, les arbres, séparés ou réunis en masse, sont l'exquise parure du sol; les eaux vives ou dormantes donnent le mouvement et la vie, ou rappellent la transparence du ciel. Sur la Lune, rien de semblable : des roches, des terrains dénudés, des blocs solides, quelque chose qui doit rappeler l'aspect de quelques-uns des déserts terrestres, ou encore la morne solitude des régions

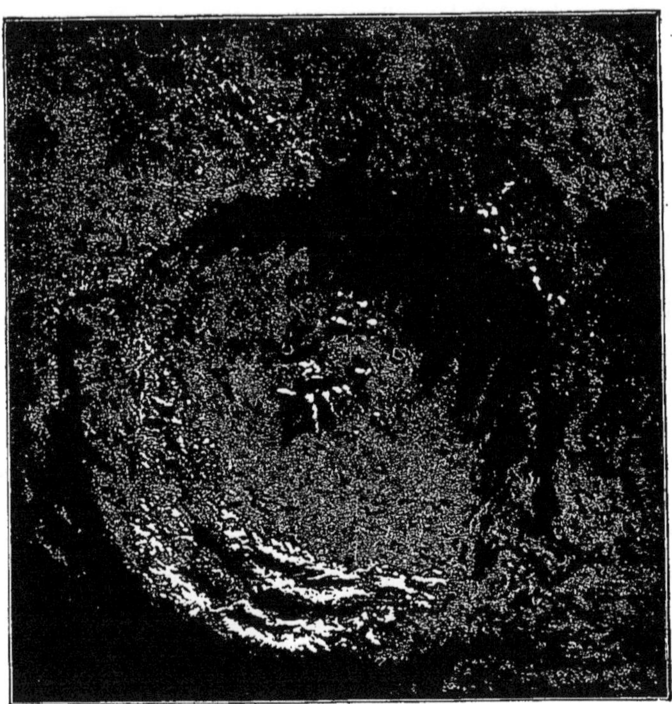

LE CIRQUE OU CRATÈRE DE COPERNIC.

polaires, quand leurs neiges et leurs glaces entassées ne reçoivent d'autre lumière que celle de la Lune.

Il faut dire cependant que probablement la couleur du sol et des roches lunaires varie d'une région à l'autre. Le gris bleuâtre, verdâtre des grandes plaines qu'on nomme des mers ne ressemble en rien au ton vif et lumineux des régions montagneuses, ni surtout à l'éclatante lumière, cristalline pourrait-on dire, dont resplendissent quelques cratères et qu'on voit encore à de longues distances autour de ces montagnes, divergeant en longs rubans dont la nature reste d'ailleurs mystérieuse.

Jusqu'ici notre explorateur ne s'est attaché qu'à l'aspect général, soit du ciel, soit de la surface du sol. Le moment est venu d'examiner avec lui le détail des formes, des masses de ces étranges aspérités qui, vues au télescope, font paraître le globe lunaire comme déchiqueté, percé de trous semblables à des ampoules crevées, puis affaissées sur leurs bases.

Voici deux cratères lunaires, Eudoxus et Aristote, qui ne sont pris ni parmi les plus vastes de ces cavités, ni parmi les plus petites. Ils sont situés dans l'hémisphère boréal de la Lune, à peu près à égale distance de l'équateur et du pôle, environ vers les 45e et 50e parallèles. La région où ils s'élèvent, bien que très nettement montagneuse (les monts Caucase viennent se souder pour ainsi dire à leur flanc oriental), est néanmoins assez voisine de trois grandes plaines, la *Mer de la Sérénité* au sud, la *Mer des Pluies* au sud-est, la *Mer du Froid* qui les touche au nord, et dont le nom est dû sans doute à sa proximité du pôle boréal.

Avant tout, faisons-nous une idée de l'horizon qu'embrassent les deux cratères, en y joignant tout l'espace occupé par la figure où ils sont représentés. Cet espace rectangulaire mesure 220 kilomètres en longueur (du nord au sud), 180 kilomètres en largeur (de l'est à l'ouest), ou environ 40 000 kilomètres carrés, presque le douzième de la superficie de notre France mutilée.

Aristote, le plus boréal des deux cratères, est aussi le plus grand des deux. Le diamètre de son enceinte, de sommet à sommet, ne mesure pas moins de 75 kilomètres; mais son fond plat n'en a plus que 50, 12 à 15 kilomètres étant occupés de chaque côté par les flancs plus ou moins escarpés de l'épaisseur interne des remparts du cratère. Beer et Mædler ont mesuré la hauteur verticale d'un point de la partie occidentale de l'enceinte : ils ont trouvé 1672 toises, soit 3260 mètres. Au nord et au sud, les montagnes circulaires qui limitent le cratère paraissent s'abaisser et s'ouvrir, comme si une déchirure violente eût rompu leurs parois.

Eudoxus est plus petit. Son diamètre intérieur n'est guère que de 64 kilomètres, réduits à 30 lorsqu'on mesure la plaine comprise entre les pieds intérieurs des montagnes qui forment l'enceinte. Deux sommets s'élèvent sur la partie ouest à des hauteurs de 1125 et

1535 toises; c'est encore de 2200 à 3000 mètres d'élévation; cette dernière hauteur atteint presque celle de l'Etna. N'oublions pas que les deux cratères Aristote et Eudoxe sont au nombre des cratères lunaires de moyennes dimensions; il en est un grand nombre d'autres qui les dépassent soit en diamètre, soit en hauteur.

Figurons-nous un touriste ayant réussi à escalader les flancs raboteux et tourmentés d'Aristote, parvenu à se hisser au sommet le plus élevé de ses remparts. Devant lui se déroule l'immense panorama d'un

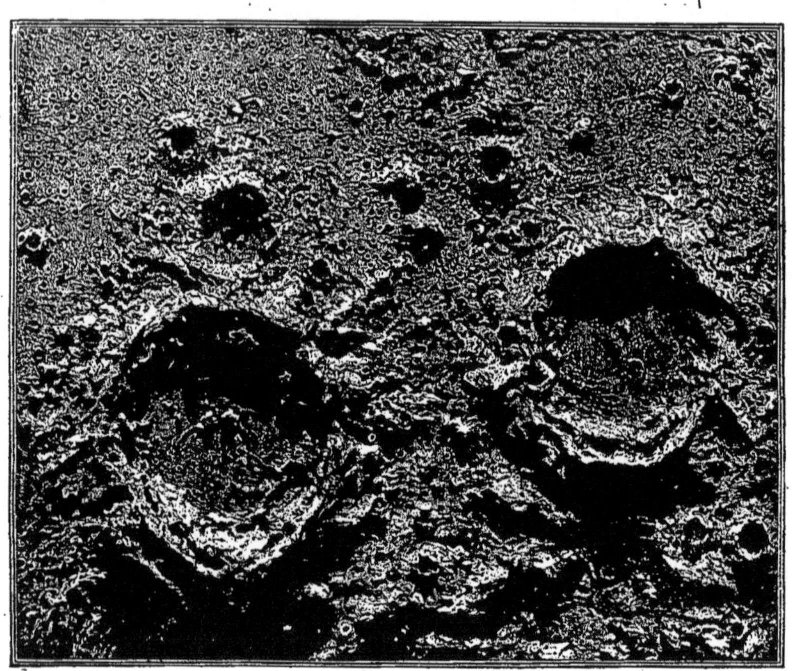

DEUX CRATÈRES LUNAIRES : EUDOXUS ET ARISTOTE.

cirque de 15 à 20 lieues d'étendue, enfermé par de gigantesques murailles de roches s'éloignant à droite et à gauche du spectateur, diminuant de hauteur à mesure que la distance croît, pour se rejoindre enfin à l'horizon oriental. C'est à peine si, dans cet entassement de pics, de contreforts, de roches de toutes dimensions et de toutes formes, la forme circulaire de la circonvallation peut être soupçonnée. Au centre de la vaste plaine s'élèvent plusieurs montagnes isolées, de forme conique ou pyramidale, sans lien apparent avec les hauteurs de l'enceinte. Le fond sur lequel se dressent ces pics est uni et nivelé, et contraste de la façon la plus singulière avec le sol des régions environnantes.

Si l'on porte en effet ses regards non plus vers le centre du gigantesque cratère, mais sur les bords extérieurs de ses remparts, et si l'on étend cet examen à toute la périphérie d'Aristote, on n'a pour ainsi dire devant les yeux que l'image du chaos. C'est un prodigieux entassement de masses rocheuses, ayant tout l'aspect des scories et déjections qu'une immense éruption volcanique aurait projetées au dehors

ASPECT DE LA CHAÎNE DES DÔMES EN AUVERGNE.

du cratère. On distingue ici de vastes et puissants contreforts qui semblent soutenir, en arcs-boutants, l'édifice de l'enceinte circulaire; là, des ruisseaux de matière divergeant du centre et semblables à des coulées de lave. Tout au pied de cette enceinte, on aperçoit sur le bord occidental du grand cratère un autre cratère notablement plus petit, bien qu'il mesure encore 20 kilomètres de diamètre intérieur.

D'autres cratères d'une certaine importance se voient encore à peu de distance d'Aristote et d'Eudoxus. Sur le rempart nord de ce dernier, deux de ces cavités s'ouvrent, l'une en dedans, l'autre au dehors de l'enceinte, là où cette enceinte a été manifestement ruinée soit par des éruptions, soit par des écroulements. Un autre termine un prolongement du rempart sud, et là aussi l'enceinte est ouverte par une large brèche se dirigeant obliquement vers le sud-est, entre deux contreforts parallèles séparés par 20 kilomètres au moins d'intervalle.

Quand, de l'un ou de l'autre des grands cratères que nous venons d'explorer, on se dirige vers l'ouest, on rencontre des régions beaucoup moins accidentées que celle qui les sépare et aussi que les régions de l'est et du sud-est; en revanche, le sol relativement uni

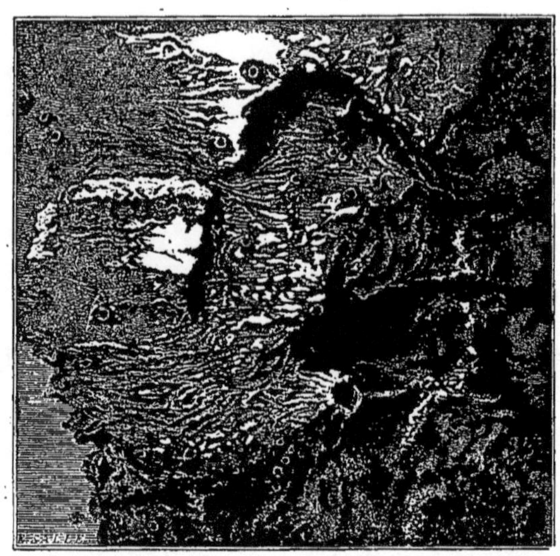

TOPOGRAPHIE DU PIC DE TÉNÉRIFE.

de la contrée lunaire dont nous parlons est littéralement criblé de cratères très petits. Malgré cette petitesse toute relative, ces cavités feraient encore bonne figure auprès des cônes volcaniques terrestres, la moyenne de leurs dimensions étant encore de 1 à 2 kilomètres.

En général, les cratères lunaires diffèrent des cratères de nos volcans terrestres par deux caractères, dont l'un surtout est très tranché : en premier lieu, par les dimensions extraordinaires de leurs enceintes; en second lieu, par cette structure toute spéciale qui fait que les remparts qui les bordent sont beaucoup plus élevés au-dessus du sol de la cavité qu'au-dessus du niveau du sol extérieur. Soit qu'on les compare au point de vue topographique, soit qu'on mette en regard la physionomie du relief extérieur, on ne peut manquer d'être frappé de leurs différences, après l'avoir été de leurs analogies.

PAYSAGES LUNAIRES. — LES CHAÎNES DE MONTAGNES. LES RAINURES.

Pour achever de donner une idée des paysages que la surface de notre satellite offrirait aux curieux qui découvriraient un moyen de

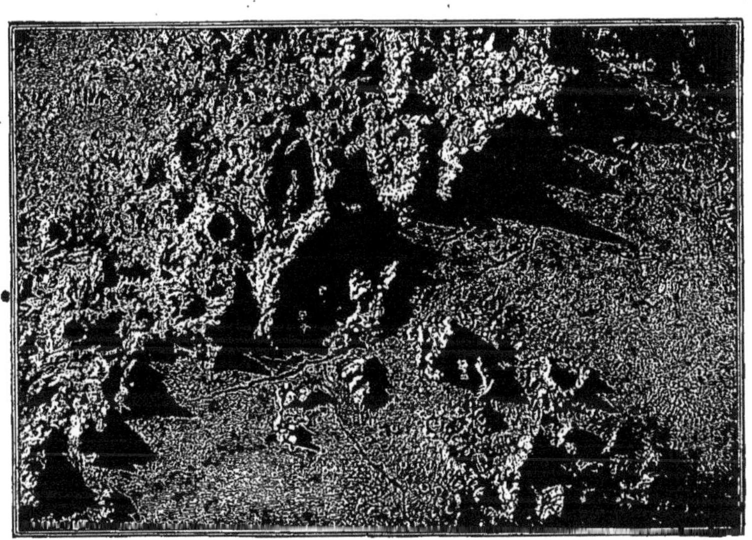

TOPOGRAPHIE DE LA LUNE : LA CHAÎNE DES APENNINS.

s'y transporter et aussi d'y séjourner, d'y vivre, je vais les conduire en un point qui n'est pas très éloigné de la contrée que nous venons de visiter. C'est dans une des rares régions où les montagnes lunaires affectent une direction à peu près rectiligne. Presque partout ailleurs, ces montagnes sont circulaires, en forme de cirques, de coupes, de cratères, invariablement constituées par une vallée intérieure très profonde, que bordent des montagnes escarpées dont l'altitude est le plus souvent moindre à l'extérieur qu'à l'intérieur. Ici les sommets se suivent de manière à former par leur ensemble une chaîne analogue à nos chaînes de montagnes terrestres. Le fragment que représente la figure ci-dessus reproduit l'ensemble de la *chaîne des Apennins*, sur le bord sud-ouest de l'immense plaine connue sous le nom de *Mare Imbrium*, ou de *Mer des Pluies*. La longueur de ce groupe, comptée de son extrémité nord-ouest à son extrémité sud-est, n'est pas moindre de 720 kilomètres.

Rien du reste ne ressemble moins à nos chaînes de montagnes terrestres que cette accumulation de pics abrupts venant tous se terminer brusquement aux bords d'une plaine unie comme une mer. Tandis que, de ce côté, la hauteur de ces pics est énorme, puisque quelques-uns s'élèvent jusqu'à 5500 et 6000 mètres, de l'autre la chaîne s'abaisse progressivement et se termine par de faibles collines dépassant à peine le niveau de la plaine qui limite les Apennins au sud-ouest. L'étendue en largeur de la chaîne varie ainsi de 100 à 175 kilomètres environ.

Nasmyth dit avec raison que rien ne doit être plus grandiose que le spectacle offert par ces pics gigantesques vers l'époque du premier quartier, qui correspond au lever du Soleil pour cette région de la Lune. Du côté de l'orient, le long versant des Apennins dont nous venons de parler est en pleine lumière; à l'occident, la Mer des Pluies est encore plongée dans l'ombre; peu à peu les rayons solaires se font jour à travers les intervalles des hauts sommets, et vont au loin illuminer le sol uni de la plaine. Puis les ombres, d'abord infiniment allongées des pics, se raccourcissent, quelques rares cratères (entre autres Archimède) émergent des ténèbres. On voit sur notre figure les remparts de ce beau cirque déjà faiblement éclairés, pendant que son intérieur et ses alentours sont encore plongés dans la nuit. Les ombres de deux des sommets de la chaîne s'étendent dans la plaine jusqu'à des distances de 48 à 50 kilomètres.

C'est là qu'on peut observer, dans toute sa netteté, le contraste dont j'ai déjà dit quelques mots, qui existe entre les régions montagneuses de la Lune et le sol de ses grandes plaines : là en effet ces deux modes de structure de la surface lunaire se trouvent en contact immédiat. D'un côté, une structure tourmentée, déchirée, bouleversée, percée de nombreux cirques et cratères, et sillonnée dans tous les sens de collines généralement courtes. S'il ne s'agissait de phénomènes aussi considérables, se reproduisant partout sur une aussi vaste échelle, on pourrait dire que le sol montagneux de la Lune est formé d'amas de scories, pareilles à du mâchefer. Un de ses caractères est de réfléchir vivement la lumière. Au contraire, les plaines sont unies, bien qu'on y voie parfois quelques cratères isolés, quelques débris de cirques ruinés, ébréchés. Elles réfléchissent peu de lumière, et c'est pourquoi l'on prit d'abord pour des mers les plaines lunaires formant les taches sombres du disque. Il est à remarquer que ce fond sombre, uniforme, plat ou ne présentant d'autre courbure que celle même de la Lune, se retrouve à l'intérieur d'un grand nombre de cratères : nous l'avons reconnu dans Aristote et Eudoxus; nous l'eussions trouvé dans beaucoup d'autres. Cette remarque offre d'autant plus d'intérêt, qu'en y

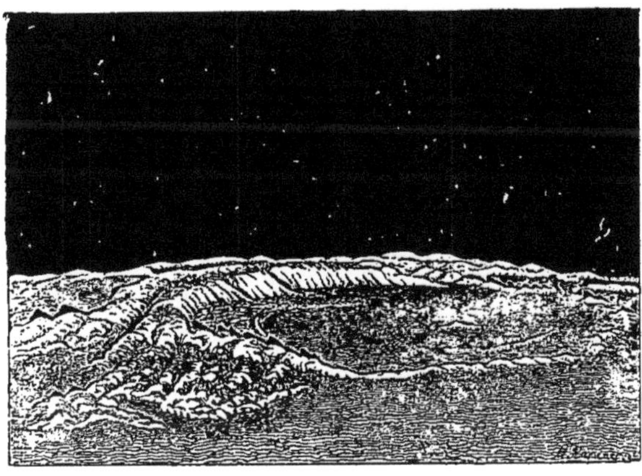

CRATÈRE ÉBRÉCHÉ ENSEVELI, SUR LES RIVES DE L'OCÉAN DES TEMPÊTES.

regardant bien on reconnaît sans aucun doute la même forme circulaire dans les mers lunaires que dans les cirques, qui eux-mêmes ne diffèrent des cratères plus petits que par leurs dimensions. On dirait qu'après la formation de ces cavités annulaires par voie d'éruption ou encore par un affaissement d'une matière semi-liquide, semi-pâteuse, soulevée en forme d'ampoule, puis crevée, une autre matière plus liquide s'est épanchée de façon à combler le fond des cavités. Cependant, comme le niveau du fond des cratères lunaires est généralement plus bas que celui du sol extérieur, il serait peut-être plus juste de considérer ces fonds uniformément horizontaux comme indiquant le retrait de la matière liquéfiée qu'on peut supposer former le noyau intérieur de notre satellite. J'effleure seulement ici ces questions encore bien obscures de l'origine des objets que présente en si grande abondance le sol de la Lune.

Il est vraiment curieux de constater avec quelle netteté, quelle précision se présente à nos yeux la topographie lunaire, grâce à la proximité de l'astre et à la bonté de nos instruments, et, d'autre part, d'être obligé de reconnaître le peu qu'on sait sur les causes des phénomènes.

Quoi de plus mystérieux, par exemple, que ces étroits sillons qui, dans certaines régions, se montrent le plus souvent sur le sol uni des plaines, qui parfois cependant s'observent à l'intérieur même des cirques et, plus rarement, traversent les parois de leurs remparts? A l'époque de la Pleine Lune, ils paraissent comme des lignes blanchâtres, et alors exigent une attention soutenue et de forts grossissements pour être distingués. Pendant les phases, ce sont au contraire des traits noirs tranchant sur le fond plus ou moins lumineux du disque. C'est vers le centre qu'on les distingue le mieux; leur forme est généralement rectiligne; on en voit néanmoins de sinueux, et souvent ils se coupent ou s'entre-croisent comme les traits qui sur les cartes géographiques marquent les routes et les canaux.

On peut voir une de ces rainures à l'est du cratère Eudoxus. Elle part du bord extérieur d'un petit cratère, se dirige vers le nord, sensiblement en ligne droite, passe à l'est de deux autres cratères juxtaposés, puis va se perdre en décrivant plusieurs sinuosités entre deux collines assez abruptes, qui s'élèvent à 40 kilomètres environ du bord nord-est du cratère Aristote. C'est là un exemple d'une rainure traversant une région accidentée et montagneuse.

En voici une autre dont le parcours est tout entier sur le sol uni d'une plaine lunaire. C'est celle qui suit à peu près parallèlement l'arête abrupte des Apennins, au nord-est de cette chaîne. Sur le tiers environ de sa longueur elle se bifurque, envoie une de ses branches se perdre un peu avant d'arriver à un groupe de montagnes isolées qui se dressent sur la plaine, en face des pics des Apennins, tandis que la branche principale, qui jusque-là était à 15 ou 20 kilomètres du pied de ces mêmes pics, se rapproche d'un de leurs contreforts. Un peu avant l'extrémité de ce sillon, on en voit un autre commencer à peu de distance du premier, avec une direction à angle droit sur celle de la rainure précédente. Après un parcours d'environ 150 kilomètres, il pénètre dans l'enceinte même du grand cratère Archimède, qui s'élève au sein de la Mer des Pluies.

Il n'est pas douteux que ces sillons, ces *rainures*, comme on les appelle, dont la largeur ne varie guère tout le long de leur cours, sont des sortes de canaux, des fentes ou des crevasses du sol. Ce qui le prouve, c'est le changement d'aspect qu'elles présentent selon leur mode d'éclairement par le Soleil. A l'époque de la Pleine Lune, les rayons solaires en illuminent le fond, qui paraît blanchâtre, et les parois ne projettent d'ombre d'aucun côté ; du moins il en est ainsi pour les rainures les plus voisines du centre du disque. Alors, comme on l'a vu plus haut, les sillons semblent des lignes blanchâtres. Au contraire, pendant les phases, l'obliquité de la lumière détermine une ombre projetée par celle des parois qui ne reçoit pas les rayons solaires, et la rainure se voit comme une ligne noire sur le disque. D'ailleurs, dans aucun cas, rien n'indique une saillie extérieure, l'existence de talus ou de remparts. Ce sont donc de simples fentes au niveau du sol, ou des accidents du sol, qu'elles traversent.

Maintenant, que sont ces rainures?

L'astronome qui, au siècle dernier, les a découvertes, Schrœter, croyait la Lune habitée. Dans ses ouvrages, il parle à chaque instant des arts, de l'industrie, de la culture des habitants de la Lune, des Sélénites. Il soupçonnait même l'existence d'une ville au nord de Marius, un cratère situé à peu de distance du bord oriental de la Lune, dans l'hémisphère nord. Aussi sa première idée à la vue de ces sillons rectilignes, de ces fentes quasi régulières, fut qu'on se trouvait là en présence de canaux creusés artificiellement par les Sélénites, pour favoriser le transport des denrées, en un mot pour faciliter le commerce.

Depuis, on est bien revenu de ces hypothèses fantaisistes. J'ai dit plus haut pourquoi. Mais avant qu'on eût acquis des preuves de l'improbabilité de l'existence d'êtres vivants sur la Lune, on pouvait, par de simples calculs, se convaincre de ce fait que les rainures ne peuvent être des produits artificiels. Ces fentes semblent étroites; or la plupart ont une largeur de 1 ou 2 kilomètres, une profondeur de 4 à 500 mètres. On vient d'en voir une au pied de la chaîne des Apennins, qui, sans compter son embranchement, mesure 300 kilomètres de longueur.

Comment imaginer que les prétendus habitants de la Lune soient parvenus à creuser de tels canaux, auprès desquels les canaux de Suez et de Panama ne seraient que des fossés d'enfants? Et puis, que

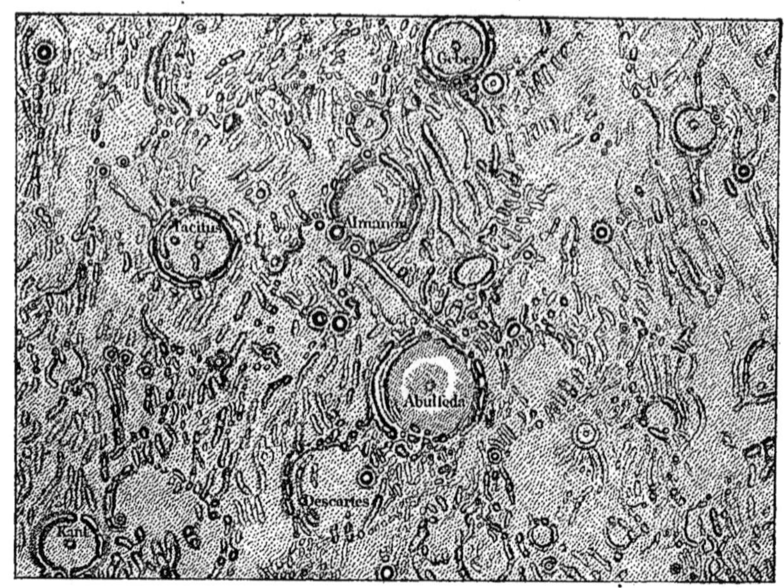

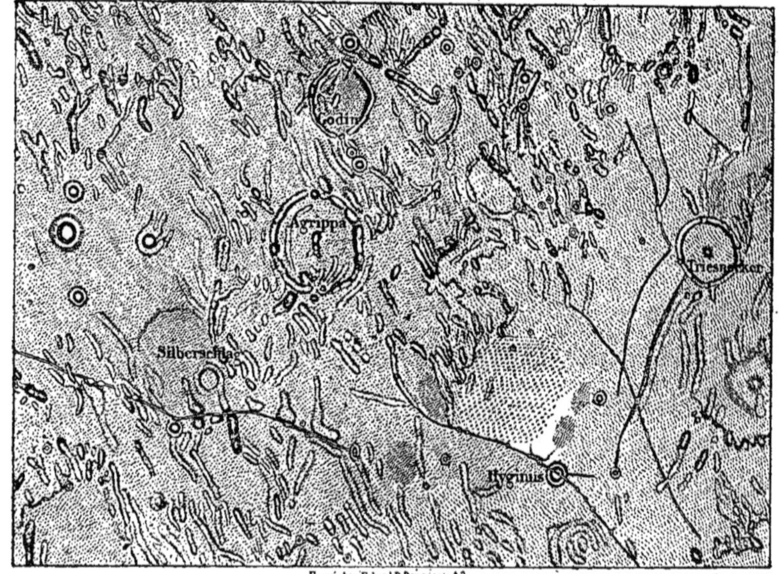

Gravé chez Erhard, R. Bonaparte 42.

TOPOGRAPHIE DE LA LUNE : LES RAINURES.

seraient devenus les matériaux de ces gigantesques tranchées? Où sont les déblais qui en proviennent?

Il est probable que si Schrœter se fût posé la question en ces termes, s'il eût réfléchi aux difficultés, disons mieux, aux impossibilités de son hypothèse, il se fût abstenu de la produire.

On a dit, avec plus de vraisemblance, que les rainures sont peut-être les anciens lits de rivières, de fleuves desséchés. On peut supposer en effet que, si aujourd'hui l'eau n'existe plus à la surface de la Lune, il a pu en être autrement jadis, à une époque indéterminée. La difficulté est de concevoir des courants fluviaux d'une violence capable de creuser des lits aussi profonds, aussi encaissés entre des berges verticales. Une objection plus difficile à réfuter est de concevoir que de tels courants aient pu se frayer un chemin sur le flanc de montagnes abruptes, en gravir les sommets, comme on voit certaines rainures traverser successivement les enceintes de plusieurs cratères échelonnés sur leur parcours.

Existe-t-il, sur notre planète, des accidents qui rappellent par leurs formes et leurs dimensions les rainures de la Lune? Il y a peu d'années, on ne pouvait guère citer comme ayant avec elles une certaine analogie que les fentes ou crevasses produites soit par des éruptions volcaniques, soit surtout par des tremblements de terre. En 1783, le sol de la Calabre a été disloqué par les secousses répétées de cette année si funeste aux populations du midi de la péninsule italique. Plus récemment, des accidents semblables ont eu lieu en Espagne, dans la province d'Andalousie, accidents déterminés pareillement par des secousses séismiques. Toutes proportions gardées, les crevasses terrestres étant infiniment moindres que les crevasses de la Lune, la ressemblance n'est pas douteuse.

Pour trouver des objets qui rappellent les rainures lunaires par leurs dimensions, il faut se transporter sur le continent américain, dans les cañons du Colorado. On nomme ainsi une suite de vallées profondes à parois verticales, au fond desquelles la rivière Colorado roule ses eaux et charrie le limon rougeâtre qui lui a donné son nom. Il ne faut pas perdre de vue que la région qui renferme ces étonnantes crevasses offre un caractère éminemment volcanique; non loin de là existe un volcan, le mont Trumbull, et des coulées de laves encore récentes contrastent par leur teinte noire avec l'éclat resplendissant des crevasses éclairées par le soleil. La forme étrange des masses dans lesquelles sont creusées ces rainures de la Terre, de ces murailles aux assises entassées les unes sur les autres, a justement provoqué l'admi-

LES CAÑONS DE COLORADO.

ration enthousiaste d'un de leurs derniers visiteurs, M. Albert Tissandier. Pour nous, ces paysages américains nous ont sur-le-champ fait songer aux paysages lunaires, et surtout aux rainures décrites plus haut. Mais il est fort possible que le mode de formation de ces accidents n'ait pas été le même sur la Terre et sur son satellite.

V

MARS — GÉOGRAPHIE ET MÉTÉOROLOGIE

LES JOURS ET LES NUITS, L'ANNÉE ET LES SAISONS SUR MARS.

Sur huit planètes qui, par leur grosseur, font quelque figure dans le cortège du Soleil — je laisse de côté comme insignifiants les deux ou trois centaines d'astres minuscules que les astronomes ont dédaigneusement baptisés du nom d'*astéroïdes* — quatre, les plus éloignées du foyer, sont de beaucoup les plus volumineuses. Ce sont Jupiter, puis Saturne, Uranus et enfin Neptune. A elles seules elles n'ont pas moins de dix-sept satellites, sans compter le système annulaire dont Saturne est si merveilleusement entouré. En admettant les idées cosmogoniques de Laplace, modifiées mais non abandonnées par les savants contemporains, ces quatre systèmes secondaires sont les premiers-nés, les premiers astres détachés de la nébuleuse primitive, dont le Soleil est le noyau et le foyer.

Les quatre moyennes planètes, plus jeunes, plus rapprochées de ce foyer et bien moins grosses que les premières, puisque leurs volumes réunis ne formeraient pas tout à fait la millième partie de celui des quatre grosses planètes, comprennent, outre Mercure, Vénus et la Terre, le globe de Mars, dont l'orbite enveloppe celles de ses trois compagnes.

Il est à remarquer que ces deux groupes d'astres, égaux en nombre, mais si dissemblables à tous égards, sont séparés précisément par cette multitude de petits corps qui circulent comme un anneau entre Mars et Jupiter, et dont on ne cesse de découvrir de nouveaux, au grand désespoir des observateurs chargés de calculer leurs orbites et leurs éphémérides.

On devrait donc s'attendre, si jamais on parvenait à connaître Mercure, Vénus et Mars, à trouver à ces astres une certaine analogie de constitution physique avec la Terre. Malheureusement, il y a peu d'espoir qu'on découvre jamais grand'chose sur les deux premières. Mercure est presque toujours plongé dans le rayonnement solaire; quand son mouvement l'amène périodiquement en vue, tantôt à l'orient, tantôt au couchant, la lumière de son croissant est si vive, qu'on ne peut rien distinguer sur son disque; quelques inégalités, laborieusement observées, ont donné à penser qu'il y a de hautes montagnes à sa surface, et surtout ont permis de constater et de mesurer la durée de sa rotation, qui est presque la même que celle de notre Terre (24 heures 50 secondes, au lieu de 23 heures 56 minutes 4 secondes). L'analogie sur ce point est parfaite. On n'a pas beaucoup plus de données sur Vénus : elle tourne sur son axe un peu plus lentement que la Terre (23 heures 21 minutes 22 secondes). Mais, bien qu'elle s'éloigne notablement plus que Mercure des rayons solaires, la surface de son disque, aux différentes phases, n'a pas laissé distinguer d'accidents permanents bien caractéristiques, propres à indiquer, par exemple, quelle est la distribution des terres et des eaux sur le globe de Vénus. Ou, pour mieux dire, si des taches de ce genre ont été vues, c'est à de rares intervalles et sans qu'on puisse identifier avec certitude les observations des divers astronomes qui les ont reconnues.

Il faut donc prendre pour ce qu'ils valent les romans astronomiques qui font de Mercure ou de Vénus le théâtre de leurs aventures ou de leurs descriptions : ce sont œuvres d'imagination dont l'esprit de l'auteur fait d'ordinaire tous les frais, ce qui ne veut pas dire qu'elles ne soient à l'occasion d'une lecture fort attrayante.

Nous sommes mieux favorisés en ce qui concerne Mars.

Cela tient à plusieurs raisons, dont la plus importante est celle-ci : Mars se meut autour du Soleil dans une orbite qui enveloppe l'orbite où notre globe se meut lui-même. Quand la planète se trouve en ligne droite (approximativement bien entendu) avec le Soleil et la Terre, et du même côté du Soleil que nous, nous n'en sommes plus éloignés que de la différence des distances respectives au foyer commun. On dit alors que Mars est en *opposition*. Or cette différence est relativement faible et elle peut descendre, en certaines occasions, à la bagatelle de 14 millions de lieues. 56 millions de kilomètres au plus! C'est à peine cent cinquante fois la distance de la Lune.

Vénus, il est vrai, est parfois à 10 millions de lieues seulement de la Terre. Le malheur est qu'alors elle passe devant le Soleil et nous tourne sa face obscure, qui ne devient visible que si le passage se fait juste sur le disque solaire (deux fois par siècle environ) : nous voyons alors une tache noire et ronde traverser lentement le disque lumineux.

Mars, au contraire, à son opposition, reçoit en plein et nous renvoie la lumière du Soleil, circonstance tout à fait favorable à l'examen télescopique de sa surface.

Pour ces deux raisons, faible distance et illumination parfaite, la surface de Mars est périodiquement accessible aux observations télescopiques. Joignez-y cette circonstance que, grâce aux mouvements respectifs de Mars et de la Terre, la situation favorable se prolonge, à chaque opposition, pendant plusieurs mois, et vous comprendrez pourquoi la surface de Mars nous est beaucoup mieux connue que celle de nos deux autres compagnons de voyage, Mercure et Vénus.

Ne nous faisons pas d'illusion toutefois. Il n'en est pas ici comme de la Lune, où les moindres reliefs du sol se détachent avec tant de netteté par l'opposition de la lumière et des ombres, où l'absence d'atmosphère vaporeuse, de nuages, laisse à découvert les moindres accidents du sol. En tant que planète, Mars en opposition est très voisin de la Terre; mais qu'est-ce en comparaison de notre satellite, que soixante rayons terrestres seulement séparent de nous? Pour que Mars fût, sous ce rapport, aussi favorisé que la Lune, il faudrait pouvoir lui appliquer un pouvoir optique cent cinquante fois aussi fort; avec les moyens actuellement connus, cela est tout à fait chimérique. La grosse difficulté, on l'a déjà vu, n'est pas d'adapter au télescope un oculaire d'un grand pouvoir amplificatif; mais il faut que l'objectif ait un diamètre proportionné, afin qu'il rassemble sur l'image focale une quantité de lumière suffisante ; de plus, pour que l'image de l'astre observé soit nette et fidèle, il est de toute nécessité que la surface de l'objectif soit travaillée avec perfection. Il faut enfin et surtout que la pureté du ciel et l'homogénéité de l'atmosphère soient aussi grandes que possible. Si à toutes ces conditions réunies vous associez un observateur expérimenté, jouissant d'une vue excellente, vous aurez tout ce qu'il faut pour tirer de l'observation de Mars, dans une de ses oppositions, tout le parti possible. Nul plus et mieux que l'astronome italien Schiaparelli n'est encore arrivé à réaliser ces conditions difficiles. On verra tout à l'heure à quel résultat il est parvenu. Avant de décrire, d'après lui, les taches permanentes ou la configuration de Mars, voyons en quoi la planète ressemble à notre globe, en quoi elle en diffère, en ne faisant entrer dans cette comparaison que les seuls éléments astronomiques.

Mars est environ une fois et demie aussi éloigné du Soleil que la Terre. Son année dure environ 687 de nos jours. Mais, comme elle met un peu plus de 24 heures (24 heures 37 minutes 25 secondes) à tourner sur son axe, le jour est aussi sur Mars un peu plus long que sur la Terre, de sorte que l'année y compte seulement 668 jours et deux tiers. Il est à remarquer que les quatre planètes moyennes ont un jour d'à peu près égale durée, un peu plus ou un peu moins de 24 heures, tandis que les années sidérales, qui dépendent des dimensions des orbites et des vitesses planétaires, vont croissant de 88 jours pour Mercure à 687 jours pour Mars, à peu près dans le rapport de 1 à 8.

Les saisons astronomiques sur Mars sont plus inégales que sur la Terre. Dans l'hémisphère nord, c'est le printemps et l'été qui ont la plus longue durée, pour les mêmes raisons que chez nous, c'est-à-dire à cause de la forme elliptique de l'orbite et de la position qu'occupent sur cette orbite les points équinoxiaux. En voici du reste les durées, comptées en jours moyens de Mars :

Printemps.	191	jours moyens.
Été.	181	—
Automne.	149	—
Hiver.	147	—

La durée des saisons estivales, on le voit par ce tableau, dépasse de 76 jours celle des saisons hivernales. Sur la Terre, cette différence s'élève seulement à 7 ou 8 jours au plus.

Pour achever de donner une idée de la succession des jours et des nuits de Mars, il faut connaître l'inclinaison de son axe sur son orbite, laquelle est de 63 degrés environ. C'est, à 3 degrés près, celle de l'axe terrestre. Avec cela, on peut calculer, pour chaque zone, équatoriale, tempérée et polaire, les jours et les nuits sur les deux hémisphères de

Mars. Est-il possible de tirer de ces données quelques conclusions sur les climats, sur la météorologie de la planète? Oui sans doute; mais qui ne voit que ce ne sont là que de vagues généralités, et que d'autres influences peuvent modifier du tout au tout ces conclusions? C'est l'atmosphère, son épaisseur, sa constitution physique et chimique, sa transparence ou son opacité; c'est la nature du sol, sa distribution en terres et en eaux, qu'il faudrait connaître, pour se faire une idée approchée des phénomènes qui donnent à Mars sa réelle et vivante physionomie. Sans doute il est bon de savoir que ces phénomènes s'y renouvellent périodiquement, d'abord toutes les 24 heures et demie, durée de la rotation et du jour de Mars, puis tous les 668 jours, formant son

MARS ET LA TERRE; DIMENSIONS COMPARÉES.

année solaire ou tropique; il est utile de se rendre compte de l'intensité relative des radiations solaires, lesquelles, en atteignant Mars, ne dépassent guère les quatre dixièmes de celles que reçoit la Terre. Comment ces radiations agissent-elles au moment où elles pénètrent dans l'atmosphère de Mars? dans quelle proportion y sont-elles absorbées quand elles parviennent au sol même? Toutes questions dont nous connaissons l'importance, en voyant sur la Terre l'influence énorme de ces divers éléments sur la météorologie générale aussi bien que sur la météorologie locale, mais qu'il n'est pas encore possible d'aborder, parce que les données manquent ou sont insuffisantes.

LES SATELLITES DE MARS.

Il y a quelques années à peine, Mars passait pour une planète dépourvue de satellites. On en connaît deux aujourd'hui, dont je vais dire quelques mots. Avant leur découverte, en août 1877, par l'astronome américain Asaph Hall, il avait été question déjà des deux satellites de Mars; mais ce n'était qu'une pure hypothèse, une boutade de Voltaire. Dans son conte de *Micromégas*, deux voyageurs, dont l'un arrivait de Sirius, tandis que l'autre était un habitant de Saturne, sont en train de parcourir le système solaire, où les a conduits en passant une certaine comète. « En sortant de Jupiter, ils traversèrent un espace d'environ cent millions de lieues, et ils côtoyèrent la planète de Mars, qui, comme on sait, est cinq fois plus petite que notre petit globe; ils *virent deux lunes* qui servent à cette planète et qui ont échappé aux regards de nos astronomes. Je sais bien que le P. Castel écrira, et même assez plaisamment, contre l'existence de ces deux lunes, mais je m'en rapporte à ceux qui raisonnent par analogie. Ces bons philosophes-là savent combien il serait difficile que Mars, qui est si loin du Soleil, se passât à moins de deux lunes. »

Le fait est que depuis l'invention des lunettes, c'est-à-dire depuis plus de deux siècles et demi, aucun astronome ne se douta que Mars fût accompagné de deux satellites. Il fallut la puissante lunette de Washington pour apercevoir enfin ces astres qui restent toujours très rapprochés du globe autour duquel ils circulent, puisque l'un ne s'éloigne pas à plus de 2,8 demi-diamètres de Mars, et l'autre à plus de 6,9. L'inventeur les a baptisés des noms de Phobos et de Deimos (la *Terreur* et la *Crainte*), qui sont les compagnons habituels du dieu de la guerre. Les distances que je viens de transcrire sont comptées du centre de Mars, de sorte qu'il faut encore en retrancher l'unité pour avoir les distances au point de la surface le plus voisin. Enfin, le rayon de Mars mesurant 856 lieues, les deux petits corps se trouvent, en moyenne, le plus voisin à 2400 lieues, le plus éloigné à 5900 lieues au maximum du centre de leur planète (1540 et 5050 lieues de sa surface).

Il est clair qu'à d'aussi faibles distances, pour peu que les habitants de Mars et ceux de leurs deux lunes soient munis de télescopes, ils peuvent se faire réciproquement des signaux et correspondre régulièrement entre eux. Un grossissement de 100 diamètres les mettrait encore à 24 et à 60 lieues de distance optique; mais décuplez, ainsi que nous autres Terriens le ferions aisément, et supposez un grossissement de 1000, de 1200, et c'est à 2 lieues, à 5 lieues au plus, que les observateurs peuvent se voir et s'envoyer des signaux. Mais s'entendent-ils? Ont-ils une intelligence apte à l'invention d'un langage commun, langage optique et de convention, bien entendu? Voilà des questions auxquelles nous ne pourrons probablement jamais répondre, mais qu'on peut poser sans sortir du domaine de la vraisemblance.

Les nuits de Mars ont sans doute une grande analogie d'aspect avec les nuits terrestres. L'existence d'une atmosphère, et même d'une atmosphère fortement chargée de vapeur d'eau, paraît prouvée; néanmoins le ciel y est souvent serein, puisque les taches permanentes se voient fréquemment à la surface, ainsi qu'on va le voir, sans déformation bien sensible ni bien durable. Ce qui doit donner une grande variété à l'aspect du ciel de Mars, ce sont ses deux lunes, avec leurs phases, qui se succèdent avec une rapidité dont les phases lunaires ne peuvent nous donner l'idée. Qu'on en juge.

Phobos met 7 heures 39 minutes 15 secondes à accomplir sa révolution autour de Mars; Deimos fait son tour en 1 jour 6 heures 17 minutes et 54 secondes. En augmentant légèrement ces deux nombres, on aurait les durées des révolutions synodiques ou des retours des mêmes phases. Ainsi le premier satellite, dans le cours d'un seul jour de Mars, passe successivement trois fois par toutes ses phases; le second satellite, il est vrai, met un jour un quart à accomplir les mêmes transformations. Outre ces changements rapides dans l'aspect des disques des deux astres, on voit ces derniers se déplacer parmi les étoiles avec une telle vitesse, qu'en une heure le premier parcourt 45 degrés; le plus lent en parcourt encore 12, c'est-à-dire presque autant que notre Lune dans tout un jour.

On voit qu'à la surface de Mars il ne peut jamais y avoir de nuits sans lune. Quant aux journées, à la lumière et à la chaleur qui les éclaire et qui les échauffe, on peut admettre avec assez de vraisemblance que leur distribution se fait, aux diverses latitudes de Mars, d'une façon tout à fait analogue à ce qui se passe sur notre Terre, s'il est vrai que l'atmosphère de cette planète soit constituée comme la nôtre. Seulement, les radiations solaires y arrivent affaiblies par l'éloignement et réduites, à la distance moyenne de Mars au Soleil, à moins de moitié de l'intensité qu'elles ont à la surface de la Terre, 0,431. Au périhélie de Mars, cette intensité dépasse un peu cette moitié, 0,524; par contre, à l'aphélie, elle s'abaisse presque au tiers, 0,360. Ces différences, ai-je besoin de le rappeler, sont dues à la forme allongée de l'orbite de Mars ou à sa grande excentricité, qui tantôt l'éloigne, tantôt la rapproche du foyer de son mouvement.

Ces données sont d'une grande importance pour la météorologie de Mars; elles indiquent des inégalités prononcées entre les saisons hivernales et les saisons estivales, sous le rapport de leurs températures probables. On a déjà vu plus haut que la durée de l'automne et de l'hiver réunis est inférieure de 76 jours solaires de Mars à celle du printemps et de l'été; il est vrai que cet excès de durée des saisons où les jours sont longs et les nuits courtes, est en partie compensé par cette circonstance que Mars se trouve alors dans la partie de son orbite où les distances au Soleil sont généralement les plus grandes. Mais la compensation n'existe que pour l'hémisphère boréal de la planète, en quoi nous voyons qu'elle ressemble à la Terre. Dans l'hémisphère austral, la même inégalité existe en ce qui regarde les durées des saisons. Seulement il n'y a pas de compensation, au contraire. Non seulement, en effet, l'hiver et l'automne y durent 76 jours de plus que l'été et le printemps, mais, en outre, c'est alors que l'intensité de la chaleur solaire atteint son minimum, 0,360. Le froid doit donc y être d'une rigueur excessive, que sa prolongation ne fait qu'aggraver.

GÉOGRAPHIE ET MÉTÉOROLOGIE DE MARS.

Mars, à l'œil nu, brille au ciel comme une étoile de 1re grandeur. Sa lumière, d'une teinte rougeâtre très prononcée, n'offre que rarement des traces de scintillation; elle subit du reste de grandes variations d'éclat, qui s'expliquent aisément par les variations de distance de la planète à la Terre.

Vu au télescope, le point lumineux se transforme en un disque aux contours nettement arrêtés, parsemé de taches affectant une couleur d'un gris verdâtre ou bleuâtre, plus sombres que le fond : celui-ci, brillant et rouge, domine en donnant à l'étoile sa teinte caractéristique. C'est en étudiant les taches, et après avoir reconnu que certaines d'entre elles sont permanentes, que Dominique Cassini déduisit de leurs mouvements sur le disque la durée de la rotation de Mars. Une étude plus approfondie de ces taches, rendue possible par le perfectionnement des instruments, a conduit depuis à bien d'autres conséquences, dont je vais dire un mot.

En premier lieu, on constate que vers les points correspondant, sur le globe de la planète, aux extrémités de l'axe de rotation, vers les pôles de Mars en un mot, se trouvent à l'état permanent des taches brillantes, d'un blanc pur, contrastant également et avec les parties rou-

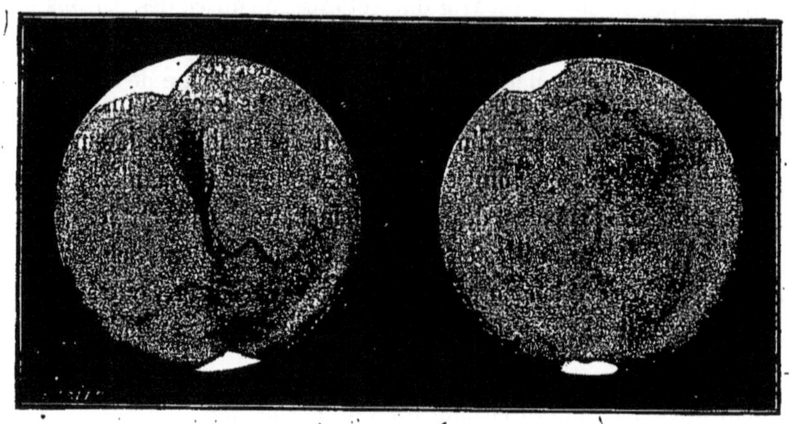

MARS : CALOTTES NEIGEUSES DE SES PÔLES.

geâtres du disque, et avec les taches sombres. L'éclat de ces deux régions polaires, qui ne sont pas d'ailleurs exactement situées aux extrémités d'un même diamètre, est tout à fait extraordinaire, ainsi qu'on en peut juger par ce fait que rapportent deux observateurs assidus de Mars, Beer et Mædler. En 1837, il leur arriva que, pendant la durée de l'observation, Mars disparut dans la lunette, complètement obscurci par un nuage, « à l'exception toutefois, disent-ils, de la tache polaire, qui se montrait distinctement à la vue ».

Ajoutons que les deux taches blanches des pôles de Mars sont très inégales en étendue. Mais, chose curieuse, c'est tantôt la tache boréale, tantôt la tache australe qui l'emporte en dimensions. W. Herschel a donné l'explication de ces variations, qui lui parurent s'accorder parfaitement avec l'idée de Maraldi, considérant les taches polaires de Mars comme produites par l'accumulation des neiges et des glaces.

En 1781, la tache australe parut extrêmement étendue; or, à cette époque, l'hémisphère sud venait de traverser une période de douze mois pendant lesquels le pôle correspondant avait été entièrement privé du rayonnement solaire. Deux ans plus tard, au contraire, pendant l'opposition de 1783, la même tache apparut fort petite, et en effet depuis huit mois le même pôle sud recevait d'une manière continue les rayons du Soleil. Pendant ce temps, des phénomènes inverses avaient eu lieu dans l'hémisphère boréal : la tache polaire, d'abord très petite, s'était plus tard considérablement étendue, ces variations de dimensions correspondant de même, d'abord aux saisons estivales, puis aux saisons hivernales de l'hémisphère nord.

N'est-ce pas là, sur une échelle plus grande, ce qui se passe sur notre planète, et si l'on pouvait se reculer dans le ciel à une distance suffisante pour embrasser d'un coup d'œil l'ensemble de la surface de la Terre, ne verrait-on point se succéder de la même manière, à l'un, puis à l'autre de ses pôles, des taches blanchâtres marquant les calottes de neige et de glace qui les envahissent ou qui reculent, selon que les régions polaires se plongent dans les ténèbres des hivers, ou retrouvent la lumière et la chaleur des étés? Seulement ce qui sur la Terre dure six mois, se prolonge sur Mars en une période de durée double, comme l'exigent les lois de son mouvement de révolution autour du Soleil.

On voit combien est grande la vraisemblance de cette explication, confirmée d'ailleurs par les observations les plus récentes. Sur Mars, il y a des neiges et des glaces; l'eau s'y congèle sous l'une et l'autre forme probablement. Et comme les neiges ne sont abondantes que là où les vapeurs atmosphériques le sont elles-mêmes, on doit en conclure qu'il y a, sur la planète, un échange incessant entre les régions équatoriales d'une part, où l'ardeur du Soleil vaporise l'eau des mers, et, d'autre part, les régions polaires, où la basse température les condense et les fait retomber à la surface, en pluies dans les zones tempérées, en neiges dans les zones glaciales.

L'existence de grandes masses liquides, de mers, s'étendant partout où le disque est recouvert de taches sombres permanentes, de teinte gris-bleuâtre ou verdâtre, ne semble d'ailleurs douteuse à aucun des observateurs qui ont étudié Mars : dans cette hypothèse, les parties plus claires, et de couleur rougeâtre, sont les terres, continents ou îles. C'est sous des apparences semblables que se montreraient, au télescope, les régions maritimes et continentales de notre globe. En effet, la surface des terres serait relativement plus claire que celle des eaux, parce que le pouvoir réfléchissant des solides est plus grand que celui des liquides, et que d'ailleurs ces derniers absorbent une quantité de lumière d'autant plus grande que leur profondeur est plus considérable elle-même. Si l'on admet que les propriétés physiques des solides et des liquides ne changent pas d'une planète à l'autre, on peut donc considérer comme un fait d'une grande probabilité que les taches permanentes de Mars sont la représentation exacte de la distribution géographique de ses terres et de ses eaux.

A quoi tient la couleur rouge-jaunâtre de ses continents? Est-ce à la nature des terrains, par exemple à des couches de grès ou de sable rouge, à des dépôts ocreux dont la surface du sol serait recouverte? C'est une hypothèse qu'on devait faire, et qu'on a faite. Quelques savants ne l'ont point adoptée ; ils ont cru que cette coloration n'était pas propre au sol de Mars, et n'était due qu'à un phénomène de réfraction, analogue aux teintes rougeâtres de nos couchers de Soleil. Mais dans ce cas, ainsi qu'Arago l'a judicieusement remarqué, c'est sur les bords du disque que la coloration rouge devrait être le plus intense. Or c'est là, au contraire, que son intensité est moindre, et à plus forte raison ne s'expliquerait-on pas alors la couleur d'un blanc si pur des taches polaires.

Il y a une troisième explication, que Lambert, un astronome physicien du dernier siècle, a donnée de la coloration des taches brillantes de Mars. Selon lui, elle n'est autre chose que celle des produits de la végétation. Sur notre Terre, la grande majorité des végétaux, aux époques où ils sont couverts de leurs feuillages, affectent la couleur verte dans toute la variété de ses nuances. Les arbres et les végétaux quelconques de Mars seraient rouges, ce qui est fort possible : il suffirait pour cela que ce qui chez nous est une exception fût là-bas au contraire la règle.

Mais pour que l'hypothèse de Lambert acquière un degré de plus de vraisemblance, il faudrait que l'on eût constaté dans la coloration rouge des terres de la planète des variations d'intensité, ou même des disparitions et réapparitions périodiques, ainsi qu'on l'a fait pour les taches blanches des pôles. On devrait, quand le printemps revient sur un hémisphère, voir la coloration rouge, disparue pendant l'hiver, revenir graduellement et prendre une intensité croissante. C'est ainsi que nos continents terrestres qui, vus de Mars, sont probablement d'un gris jaunâtre ou même blancs pendant nos hivers, doivent au printemps et en été se parer de leur manteau de verdure et prendre une couleur verte dans les lunettes des observateurs, si toutefois observateurs et lunettes il y a sur la planète notre voisine. A la vérité, des variations de ce genre de la couleur de Mars n'ont pas encore été constatées, que nous sachions, de sorte que l'idée de Lambert reste à l'état de conjecture.

Depuis qu'ils observent Mars au télescope, c'est-à-dire depuis plus de deux siècles, les astronomes se sont attachés à démêler, parmi les taches de son disque, celles qui sont permanentes de celles qui changent de forme ou de position suivant les époques. Ce n'a pas été une besogne facile. Chaque observateur, en effet, a cherché à faire lui-même cette distinction, en comparant les dessins qu'il avait obtenus à diverses époques, soit dans le cours d'une même opposition, soit dans des oppositions différentes. L'identité n'a d'abord été reconnue que pour un petit nombre de taches, et c'est cette constatation, on l'a vu, qui a permis de reconnaître le mouvement de rotation, puis d'en calculer la durée. Mais la physionomie du globe de Mars est très variable : les changements de dimensions et de formes des taches polaires, le manque de précision des contours provenant des circonstances atmosphériques, de l'existence et du mouvement des masses nuageuses sur Mars même, les variations d'aspect d'une même tache selon qu'elle se présente avec plus ou moins d'obliquité à l'observateur, le plus ou moins de pureté du ciel au moment de l'observation, toutes ces causes réunies concouraient à rendre très épineuse la comparaison de dessins faits à des époques différentes. La difficulté était augmentée quand on comparait des vues de Mars obtenues dans des conditions variées, avec des instruments de puissances diverses, par des astronomes distincts.

Peu à peu cependant on se débrouilla et l'on publia des cartes de la planète Mars, des cartes *aréographiques*, pour employer l'expression consacrée, tirée du nom grec de l'astre. On distingua les mers des continents et on leur donna des noms empruntés la plupart aux noms des astronomes qui les avaient plus spécialement étudiés. C'est ainsi qu'il y eut des terres d'Huygens, d'Herschel, des mers de Tycho, de Mædler, des îles de Jacob, etc. Mais la confusion ne tarda point à se mettre dans les dénominations aréographiques, sans doute parce qu'elle était dans les objets mêmes qu'elles devaient représenter.

Dans ces dernières années, c'est-à-dire depuis dix ans, de grands progrès ont été apportés à la géographie de Mars. J'ai nommé au début l'astronome italien à qui on les doit : c'est le directeur de l'observatoire astronomique de Brera, près Milan, Giuseppe Schiaparelli. A l'aide d'un excellent instrument, d'un télescope réfracteur de Merz, dont l'objectif avait 218 millimètres d'ouverture, auquel il put appliquer des grossissements variant de 322 à 468 fois, il fit pendant

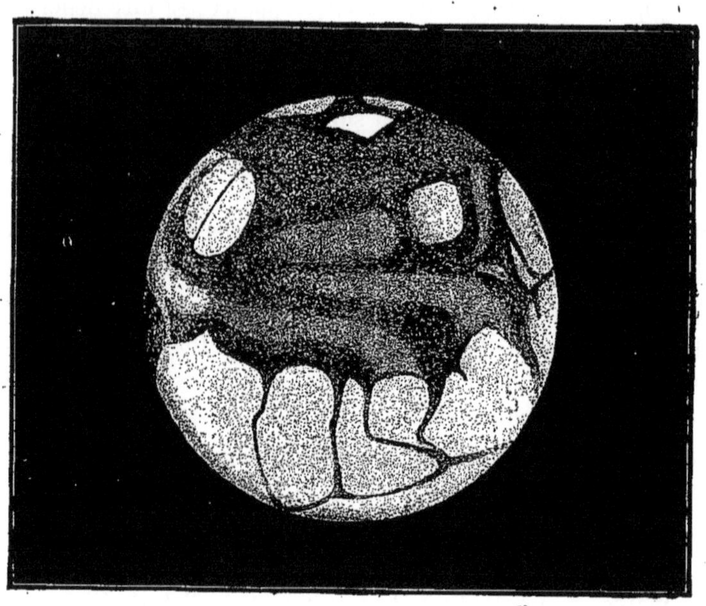

MARS, SES CONTINENTS, SES MERS, SES CANAUX, D'APRÈS SCHIAPARELLI.

l'opposition de 1877-1878 une série d'observations de la planète Mars, qui lui permirent d'en décrire l'hémisphère austral et une partie de l'hémisphère boréal. Au lieu de se borner à des dessins ordinaires, faits à la simple vue et sans mesure, le savant italien, procédant avec la rigueur géométrique, commença par déterminer la direction exacte de l'axe de rotation. Puis il choisit un certain nombre de points spéciaux de la surface de Mars, dont il mesura la longitude et la latitude aréographiques. En comparant les positions de plusieurs de ces points fondamentaux (20 sur 62) avec les points équivalents des cartes de Mædler et de Kaiser, remontant à 1830 et 1863, il eut la satisfaction de constater un accord tel, qu'on pouvait avec certitude affirmer la stabilité des objets correspondants : ces portions des taches de Mars n'avaient donc subi, pendant cet intervalle de 47 années, aucun changement sensible.

Ce n'est pas ici le lieu d'entrer dans les détails de construction de la carte de Mars, telle qu'elle résulte de cette série d'observations. Les résultats seuls nous importent, en tant qu'ils sont de nature à nous fournir des renseignements sur la planète. Mars, avons-nous dit, est certainement de toutes les planètes celle qui peut offrir avec la Terre le plus d'analogies. J'en ai esquissé plus haut quelques-unes, mais en insistant aussi sur les dissemblances. On va voir que les différences sont bien plus sensibles lorsqu'on compare les deux globes sous le rapport de la distribution géographique des terres et des eaux.

Quand on jette les yeux sur une mappemonde représentant les deux hémisphères de Mars, tels que Schiaparelli les a reproduits, on est frappé de ce fait, que la plus grande partie des terres de la planète sont rassemblées dans une zone qui déborde de part et d'autre l'équateur, mais s'étend beaucoup plus en latitude boréale qu'en latitude australe. En un mot, l'équateur ne divise pas la zone en parties symétriques, la région boréale étant plus étendue que l'autre. Un second trait caractéristique des terres de Mars, c'est que, bien que la zone soit ininterrompue pour ainsi dire, en ce sens qu'aucune mer un peu étendue n'en sépare les fragments, néanmoins elle est constituée par une série de surfaces de dimensions à peu près égales, de forme circulaire elliptique ou rectangulaire. Ce sont autant d'îles, que des canaux de faible largeur isolent les unes des autres, dans le sens des méridiens. Entre les terres équatoriales et celles qui s'avancent jusqu'à la zone tempérée australe, les mers sont moins étroites; ce sont comme autant de méditerranées allongées presque toutes à peu près dans la direction du nord-ouest au sud-est. On a comparé cette distribution aréographique des continents de Mars à une sorte d'échiquier dont les différentes terres forment les cases, disposées dans le sens des parallèles et des méridiens. Cela rappelle la partie de la péninsule scandinave comprise entre la Baltique et le golfe de Botnie, ou encore la Hollande.

La largeur de ces canaux maritimes, de ces détroits que Schiaparelli compare au détroit de Malacca, au golfe de Californie, aux lacs africains de Tanganyika et de Nyassa, est fort variable. Mais les plus difficiles à distinguer, c'est-à-dire les plus étroits, mesurent en moyenne 100 kilomètres d'un bord à l'autre.

Ce n'est pas sans peine que l'astronome italien est parvenu à observer et à dessiner des objets d'une telle ténuité. Nombre de détails de ce genre étaient à peine entrevus, de sorte qu'il soupçonna, sans pouvoir l'affirmer positivement, l'existence d'un plus grand nombre de ces canaux si déliés. « Dans le cours de mes observations, en octobre 1877, dit-il, il m'est arrivé deux ou trois fois d'avoir des moments très courts,

MARS CONFIGURATION : GÉOGRAPHIQUE DU SECOND HÉMISPHÈRE, D'APRÈS SCHIAPARELLI.

d'un calme atmosphérique à peu près parfait. Dans ces circonstances, il me sembla que subitement un voile épais venait de disparaître de la surface de la planète, qui apparut alors semblable à une broderie compliquée de diverses couleurs. Mais telle était la petitesse des fils de la trame, et si fugitive était la durée de ce spectacle, qu'il me fût impossible de me former une idée bien claire et certaine de ce que je venais de voir, et il me resta seulement l'impression confuse d'un réseau de lignes déliées et de taches très petites. » On peut voir par là combien sont délicates et difficiles les observations télescopiques, quand elles s'appliquent à des objets que leur petitesse apparente et leur faible lumière mettent hors de la portée des instruments; on voit aussi combien le calme et la pureté de notre atmosphère, si rare dans nos climats, importent au succès de telles recherches.

Les mers, on l'a vu, sont les taches sombres du disque. Mais il s'en faut que leur teinte soit également foncée. Il en est qui tranchent nettement avec les parties solides ou les taches claires : ce sont probablement les mers les plus profondes. D'autres, au contraire, se confondent presque avec les terres, tant leur teinte est peu prononcée. Schiaparelli incline à penser que ce sont des terres submergées, recouvertes d'une faible profondeur d'eau. On comprend alors que la lumière solaire qui les éclaire, et qui est en grande partie absorbée par sa pénétration à l'intérieur de la masse liquide, soit réfléchie en plus grande quantité par la surface de ces bas-fonds. C'est dans les régions de cette nature qu'on voit le plus souvent les taches mobiles qu'on regarde comme étant les nuages de l'atmosphère de Mars. Ainsi les terres submergées sembleraient exercer une action particulière sur l'état de l'atmosphère surplombante. Schiaparelli compare cette influence météorologique à celle que l'on constate, sur la Terre, en certaines régions maritimes occupées par des bas-fonds ou des bancs de sable.

Pour terminer ce que je voulais dire des belles observations de Mars faites par le directeur de l'observatoire de Brera, je mentionnerai le curieux phénomène dont il a été témoin pendant l'opposition de 1881-1882. La plupart des canaux étroits dont il a été question plus haut se sont montrés formés de deux sillons parallèles, dédoublés pour ainsi dire. D'où vient cette transformation? Est-elle une simple illusion d'optique, ou bien ce prétendu dédoublement n'est-il que le résultat de conditions optiques supérieures, ou enfin serait-il une transformation réelle, effectuée sur la planète dans le court intervalle qui sépare l'opposition de 1879, où rien de semblable ne s'était montré, et celle de 1881? Il est impossible de répondre à ces questions, sauf peut-être pour la première. MM. Trépied et Thollon, à Nice, auraient vu les canaux *géminés*, ce qui semble exclure l'hypothèse d'une illusion d'optique.

Et maintenant que nous avons passé en revue tout ce qu'on sait, ou à peu près, de la constitution physique de Mars, devons-nous en induire la probabilité qu'il est habité comme la Terre? Il est difficile de se refuser à croire que la vie existe sur un corps céleste qui présente avec notre globe terrestre tant d'analogie. Mais la faune et la flore de Mars, dont il est si naturel, si conforme à toute vraisemblance d'affirmer l'existence, ressemblent-elles, même de près, à la flore et à la faune terrestres? C'est une autre question, que, pour mon compte, je pencherais à résoudre par la négative, par la raison que, si Mars et la Terre semblent les deux planètes dont la constitution physique offre le plus de points communs, il n'en est pas moins vrai que de profondes différences les séparent. La longue durée de l'année de Mars et de ses saisons, à peu près doubles de l'année et des saisons de la Terre, l'excentricité considérable de l'orbite qui entraîne une inégalité notable des saisons estivales et hivernales, suffiraient déjà à rendre fort différentes les conditions météorologiques générales sur les deux planètes. Mais il est d'autres causes d'une non moindre importance : les radiations solaires n'ont plus, aux distances où Mars se trouve du Soleil, qu'une intensité inférieure de plus de moitié à celle dont bénéficie notre planète; d'autre part, il est probable que Mars, plus ancien que la Terre et d'un moindre volume, d'une moindre masse, s'est refroidi intérieurement beaucoup plus. D'où l'on peut conjecturer, avec Schiaparelli, que la planète est plus voisine que la Terre de la période d'extinction de ses forces internes. C'est la force nivellatrice des masses fluides, de son atmosphère et de ses mers qui domine aujourd'hui sur Mars, et cette conjecture se trouve justifiée par la configuration de ses terres et de ses mers, telle qu'elle vient d'être révélée par le télescope.

La densité moyenne du globe de Mars est égale aux sept dixièmes environ de la densité du globe terrestre. Rapportée à celle de l'eau, elle est 3,8, de sorte que, sous ce rapport, la matière dont est composée la planète se rapprocherait d'un grand nombre de nos minéraux terrestres et aussi de quelques météorites.

Bien qu'on ignore la loi de variation de la densité des couches du centre à la surface, on peut présumer que les couches formant à proprement parler le sol de Mars sont moins denses que celles du centre, plus légères aussi sans doute que celles du sol de la Terre. Un autre élément qui doit avoir une certaine importance, c'est l'intensité de la pesanteur : à la surface de Mars, cette intensité ne dépasse guère le tiers de celle qui presse les corps à la surface de la Terre. Les conditions d'équilibre et de mouvement s'y trouvent par cela même notablement différentes de celles que nous connaissons : cela seul doit entraîner pour les organes des végétaux et des animaux de sensibles modifications de structure.

Quand on considère les variations que la vie végétale et animale a subies sur la Terre dans le cours des âges géologiques, variations révélées par l'étude des fossiles appartenant aux différents terrains, on se demande quelles causes ont produit ces modifications successives. Or, pour en rendre compte, la science n'a pas besoin de recourir à des bouleversements, à des cataclysmes : elle n'invoque que des variations lentes dans les conditions météorologiques, dans la température, dans la composition ou la proportion des gaz composant l'atmosphère. Des modifications relativement faibles de ces divers éléments, agissant, il est vrai, d'une façon continue, pendant des myriades de siècles, expliquent les transformations successives des flores et des faunes qui constituent l'histoire du passé de la Terre. Il est donc logique de supposer que, sur une planète telle que Mars, dont la constitution physique, tout en présentant de réelles analogies avec la nôtre, en diffère si notablement à plusieurs égards, la vie végétale et animale a dû prendre des formes dont nos biologistes auraient sans doute de la peine à se faire une idée.

Lorsque nous parlons des habitants des planètes, ce sont surtout les hommes, ou les êtres que nous supposons y jouer le rôle d'hommes, qui nous intéressent. Y a-t-il des hommes sur Mars, des hommes vivant en société comme nous, parvenus à une civilisation plus ou moins avancée? Qui peut répondre à cette question, autrement que par des conjectures sans fondement positif ? Comme je le disais au début, c'est affaire aux romanciers astronomiques. La science est muette sur ce point.

LE MONDE DE SATURNE.

VI

LE MONDE DE SATURNE

LES ANNEAUX DE SATURNE.

Les Anciens comptaient sept planètes.

Dans ce nombre, il est vrai, ils ne comptaient pas la Terre, qui pour eux était immobile au centre de l'univers ; ils faisaient jouer à notre petit globe le rôle qui, nous le savons, est en réalité celui du Soleil. De plus, ils y comprenaient la Lune, qui est un simple satellite, et le Soleil lui-même. *Planète* ayant la signification de *corps errant*, ils avaient raison, du moins en apparence. Car, à côté des étoiles, qu'ils nommaient *fixes* parce qu'ils ne leur connaissaient pas de mouvement propre, Mercure, Vénus, la Lune, le Soleil, Mars, Jupiter et Saturne étaient bien les seuls astres connus pour se déplacer périodiquement sur la voûte étoilée. D'après l'étymologie, c'étaient bien des *planètes*. Il a fallu l'invention des lunettes pour en accroître le nombre, de même qu'il a fallu la découverte du vrai système du monde par Copernic pour distinguer les vraies planètes, en ôter le Soleil, lui substituer la Terre et nous rendre la Lune, notre fidèle compagne, qui dut se résoudre à n'être plus qu'une planète de second ordre.

Mais les Anciens et les Modernes jusqu'à Galilée ne pouvaient rien connaître de la forme et de la constitution physique de ces corps, dont ils se bornaient à étudier les mouvements. A partir de l'application que le célèbre astronome florentin fit des lunettes aux observations astronomiques, ce fut toute une révélation. On reconnut ainsi que les planètes sont des globes à peu près sphériques comme le Soleil, la Lune, la Terre; on vit des phases à Vénus et à Mercure, des taches sur le globe de Mars, des bandes sombres sur le disque de Jupiter. Cette splendide planète, la plus volumineuse de toutes, montra en outre son cortège de quatre satellites, de quatre lunes circulant autour d'elle comme fait la Lune autour de la Terre. Jupiter parut ainsi comme une réduction du monde solaire lui-même.

Ce fut bien autre chose quand la lunette de Galilée se trouva braquée sur Saturne. Comme on va voir, l'étonnement dut être grand, et ne parvint à se dissiper qu'après un perfectionnement apporté aux instruments nouveaux, quand il fut possible d'en construire qui eussent une plus grande puissance. Entrons dans quelques détails au sujet de ce point d'histoire astronomique, qui mérite d'être conté.

Quand Galilée braqua sa lunette sur Saturne, lunette qui grossissait 32 fois environ, la planète lui sembla triple, se trouvant accompagnée, de côté et d'autre, de deux étoiles plus petites et en apparence immobiles. Voici en quels termes Galilée raconte le fait, dans la lettre qu'il écrivit le 13 novembre 1610 à Julien de Médicis :

« J'ai observé avec un grand étonnement, dit-il, que Saturne n'est pas une étoile unique, mais qu'il est composé de trois étoiles qui se touchent presque et sont immobiles entre elles, disposées de sorte que celle du milieu est plus grande que celles qui sont à ses deux côtés. Ces étoiles sont placées en ligne droite, l'une à l'orient et l'autre à l'occident, non pas précisement suivant la direction du zodiaque, mais de manière que l'occidentale s'élève un peu vers le nord. En les regardant avec une lunette qui n'augmente pas beaucoup les objets, elles ne paraissent pas trois étoiles distinctes et séparées, mais l'on voit Saturne sous la forme d'une étoile longue en forme d'olive, au lieu qu'avec une lunette qui augmente la surface des objets de plus de mille fois (environ 32 diamètres), on voit trois globes qui se touchent presque, en sorte qu'il n'y a qu'un filet obscur, fort délié, qui les sépare. »

Moins d'un mois plus tard, Galilée constata que les deux étoiles, les deux prétendus satellites de Saturne, avaient diminué de grandeur depuis juillet, époque de sa première observation. Plus tard, en novembre 1612, elles avaient complètement disparu : le globe de la

SATURNE TRICORPS, ANCIENNES OBSERVATIONS ET DESSINS DE GASSENDI, 19 JUIN 1633 ET 11 JANVIER 1645.

planète était isolé et rond comme celui de Jupiter. Ces changements ne firent qu'accroître l'étonnement de Galilée et ajouter à ses perplexités.

Au bout d'un certain temps les mêmes phénomènes reparurent et devinrent l'objet de l'attention des astronomes : Gassendi, Hévélius les observèrent, mais sans comprendre mieux que Galilée la nature véritable des singuliers appendices de la planète. Les lunettes, trop imparfaites encore, ne donnaient que des images confuses, et les variations d'aspect ne faisaient qu'ajouter à la confusion.

Hévélius, qui voyait les deux petites étoiles latérales reliées à la grande, déclarait ne rien comprendre à ces deux bras de Saturne. C'était en 1647. En y revenant neuf ans plus tard, il distingua six phases différentes dans la planète, selon qu'elle se montrait comme un globe unique, ou formée de trois globes, d'un globe à deux pointes, où muni de deux anses en forme d'ellipse allongée, etc. Je reproduis ici, d'après Gassendi et Huygens, quelques-uns de ces aspects.

A la fin, ce dernier astronome ayant observé Saturne dans un télescope qu'il avait pris la peine de construire de ses mains, trouva le premier le mot de l'énigme.

Il fit voir que Saturne était entouré à distance d'un anneau opaque de forme circulaire, ne touchant d'aucun côté à la planète ; cet anneau accompagne le globe de Saturne dans son mouvement de révolution autour du Soleil, son plan restant toujours parallèle à lui-même, incliné d'ailleurs de trente degrés environ sur le plan de l'orbite de la Terre. En admettant cette disposition, rien n'est plus simple que de

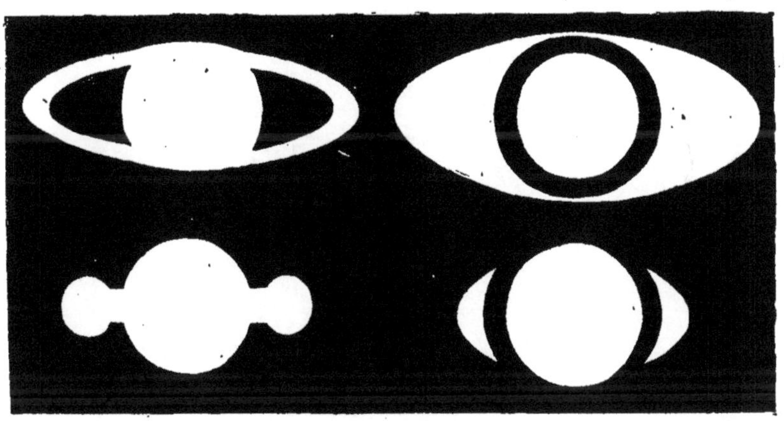

ANCIENS DESSINS DE SATURNE, D'APRÈS GASSENDI ET HUYGENS.

rendre compte des variations d'aspect que cet astre singulier montre dans les télescopes, selon l'époque à laquelle a lieu l'observation. On comprend, du reste, l'hésitation des astronomes pendant la période de quarante-cinq ans qui s'écoula entre la première observation de Galilée et celle d'Huygens, effectuée dans le courant de l'année 1655 : la première cause de leur incertitude résida dans l'imperfection de leurs instruments ; une autre cause, qui eut peut-être autant d'influence que la première, c'est que parmi les planètes connues, parmi tous les astres observés jusqu'alors, aucun ne présentait une forme aussi étrange.

Suivant les positions relatives de la Terre, de Saturne et du Soleil, un observateur placé sur notre globe voit tantôt l'une, tantôt l'autre des faces de l'anneau directement éclairée par les rayons solaires. D'ailleurs, ces faces, par un effet de perspective aisé à comprendre, se présentent à nous plus ou moins obliquement, affectant la forme d'une courbe elliptique ou ovale plus ou moins allongée. Cette courbe est très effilée quand notre rayon visuel est voisin de son plan ; elle s'élargit ensuite progressivement, pour atteindre deux maxima qui montrent le globe de Saturne entièrement enveloppé par les bords opposés de l'anneau.

Quand le plan de l'anneau arrive à passer par le Soleil, cas qui se

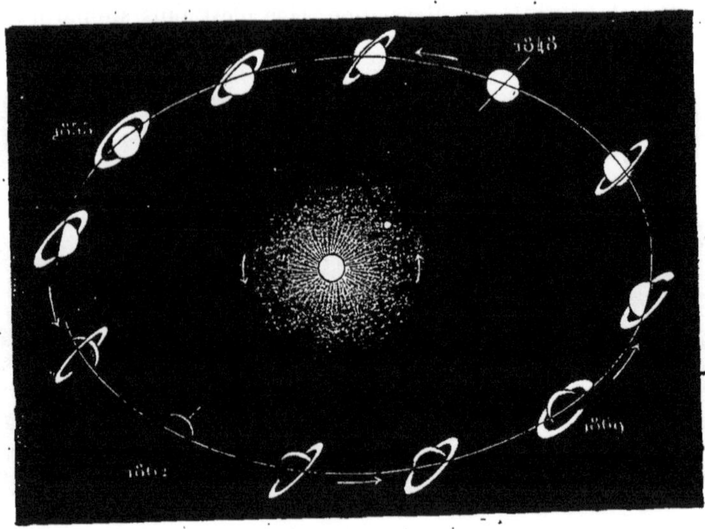

LES DIFFÉRENTES PHASES DES ANNEAUX DE SATURNE DANS LE COURS DE SA RÉVOLUTION.

présente deux fois par chaque révolution de la planète, les rayons solaires rasent la surface de l'anneau, mais sans l'éclairer d'aucun côté ; sa tranche seule, qui est fort mince, est éclairée, et le globe paraît isolé, dépourvu de tout appendice, à moins qu'on n'emploie les puissants télescopes que l'on sait construire aujourd'hui. Alors, de part et d'autre du globe de Saturne, on aperçoit un mince filet de lumière, seul indice de l'existence de l'anneau ; c'est la mince tranche éclairée qu'on aperçoit ainsi. Alors aussi une légère trace obscure coupe en deux le globe lumineux. C'est la face obscure que nous distinguons de la sorte projetée sur Saturne, parce que, la Terre n'étant pas, comme le Soleil, dans le plan de l'anneau, notre rayon visuel plonge oblique au-dessus ou au-dessous de l'une de ses faces. Il y a une autre cause de disparition de l'anneau de Saturne : c'est le passage de la Terre dans le plan de son anneau ; dans cette circonstance, nous ne le voyons encore que par sa tranche; seulement on distingue sur le globe l'ombre portée par l'appendice.

Une structure si singulière dut exciter, on le comprend, l'ardeur des astronomes à approfondir les questions que soulève l'existence d'un anneau matériel ne tenant par rien au globe qu'il entoure, suspendu, pour ainsi dire, comme une arche gigantesque au-dessus de la surface de la seconde des planètes de notre système. Comment une telle masse se maintient-elle en équilibre? Est-elle solide, liquide ou gazeuse, continue ou discontinue? Est-elle immobile ou douée d'un mouvement de rotation?

Mais, avant de résoudre tous ces problèmes, il était important d'amasser des données, des faits d'observation, seule base sérieuse des hypothèses ou des théories. Ces faits sont aujourd'hui extrêmement nombreux; mais, malgré leur intérêt, ils ne sont pas encore assez décisifs pour que les savants soient d'accord sur les réponses à faire à toutes les questions qu'on vient de lire.

Voici quelques-uns des plus intéressants :

En premier lieu, l'anneau de Saturne n'est pas unique, ou, ce qui revient au même, il est formé de parties distinctes. Cassini le premier remarqua une ligne obscure séparant l'anneau en deux anneaux d'inégale largeur et d'inégal éclat : le plus brillant et le plus large est intérieur à l'autre, dont la surface est d'une teinte plus sombre. Cassini trouvait qu'il y avait entre les deux anneaux la même différence qu'entre l'argent mat et l'argent bruni. On a depuis observé plusieurs autres divisions, dont les plus marquées sont dans l'anneau extérieur, qu'elles partagent en quatre anneaux partiels. En outre, il existe à l'intérieur de l'anneau brillant une bande obscure et transparente, laissant voir au travers de sa largeur, dans la portion qui se projette sur le globe de Saturne, les bords de son disque.

On a mesuré les dimensions de ces divers anneaux. Elles sont considérables. Ainsi le diamètre le plus grand de l'anneau extérieur, qui est aussi celui de tout le système, mesure 200 000 kilomètres; sa largeur est de 16 000 kilomètres, soit 4000 lieues! L'anneau intermédiaire a une largeur à peu près double de la première, et l'anneau obscur a 14 000 kilomètres. L'épaisseur est relativement très faible et dès lors d'une évaluation difficile. W. Herschel lui donnait environ

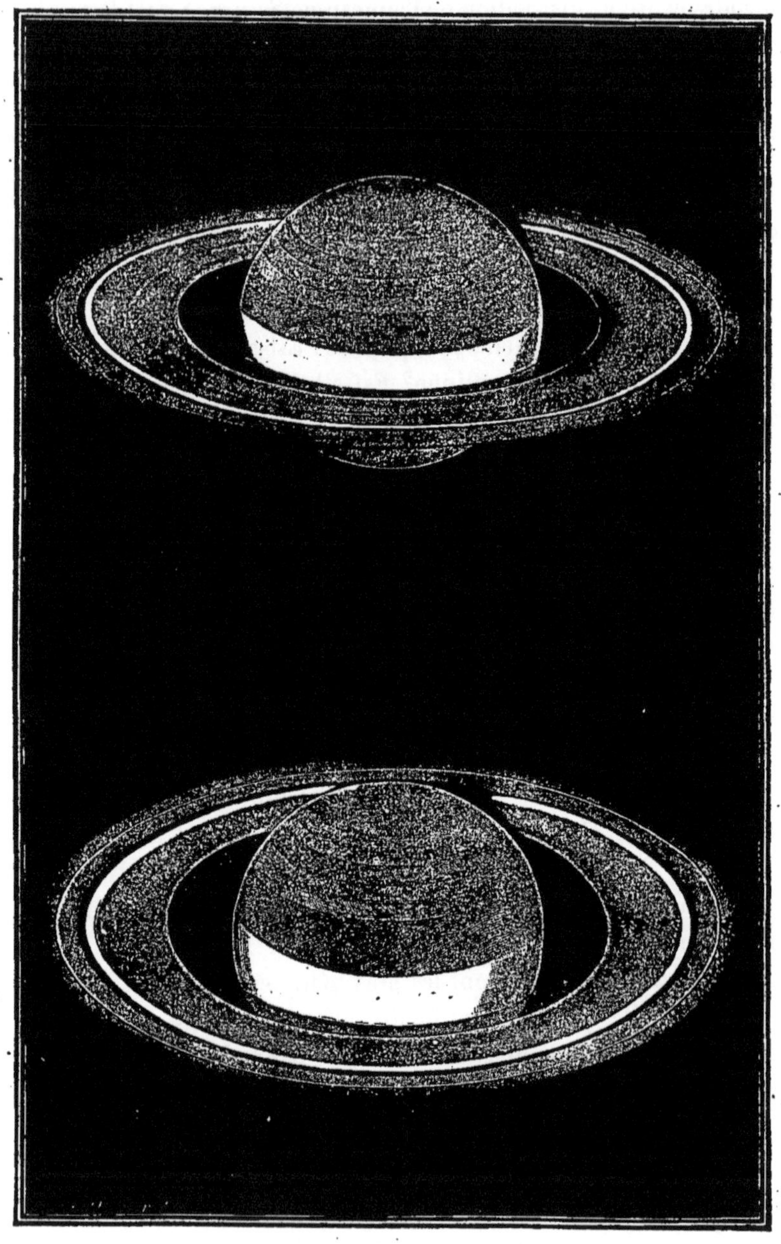

SATURNE ET LE SYSTÈME DE SES ANNEAUX, D'APRÈS WARREN DE LA RUE, OTTO STRUVE ET BOND.

500 lieues ; mais, d'après les dernières mesures d'un astronome amé-

ricain, Bond, cette épaisseur ne dépasserait pas 70 kilomètres. Tous ces nombres sont bien en rapport avec les dimensions mêmes du globe de la planète, mais ne renseignent point sur la nature de l'étrange appendice. Un point plus curieux est celui du mouvement de rotation des anneaux saturniens, mouvement sans lequel on ne comprendrait guère qu'un tel assemblage de plusieurs corps distincts pût se maintenir en équilibre. Il a été reconnu en effet, grâce à quelques inégalités de la surface des anneaux, à des points brillants

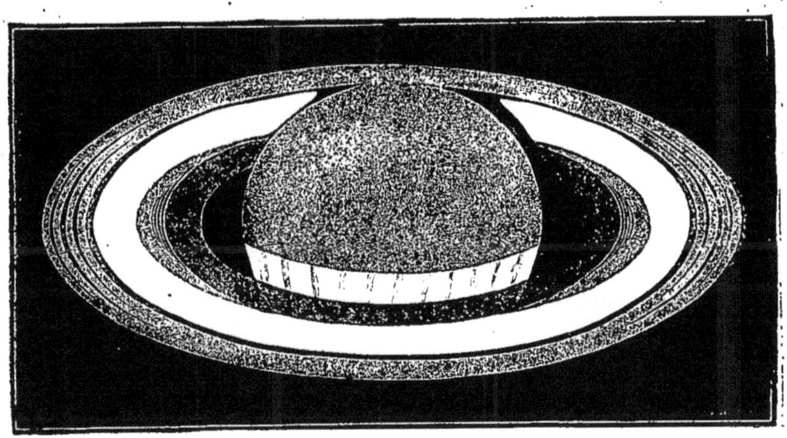

DIVISION DES ANNEAUX DE SATURNE.

observés et suivis par W. Herschel, que la rotation dont nous parlons s'effectue en dix heures trente-deux minutes, c'est-à-dire, à deux ou trois minutes près, dans le même temps que tourne sur son axe le globe même de Saturne. Sans ce mouvement, que notre grand Laplace avait démontré nécessaire, sous l'influence de l'action incessante de la pesanteur, jointe à celle des satellites de Saturne qui s'exerce tantôt dans un sens, tantôt dans l'autre, les anneaux seraient avant peu désagrégés et disloqués, et l'on pourrait être témoin d'une catastrophe vraiment extraordinaire, inouïe dans les annales astronomiques, de la chute effroyable des anneaux sur le sol de la planète.

LES SATELLITES DE SATURNE. — SA CONSTITUTION PHYSIQUE.

Je viens de parler des satellites de Saturne. Il en possède huit en effet, dont le premier a été découvert par Huygens, quatre autres par Cassini, deux par W. Herschel, enfin le huitième et dernier simultanément par deux astronomes contemporains, Bond et Lassel. Ces corps qui accompagnent l'immense globe dans sa révolution de trente ans autour du Soleil, à des distances qui varient de 50 000 lieues à un million de lieues, se meuvent en décrivant des orbites elliptiques dont le centre de Saturne est le foyer commun ; le plus rapproché, Mimas, met vingt-deux heures et demie, un peu moins d'un de nos jours, à accomplir sa révolution particulière, tandis qu'il faut soixante-dix-neuf jours à Japet, le plus éloigné de tous.

Je ne cite tous ces nombres que pour donner une idée une peu nette de ce magnifique système, qui reproduit, sur une plus petite échelle et avec un moindre nombre d'astres, le système solaire dont il est partie intégrante. C'est à cause de cette analogie que ce chapitre est intitulé *Le monde de Saturne*.

Après en avoir tracé la physionomie générale, essayons de pénétrer plus avant dans sa constitution physique, et de voir en quoi elle peut ressembler à celle de notre globe, en quoi elle en peut différer.

Sans doute, pour faire avec fruit une telle comparaison, Saturne est bien loin, et on ne peut espérer des détails précis comme nous en a offert le disque de la Lune, ou même comme le télescope en montre encore à la surface de Mars et même à la surface de Jupiter. Néanmoins on peut encore tirer des observations quelques données intéressantes, permettant quelques conjectures probables sur ce monde si éloigné du nôtre.

Un mot, pour commencer, des éléments astronomiques de Saturne, de son année, de ses distances au Soleil et à la Terre, etc.

Je remarquerai tout d'abord qu'un habitant de Saturne, si toutefois il en existe, n'a pas besoin de vivre un grand nombre d'années pour devenir aussi vieux que les plus vieux habitants de la Terre, qu'un de nos centenaires par exemple. Ce dernier ne serait sur Saturne qu'un enfant de moins de 3 ans et demi. Comme les jours n'y sont que de 10 heures et demie environ, chaque année de la planète en compte près de 25 000 (exactement 24 630), de sorte que chacune de ses longues saisons de plus de sept de nos années compte pour sa part une moyenne de 6157 jours solaires saturniens. A l'équateur, des journées et des nuits de 5 heures un quart, se succédant plus de six mille fois en une seule saison, voilà, on en conviendra, un premier point par où la vie saturnienne ne peut guère ressembler à la nôtre.

La durée relative des jours et des nuits sur Saturne varie d'ailleurs considérablement selon la latitude, ce qui tient à l'inclinaison de l'axe de rotation sur le plan de l'orbite, comme nous le voyons ici-bas pour les nôtres. Cette inclinaison étant de 64 degrés environ, un peu inférieure à celle de l'axe terrestre, c'est à 64 degrés de latitude boréale ou australe que commencent les deux zones polaires. A partir de là, plus l'on s'avance vers chaque pôle, plus l'inégalité des jours et des nuits s'accentue, au point qu'aux pôles mêmes, dans le cours entier de l'année saturnienne, un seul jour et une seule nuit se succèdent, dont la durée n'est pas moindre de quatorze de nos années : pendant ce long espace de temps, le Soleil ne cesse d'illuminer l'un des pôles de Saturne, tandis que l'autre pôle reste plongé dans la nuit.

Il faut rapprocher cela des conditions de lumière et de chaleur en rapport avec la distance de Saturne au Soleil; il faut songer que cette distance est en moyenne de 1 milliard 400 millions de kilomètres, qu'elle n'est jamais inférieure à 1 milliard 300 millions et qu'elle s'élève à 1 milliard 490 millions. C'est neuf fois et demie la distance du Soleil à la Terre. Les radiations solaires, calorifiques ou lumineuses, arrivent donc à la planète affaiblies dans le rapport de 90 à 1.

Ces nombres indiquent bien que, pour un habitant de Saturne, le disque du Soleil se voit sous un diamètre neuf fois et demie plus faible, sous une surface quatre-vingt-dix fois moindre. Or il est difficile d'en rien conclure pour les effets météorologiques qui résultent de cette diminution, la température par exemple. Tout le monde, en effet, comprendra que les atmosphères planétaires, leur épaisseur, leur constitution chimique et physique, la présence ou l'absence de certaines vapeurs, telle que la vapeur d'eau, ont sur les effets en question la plus décisive influence. Mais que sait-on de l'atmosphère de Saturne? Rien ou peu de chose; qu'elle renferme probablement de la vapeur d'eau et aussi des gaz différents des gaz que l'on connaît à la surface de la Terre.

Du globe même de Saturne, on connaît sa masse, sa densité moyenne, qui est moindre que celle de l'eau (0,725); c'est à peu près celle de certains de nos bois, comme le cyprès, l'olivier, l'érable. Saturne est très aplati et la forme de son disque est loin d'être régulière. Cet aplatissement considérable, qui fait que le diamètre polaire est seulement 8, tandis que le diamètre équatorial est 9, est du reste une conséquence de la vitesse du mouvement de rotation; il entraîne aussi cette autre conséquence que le globe de Saturne n'est pas homogène; comme le globe de Jupiter, comme le globe terrestre, il doit être constitué par des couches de densité décroissante de la surface au centre, en sorte que la densité de la croûte externe est encore inférieure à 0,72.

Saturne est peut-être liquide, peut-être même gazeux. En tout cas, les êtres organisés qui vivent à sa surface ou sur celle de son anneau doivent différer notablement des êtres vivant à la surface de la Terre. Lorsque l'on compare les faunes et les flores si différentes qui ont vécu à la surface de notre planète pendant la durée des diverses époques géologiques, on trouve entre elles des caractères tranchés qu'on ne peut guère attribuer à d'autres causes qu'aux conditions météorologiques et physiques propres à ces divers âges. Des températures plus ou moins élevées, une constitution atmosphérique où prédominait tel gaz ou telle vapeur, en un mot des changements en apparence faibles, paraissent avoir suffi pour modifier profondément l'organisation des êtres qui peuplaient le globe à ses diverses phases. Que penser alors des différences que doivent entraîner, d'un globe à l'autre, de la Terre à Saturne, des éléments astronomiques, physiques, météorologiques si étonnamment, je ne dis pas contraires, opposés, mais éloignés les uns des autres, cette prodigieuse rapidité, par exemple, dans la succession des jours et des nuits, de l'obscurité et de la lumière, de la chaleur diurne et du froid nocturne; et, d'autre part, cette lente variation des saisons et cette énorme durée de chacune d'elles! Il nous est vraiment bien difficile de nous représenter, dans ces conditions, le mode d'existence des végétaux et des animaux saturniens.

LES PHÉNOMÈNES CÉLESTES POUR LES SATURNIENS.

Ce qui est plus aisé, c'est de nous figurer le spectacle dont y peuvent jouir les habitants, si l'on admet des habitants dans Saturne, dans l'hypothèse d'ailleurs où leur atmosphère, semblable à la nôtre, est douée des mêmes propriétés optiques. Ce spectacle, la nuit surtout, est singulièrement varié, grâce à l'existence des anneaux et des huit satellites de Saturne. On peut, du reste, renverser l'hypothèse et se demander quel aspect présente le globe de Saturne vu d'un point de la

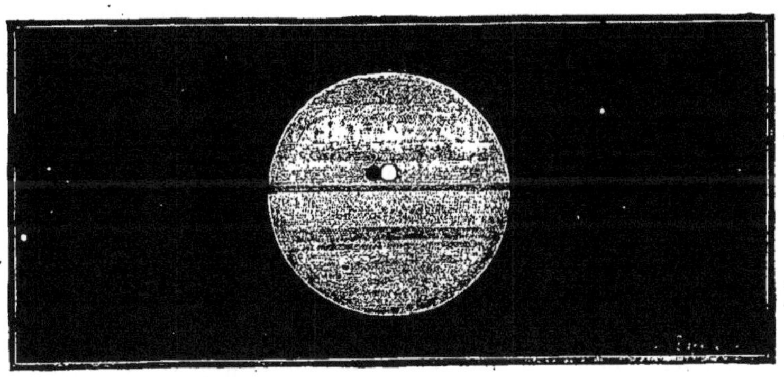

UNE ÉCLIPSE DE SOLEIL SUR SATURNE: LE SATELLITE TITAN ET SON OMBRE.

surface de ses anneaux. Examinons sous ces deux côtés opposés cette question de pure curiosité.

Pendant la nuit, le ciel étoilé a sur Saturne le même aspect que sur la Terre; les seules différences proviennent de ce que les pôles immobiles s'y trouvent en des constellations différentes, et en ce que le mouvement diurne des astres y possède une vitesse près de deux fois un tiers supérieure. Au contraire, d'une nuit à l'autre, les constellations ne changent qu'avec une excessive lenteur, puisque le ciel entier met près de 30 ans à défiler devant le spectateur.

Mais ce qui en varie la physionomie, c'est le mouvement incessant des huit lunes de Saturne. J'ai dit plus haut que les révolutions de ces satellites se font en des périodes de temps fort inégales, et comme chacun d'eux a ses phases en tout semblables à celles de notre Lune, que leurs mouvements propres sur la voûte étoilée se font aussi avec des vitesses très inégales, il en résulte nécessairement les combinaisons les plus variées pour la succession de ces phases sur le ciel de la planète. Tels satellites se verront comme des croissants déliés vers l'horizon du couchant, tandis que d'autres seront au premier quartier ou se lèveront dans leur plein vers l'orient. Un autre genre de phénomènes, bien plus fréquent que sur notre Terre, ajoute encore à la variété de ce spectacle : c'est celui des éclipses, éclipses de Lune, éclipses de Soleil. D'ici, nos télescopes nous permettent d'assister à quelques-unes d'entre elles. Voici, par exemple, un cas bien frappant d'une éclipse de Soleil sur Saturne, occasionnée par Titan, le plus gros des satellites. L'observation, due à un astronome français, J. Chacornac, date du 1er mai 1862. Titan se voit près du centre de la planète, un peu au-dessus de son anneau; par la vivacité de sa lumière, il se projette pour nous comme un petit cercle blanc sur le fond un peu grisâtre du disque, et à côté, sur la gauche, un cercle noir tangent au premier marque la trace de l'ombre du satellite sur le sol de Saturne. En ce moment, une éclipse totale de Soleil avait lieu sur toute la région couverte par le cercle noir, et tout autour, dans une limite que les astronomes saturniens ont dû calculer, c'est une éclipse partielle de Soleil que les habitants, vrais ou hypothétiques de Saturne, avaient le loisir d'examiner. Titan fait sa révolution en 16 jours environ (15 jours 22 heures 41 minutes), ou, si l'on préfère, en 36 jours et demi saturniens. Son volume, égal au moins à celui de la planète Mars, est neuf fois celui de notre Lune.

Sous un autre point de vue, les satellites de Saturne sont sans doute la cause de phénomènes d'un autre genre, non moins complexes que ceux que je viens de décrire. Dans l'hypothèse assez probable de l'état liquide de la surface, chacun d'eux doit déterminer périodiquement deux ondes de marée, qui, tantôt s'ajoutant, tantôt se contrariant ou s'annulant, font succéder à de violentes tempêtes des calmes de courte durée. Si nos marées, avec leur régularité bien connue et d'ailleurs calculées à l'avance, servent souvent d'auxiliaires aux mouvements d'entrée et de sortie des ports, sur Saturne, avec leur inévitable complication, il est probable qu'elles font le désespoir des marins, toujours dans la supposition que des marins, des navires existent sur cette planète si différente de la nôtre.

Il nous reste, pour achever cette esquisse de la constitution physique du monde saturnien, à nous figurer l'aspect des anneaux vus des diverses régions de Saturne, ou du globe de Saturne vu de la surface des anneaux.

Et d'abord on comprend tout de suite que les anneaux ne sont pas visibles à toutes les latitudes. La zone de visibilité ne s'étend de part et d'autre de l'équateur de la planète que jusqu'au 64e degré environ. A partir de là et jusqu'à l'un ou à l'autre pôle, aucune des parties du triple anneau n'est visible et n'émerge au-dessus de l'horizon. Pour qu'un observateur habitant de la zone polaire qui commence au 64e parallèle voie le système des anneaux, il faut qu'il change d'horizon

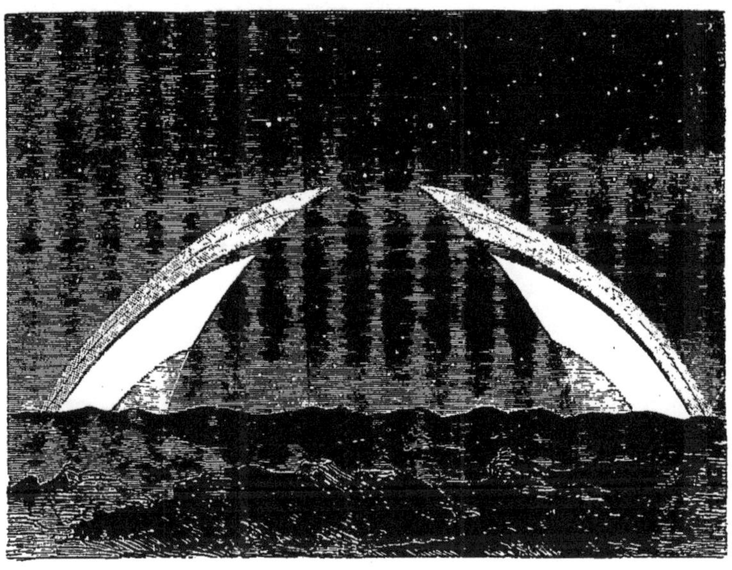

LES ANNEAUX VUS DE SATURNE : VUE IDÉALE PRISE A MINUIT, A LA LATITUDE DE 28 DEGRÉS.

et qu'il s'avance dans la direction du méridien vers l'équateur de Saturne. Voici alors, selon les époques et selon la latitude de la région qu'il visitera, de quels phénomènes il sera témoin.

A mesure que diminuera la latitude de l'observateur, la portion visible du système annulaire ira en croissant. Il faut d'abord supposer que cette exploration se fait pendant l'une des deux saisons de printemps ou d'été dans l'hémisphère d'où l'on part. Dans ce cas, en effet, le Soleil éclaire précisément la face des anneaux tournée vers l'observateur, et alors on la voit sous la forme d'une arche de pont, plus ou moins surbaissée, arche lumineuse, puisqu'elle réfléchit les rayons du

Soleil dont elle est elle-même illuminée. Pendant la journée, c'est une faible lumière, analogue sans doute pour la nuance et l'éclat à la lumière de la Lune, quand elle est visible en plein jour; pendant la nuit, c'est une lumière plus vive et qui doit contribuer avec celle des satellites à donner aux soirées saturniennes un certain éclat, si toutefois la pureté de l'atmosphère laisse au ciel sa sérénité. La forme et l'étendue des immenses arches lumineuses varient d'ailleurs suivant la latitude. En partant du 64e degré pour s'avancer vers l'équateur, on les voit s'élever de plus en plus au-dessus de l'horizon. D'abord, c'est

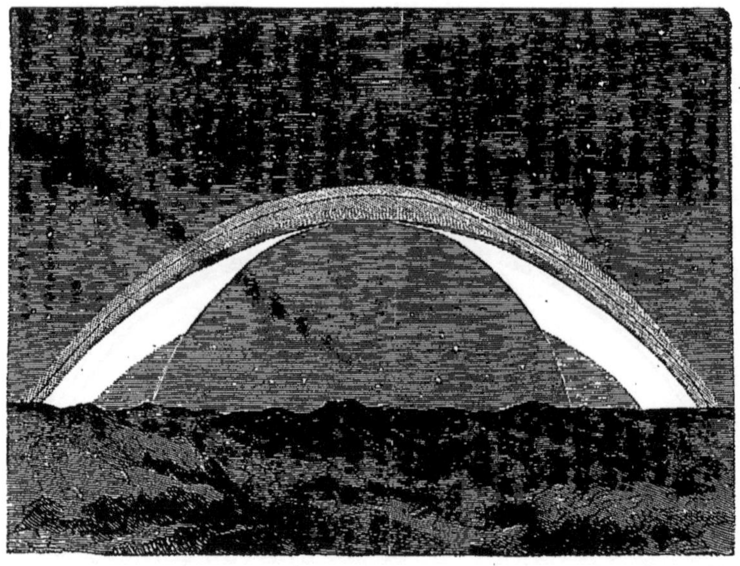

LES ANNEAUX VUS DE SATURNE : VUE IDÉALE, A MINUIT, A L'ÉPOQUE DES SOLSTICES.

une faible partie de l'anneau extérieur, puis cet anneau dans sa largeur totale. Aux latitudes moyennes de 45°, on aperçoit les deux premiers anneaux, et entre eux le vide qui les sépare. A mesure qu'on descend vers les régions équatoriales, le système entier devient visible, mais en même temps, les rayons visuels ayant une direction plus oblique, les anneaux diminuent de largeur apparente. A l'équateur même, ils ne sont plus visibles que par leur tranche intérieure. Cette tranche se présente alors comme un immense ruban lumineux qui s'étend d'orient en occident, en passant par le zénith.

Pour donner une idée du magnifique spectacle que présente la voûte étoilée pendant les nuits des saisons estivales, nous avons dessiné, en nous conformant aux lois de la perspective, l'apparence des anneaux, pour une latitude comprise entre le 25e et le 30e degré. Ce sont deux vues idéales prises à minuit, l'une quelque temps après l'équinoxe du printemps, l'autre au début de l'été, vers l'époque du solstice.

Dans le premier de ces paysages saturniens, le système annulaire forme une arche immense, interrompue par un large vide au sommet. Le ciel est visible à travers l'étroite rainure qui sépare les deux anneaux principaux. Il apparaît aussi au-dessous de l'arche. Quant à l'interruption du sommet, elle est produite par l'ombre que projette Saturne dans l'espace, et ne se distingue du reste du ciel que par l'absence des étoiles. Il est possible d'ailleurs que cette portion éclipsée des anneaux soit quelquefois rendue visible par la réfraction des rayons solaires dans l'atmosphère de la planète. Peut-être la bande éclipsée prend-elle, sur les bords de l'ombre, une teinte colorée, analogue à la nuance rougeâtre de la Lune pendant les éclipses totales.

Le second paysage idéal laisse voir l'anneau extérieur dans son entier : l'ombre de Saturne n'atteint, aux solstices, que les anneaux intérieurs.

Il faut ajouter qu'aux autres heures de la nuit la position de l'ombre n'est pas la même. Elle n'occupe plus le milieu de l'arc. Il résulte de là qu'après le coucher du Soleil c'est la portion occidentale qui apparaît la première. Peu à peu, à mesure que la nuit augmente, l'arc occidental diminue; l'autre portion apparaît à l'orient, jusqu'à ce qu'il y ait égalité à minuit entre les longueurs des deux arcs. A partir de minuit, la portion occidentale diminue encore et finit par disparaître, tandis que l'arc oriental augmente de longueur.

Qu'on ajoute à l'étrange beauté de ce spectacle la présence des satellites offrant des phases diverses, les uns dans leur plein, les autres à l'état de nouvelles lunes, d'autres dans leurs décours, et l'on se fera une idée de la variété d'aspect des nuits de Saturne.

Pendant la période des saisons hivernales, les anneaux présentent leurs faces obscures et ne sont visibles, durant la nuit, que négativement, c'est-à-dire par l'absence des étoiles sur toute la zone céleste qu'ils recouvrent. Cependant, vers le matin et vers le soir, ils peuvent réfléchir la lumière que leur envoie la moitié lumineuse de Saturne; à l'orient et à l'occident, ils se montrent sans doute comme une lueur légère, semblable à la lumière cendrée de la Lune, ou encore à la lumière zodiacale.

Mais si les nuits d'hiver sont privées de la lumière des anneaux, les journées de la même saison offrent, en revanche, les plus curieux phénomènes. La rotation diurne, en faisant mouvoir en apparence le Soleil selon des arcs circulaires, tantôt plus, tantôt moins élevés sur l'horizon, est cause que l'astre radieux subit, lorsqu'il passe derrière les anneaux, de longues et fréquentes éclipses. A la vérité, la durée de ces phénomènes est moindre qu'on ne l'avait supposé d'abord, parce

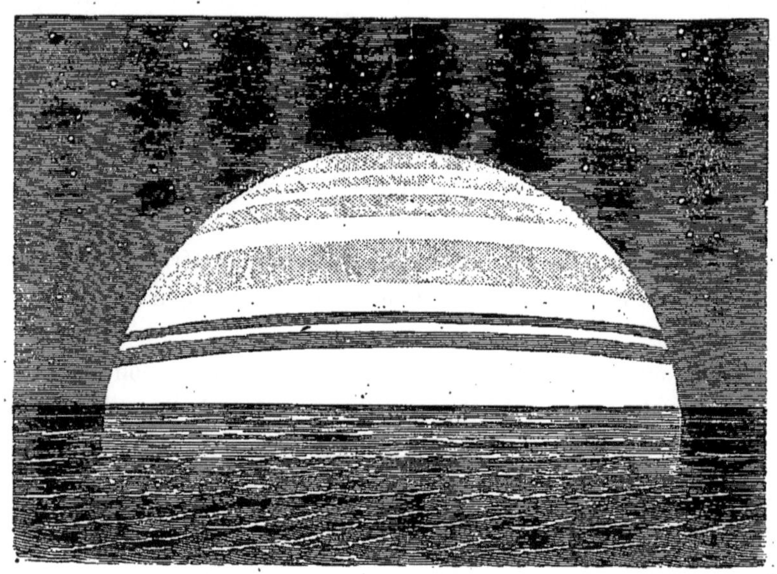

LE GLOBE DE SATURNE VU D'UN POINT DE L'UN DE SES ANNEAUX.

que, la courbe apparente décrite par le Soleil n'étant pas parallèle aux arcs des anneaux, cet astre, éclipsé dès son lever, reparaît à travers le vide qui les sépare, pour disparaître encore. C'est à 23° de latitude que les anneaux produisent les éclipses solaires les plus prolongées. Pendant la durée de dix années terrestres, ces éclipses se succèdent continuellement avec deux interruptions de durée relativement courte, et, pendant une longue série de rotations de Saturne, le Soleil reste complètement invisible. Plus près de l'équateur ou plus près du pôle, les éclipses solaires sont encore très fréquentes, mais leur durée est de moins en moins considérable.

Si l'on juge de la perte de la lumière par l'intensité de l'ombre que projette l'anneau sur le disque de Saturne, les nuits artificielles produites par ces éclipses sont sans doute fort obscures, bien que la réfraction atmosphérique empêche qu'elles ne soient absolues, en donnant lieu à une lumière crépusculaire.

Pour un observateur placé sur les anneaux, le spectacle du ciel serait bien différent. A moins de le supposer sur la tranche, dans le

PHASE DU GLOBE DE SATURNE VU D'UN POINT DE L'UN DE SES ANNEAUX.

sens de l'épaisseur, il verrait une longue nuit de quinze ans succéder à un jour de même durée.

Pendant la période d'illumination de chacune des faces des anneaux, le Soleil est éclipsé toutes les dix heures et demie. Ces éclipses, dues à l'interposition du disque de Saturne, produisent des nuits partielles dont la durée varie entre une heure et demie et deux heures, pour une grande partie de la largeur des anneaux. Ce sont les mêmes phénomènes qui causent l'échancrure de l'arc lumineux vu de Saturne, telle que la représentent à deux époques diverses nos deux vues idéales. Mais, pendant près de quinze autres années, la même face des anneaux est entièrement privée de la lumière du Soleil. Cette longue nuit est en partie compensée par la lumière qu'envoie l'hémisphère éclairé de

Saturne, ou du moins la partie visible de cet hémisphère. A chaque période de dix heures et demie, l'immense globe apparaît sous des phases diverses. C'est d'abord un point lumineux qui grandit à l'horizon, en prenant de plus en plus la forme d'un demi-croissant, mais beaucoup moins recourbé que celui de la Lune. Au bout de 5 heures un quart, c'est à peu près un demi-cercle qui embrasse à lui seul la huitième partie de toute la voûte céleste, et dont la surface est ainsi de plus de vingt mille fois celle du disque lunaire.

Sur ce disque, on aperçoit une zone obscure, divisée par une ligne lumineuse : c'est l'ombre projetée par les anneaux sur la planète. Les autres bandes brillantes et obscures, et sans doute beaucoup de détails physiques, que nous ne pouvons voir à l'énorme distance où nous sommes de Saturne, distinguent les diverses parties de ce disque immense.

Plus on s'éloigne de l'anneau intérieur, plus la portion visible de la planète grandit ; mais ses dimensions apparentes diminuent au contraire avec la distance, sans cesser d'être considérables. Les figures des pages 277 et 278 donneront une idée de l'aspect de Saturne vu d'un point pris sur l'anneau intermédiaire, à deux époques qui diffèrent entre elles d'environ trois heures [1].

1. Dans ces deux vues idéales, comme dans les deux précédentes, nous avons donné au sol de Saturne, comme à celui des anneaux, une structure tout imaginaire. Sans doute, si la surface de la planète est solide, elle est sillonnée d'aspérités considérables ; mais, comme l'observation ne donne rien, nous avons dû rester dans le vague qu'elle exige. Nous avons supposé le sol de l'anneau liquide. On a fait cette hypothèse ; mais, en vérité, nous avons vu qu'on ne sait rien à cet égard, et je me hâte de le rappeler au lecteur, pour qu'il ne se fasse point une fausse idée des connaissances des astronomes à ce sujet. Enfin, nous supposons dans nos paysages une atmosphère analogue à l'atmosphère terrestre, ce qui est très vraisemblable, mais enfin hypothétique. Quant aux formes apparentes des anneaux et des phases de la planète, elles sont construites avec exactitude. C'était ici, à vrai dire, le seul point essentiel.

LES OURAGANS SOLAIRES : EXPLOSION ET JETS D'HYDROGÈNE INCANDESCENT A LA SURFACE DU SOLEIL.

VII

NOTRE ÉTOILE

LE RÔLE DU SOLEIL DANS LE MONDE SOLAIRE.

Pour nous faire une idée du rôle que joue le Soleil dans notre monde, nous n'avons qu'une supposition à faire, qu'une question à nous poser :

« Que deviendrions-nous, que deviendraient la Terre et, avec elle, toutes les autres planètes, si le Soleil venait à disparaître?

« Par exemple, si, sans cesser d'exister là où il est, avec sa masse, sa puissance attractive, il perdait cette faculté de rayonner tout autour de lui la chaleur et la lumière, en un mot s'il venait à s'éteindre? »

Chacun de nous, en y réfléchissant un instant, pourra répondre à cette question désolante. Privée subitement de toute lumière, de toute chaleur autres que la chaleur et la lumière rayonnées par les étoiles, notre planète continuerait à tourner sur son axe, à effectuer en une année sa révolution autour d'une masse désormais invisible; mais c'est tout. Cette rotation quotidienne ne se manifesterait plus que par les changements d'aspect de la voûte étoilée, par le lever et le coucher de ses constellations; cette translation annuelle se montrerait encore par la lente révolution des constellations. Mais les profondes ténèbres d'une nuit éternelle envelopperaient sans exception toutes les régions de la Terre. Voilà pour ce qui regarde la privation de la lumière du Soleil. La privation de sa chaleur aurait des conséquences autrement terribles.

Ce serait là mort de tout ce qui aujourd'hui vit dans l'air, sur la terre et dans les eaux, une mort qui ne tarderait guère à s'accomplir. Toute la chaleur emmagasinée dans le sol, les eaux et l'atmosphère serait en bien peu de temps rayonnée dans l'espace, et le froid qui en résulterait congèlerait instantanément pour ainsi dire tous les liquides qui existent sur le globe : ce serait, à coup sûr, la destruction de tous les corps organisés, végétaux et animaux.

Si l'on veut se faire une idée de la température excessive à laquelle nous serions soumis, il suffit de se rappeler les expériences à l'aide desquelles les physiciens sont parvenus à évaluer la température de l'espace, c'est-à-dire celle que l'on obtiendrait aux limites de notre atmosphère pour un point qui ne recevrait d'autre chaleur que la chaleur émanée des étoiles. C'est à cette température en effe que se trouverait réduite notre planète, dans l'hypothèse de l'extinction du Soleil.

Or le résultat des expériences en question a donné de *cent quarante à cent soixante degrés au-dessous de zéro*. Nos froids artificiels les plus intenses n'atteignent pas cette température effroyable.

Byron, dans une de ses poésies intitulée LES TÉNÈBRES, a peint avec une sombre énergie le drame terrible dont le globe serait le théâtre, si le foyer de la vie de tous les êtres qui la peuplent venait à s'éteindre. J'ai reproduit dans ma monographie du *Soleil* ce morceau de poésie où la vérité scientifique n'est peut-être pas parfaitement respectée, mais qui exprime bien l'horreur des scènes que pourrait amener la catastrophe. Le poète termine ainsi :

« Le monde était désert ; les pays populeux et puissants n'étaient plus qu'une masse inerte et il n'y avait ni saisons, ni végétation, ni arbres, ni hommes, ni vie ; — une masse de mort. — un chaos d'argile durcie. Les fleuves, les lacs et l'Océan étaient immobiles, et rien ne remuait dans leurs silencieuses profondeurs ; les navires sans équipages pourrissaient sur la mer, et leurs mâts tombaient pièce à pièce ; en tombant ils dormaient sur l'abîme que rien ne soulevait plus, les vagues étaient mortes ; les marées étaient dans la tombe, où les avait précédées la Lune, leur reine ; les vents s'étaient flétris dans l'air stagnant, et les nuages n'existaient pas ; les ténèbres n'en avaient plus besoin :

« Les ténèbres étaient l'univers ! »

Ce que nous serions sans le Soleil se peut dire en deux mots : Nous ne serions pas ! Mais cette réponse négative à la question ne suffit point à faire comprendre la puissance bienfaisante, féconde, de cet astre dont les peuples de l'antiquité, dans leur ignorance naïve, on peut dire tout aussi bien dans leur science instinctive, ou dans leur instinctive reconnaissance, avaient fait le dieu de l'univers.

L'astronomie, la physique et la chimie ont permis de calculer ce que la simple réflexion laissait seulement pressentir. En analysant les divers modes d'action du Soleil sur l'une des planètes qui gravitent autour de lui, ces sciences ont résolu le même problème pour toutes les planètes soumises à son empire ; elles ont fait plus : le Soleil n'étant que l'une des innombrables étoiles dont le ciel est parsemé et qui en peuplent les profondeurs, elles ont du même coup démontré par analogie l'existence de la vie et du mouvement dans tout l'univers.

Sur la Terre, les phénomènes de la vie organique, végétale et animale, ont sans doute des lois qui leur sont propres, depuis les microbes les plus infimes jusqu'aux êtres les plus développés, jusqu'à l'homme ; mais ils sont en même temps sous la dépendance des mouvements de la planète, et par conséquent du Soleil qui régit ces mouvements et qui en est la source. Qu'un simple élément astronomique vienne à se modifier, et toute l'économie des êtres vivants en sera altérée. Qu'on suppose augmentée ou diminuée l'inclinaison de l'axe de la Terre sur le plan de son orbite, et tout aussitôt les climats se modifient, les flores et les faunes se répartissent autrement sur la surface du globe. Des modifications du même ordre seraient la conséquence d'une variation plus ou moins considérable dans l'excentricité de l'orbite, dans la durée de la rotation, dans celle de l'année, etc.

C'est le rapport existant entre la masse du Soleil, celle de la Lune et celle de la Terre, qui détermine l'intensité des marées. Que le poids de la Terre, qui n'est pas supérieur à la trois-cent-vingt-cinq millième partie du poids du Soleil, vienne à changer, et l'intensité de la pesanteur à la surface du globe changera elle-même ; toutes les conditions de l'équilibre et du mouvement des corps reposant sur cette surface changeront également. Il serait bien difficile de se rendre compte des conséquences qui résulteraient pour notre planète d'un accroissement notable de sa masse ; mais, à coup sûr, elles seraient d'une grande importance.

On a cherché à évaluer l'intensité des radiations solaires.

Leur influence se fait sentir de trois manières différentes, selon qu'on les considère au point de vue des effets qu'elles provoquent sur les corps terrestres. Ces effets sont calorifiques, ou lumineux, ou encore chimiques, selon qu'ils affectent la température, la visibilité, ou qu'ils consistent en combinaisons ou en décompositions chimiques.

Sous ces trois formes, les physiciens ont mesuré les radiations solaires. Ce serait tout à fait sortir du cadre de cet ouvrage que d'essayer de dire quels moyens les savants emploient pour ces déterminations délicates. Mais on sera curieux, croyons-nous, de savoir à quels résultats ils sont parvenus.

Les astronomes et les physiciens sont très divisés sur la question de savoir quelle température règne soit à la surface du Soleil, soit dans les profondeurs de sa masse. Tandis que les uns l'évaluent de 1500 à 2 ou 3000 degrés centigrades, c'est-à-dire la comparent aux plus hautes températures qu'on puisse obtenir dans les hauts fourneaux ou dans les laboratoires, d'autres ne craignent pas de parler de millions de degrés. Mais on est plus près de s'entendre lorsqu'il s'agit d'évaluer la quantité de chaleur que le Soleil verse sur la Terre, celle qu'indiquerait un thermomètre placé à la limite de notre atmosphère. En totalisant cette chaleur sur la surface entière de la planète, pour une minute de durée, un jour, une année, on arrive à des résultats vraiment prodigieux. Qu'on en juge.

Supposons que la chaleur reçue du Soleil par la Terre entière dans le cours d'une année soit uniformément répartie sur tous les points du globe, et qu'elle y soit employée, sans perte aucune, à fondre de la glace. Dans cette hypothèse, la chaleur en question serait capable de fondre une couche de glace de 42 mètres d'épaisseur.

On peut présenter ce résultat sous une autre forme, depuis que l'on sait transformer une quantité donnée de chaleur en travail mécanique, depuis qu'on sait, par exemple, que la quantité de chaleur nécessaire pour élever d'un degré centigrade la température d'un kilogramme d'eau équivaut au travail qu'il faudrait dépenser pour élever de 1 mètre en 1 seconde un poids de 425 kilogrammes. Les physiciens expriment ce résultat en disant : 1 *calorie équivaut à* 425 *kilogrammètres.*

Eh bien, la chaleur du Soleil reçue en une année par la Terre, si elle pouvait être entièrement convertie en travail, équivaudrait à 736 sextillions de kilogrammètres, ou à 314 trillions de chevaux-vapeur. 785 milliards de machines, chacune d'une force effective de 400 chevaux, travaillant sans relâche le jour et la nuit, voilà donc ce que vaut, pour notre seule planète, la radiation calorifique du Soleil !

Ces nombres énormes nous disent bien quelle est la puissance de l'action calorifique de l'astre lumineux sur le globe terrestre. Mais cette puissance ne s'exerce pas seulement sur la Terre ; n'oublions pas en effet que le rayonnement solaire est le même dans toutes les directions de l'espace et que notre globe, vu du Soleil, est une fraction infime du ciel entier, environ la deux-billionième partie. Dès lors, c'est par 2 150 000 000 qu'il faut multiplier tous les nombres qui mesurent la chaleur reçue par la Terre. Si l'on procède ainsi, voici en quels termes il faudra formuler la puissance calorifique totale du foyer de notre monde :

En supposant que la chaleur émise par le globe solaire soit exclusivement employée à fondre une couche de glace qui serait appliquée sur ce globe et l'envelopperait de toutes parts, cette quantité de chaleur suffirait pour fondre en 1 minute une couche de 16 mètres d'épaisseur. En un jour, la couche de glace fondue aurait une épaisseur de près de 24 kilomètres.

Tyndall a exprimé le même résultat de la façon suivante : « La chaleur totale émise par le Soleil en 1 heure ferait bouillir 2900 milliards de kilomètres cubes d'eau prise à la température de la glace. » Sir John Herschel avait donné une forme originale à la même vérité en disant, dans ses *Esquisses d'astronomie* : « Imaginons qu'une colonne

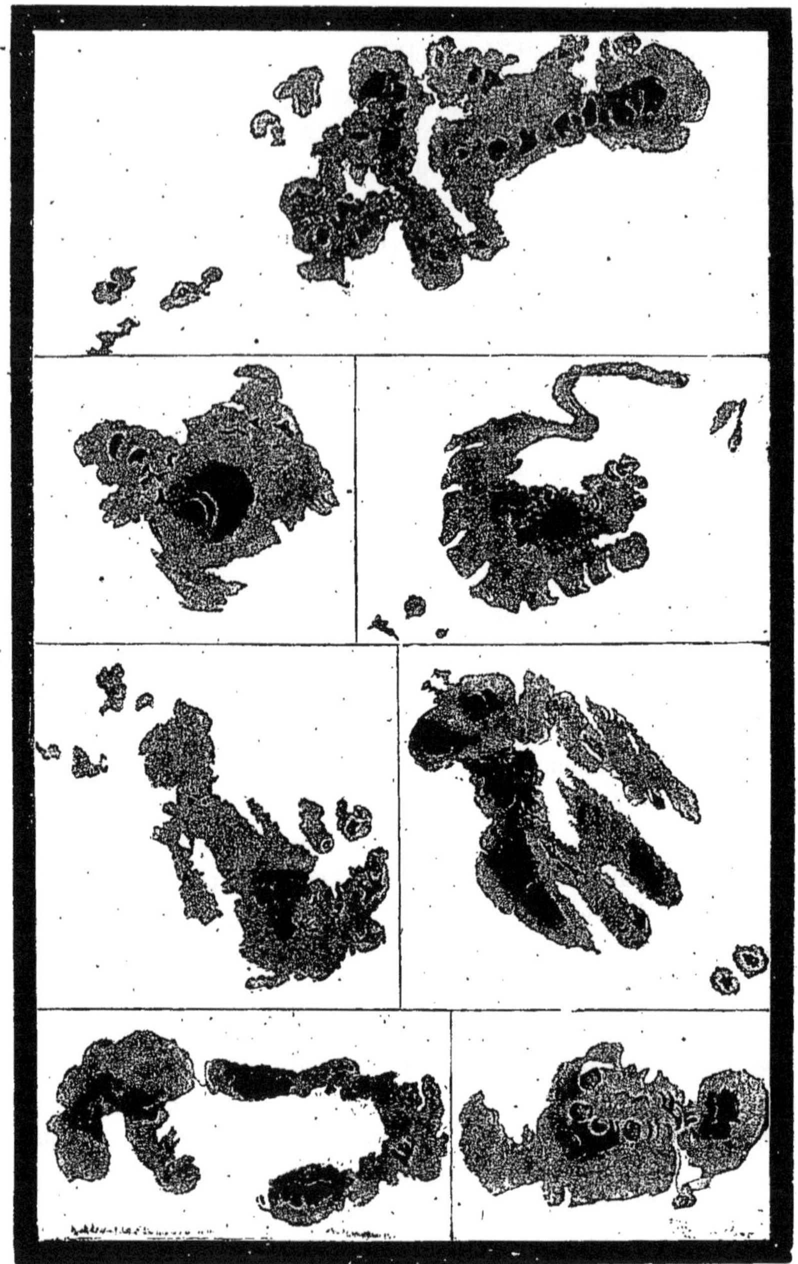

TACHES DU SOLEIL, OBSERVÉES PAR SIR JOHN HERSCHEL.

cylindrique de glace de 18 lieues de diamètre soit incessamment lancée dans le Soleil, et que l'eau fondue soit aussitôt enlevée. Pour que toute la chaleur solaire fût employée à la fusion de la glace, sans qu'aucun rayonnement extérieur se produisît, il faudrait lancer le cylindre congelé dans le Soleil avec la vitesse de la lumière. » C'est dire encore que la chaleur solaire fondrait, en une seule seconde, un cylindre de glace ayant 4120 kilomètres carrés de base et une hauteur de 310000 kilomètres !

A quoi, pourrait-on demander, cette prodigieuse dépense d'énergie calorifique est-elle utilisée? On l'a vu plus haut en ce qui concerne la Terre : sans cette chaleur notre planète serait un astre mort, un cadavre. La Terre n'est pas seule dans le monde solaire ; elle n'en est même qu'une assez faible partie. Ses compagnes, leurs nombreux satellites, reçoivent aussi leur part de cette émission fécondante, de cette source de mouvement et de vie. Néanmoins, il est bien clair que la fraction de chaleur totale interceptée par les planètes est très petite eu égard au tout. Le reste va se perdre dans les espaces interstellaires, dont il contribue, avec les rayonnements de toutes les autres étoiles, à entretenir la température. Dans les régions de l'espace que la Terre parcourt à notre époque avec le monde solaire tout entier, la température en question paraîtra faible sans doute, si l'on en défalque la chaleur provenant du Soleil, puisqu'elle serait mesurée au thermomètre par 140 à 160 degrés centigrades au-dessous de zéro. Cependant cette chaleur est bien loin d'être négligeable ; la Terre, pour ne parler que de ce qui nous concerne, reçoit en effet de cet espace, en apparence si dépourvu de chaleur, une quantité de chaleur comparable à celle que le Soleil lui envoie. Cette assertion semble paradoxale ; elle est vraie cependant, et mes lecteurs la comprendront bien vite, s'ils songent que le rayonnement stellaire n'émane pas seulement d'une surface égale à celle du disque solaire, mais de tout le ciel, dont la surface est égale à 200000 fois celle de ce disque.

Pour donner une idée de la puissance calorifique du Soleil, on l'a supposée, ainsi qu'on vient de le voir, tout entière convertie en travail mécanique. Il n'est pas besoin de dire que ce n'est là qu'une pure hypothèse. En réalité, la majeure partie élève et maintient la température du sol, des eaux et de l'atmosphère. Mais il n'en est pas moins vrai qu'une autre partie se transforme en mouvements sensibles à la vue, dont le sol, l'air et les eaux sont le théâtre continuel. C'est ce qu'il est aisé d'établir. Pour cette démonstration, je prends la liberté

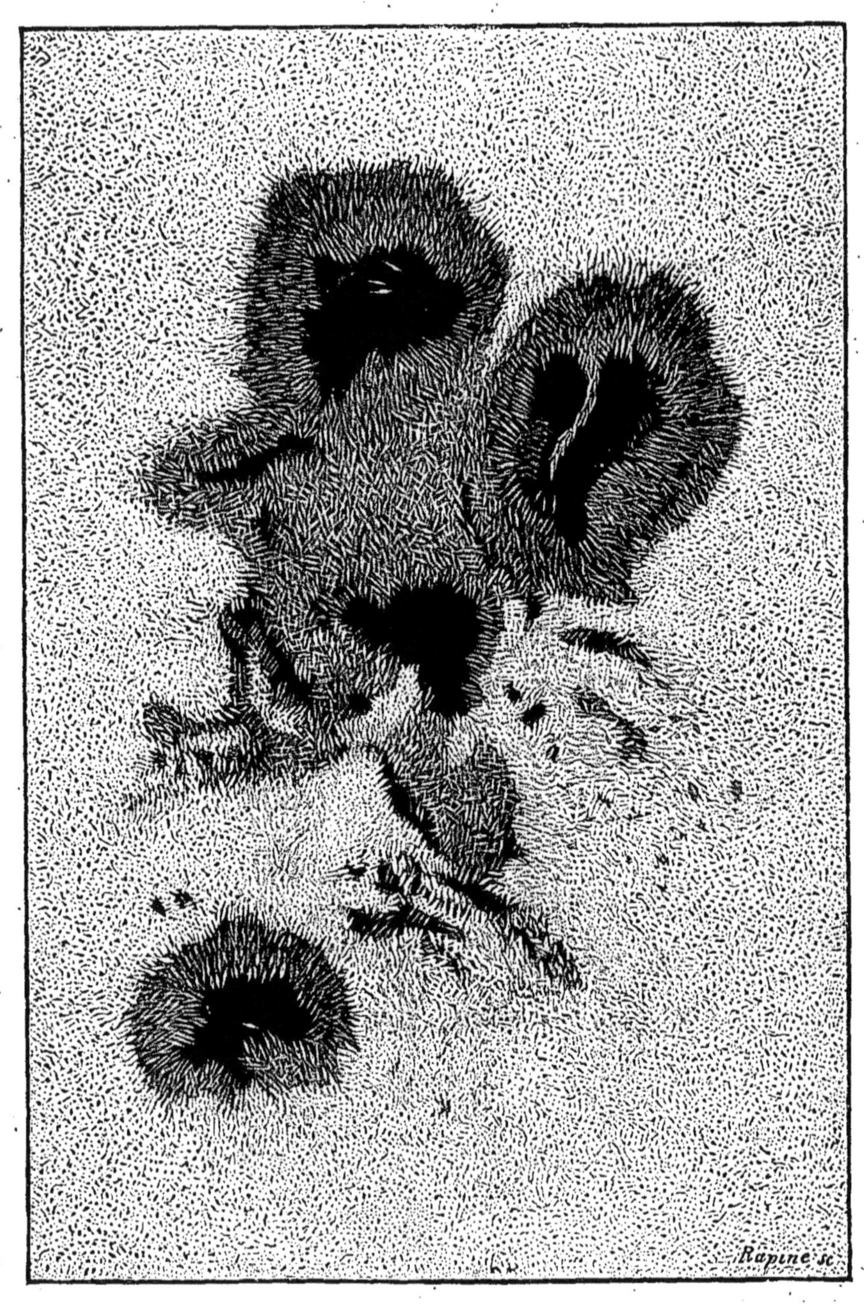

GROUPE DE TACHES SOLAIRES, STRUCTURE DE LA PHOTOSPHÈRE EN FORMES DE FEUILLES DE SAULE (NASMYTH).

de transcrire ici ce que j'ai dit à ce sujet dans ma petite monographie du *Soleil*.

A quelle cause, en effet, sont dus les courants aériens, les mouvements réguliers ou irréguliers dont les masses gazeuses de l'atmosphère sont animées? A la chaleur solaire, qui directement échauffe peu les couches atmosphériques, mais qui, dardant à plomb sur le sol des régions tropicales, élève plus fortement qu'aux autres latitudes sa température. Les couches d'air les plus basses, en contact avec le sol, s'échauffent, se dilatent, et l'air raréfié dont elles se composent monte pour se déverser au nord et au sud vers les latitudes plus septentrionales, tandis qu'elles sont remplacées par les masses d'air plus froides que fournissent les régions tempérées et polaires. Ainsi naissent les vents réguliers connus sous le nom d'alizés, dont la direction est d'ailleurs modifiée par le mouvement de rotation de la Terre.

Deux fleuves aériens coulent ainsi incessamment, dans chaque hémisphère, de l'équateur vers chaque pôle : l'un supérieur, se dirigeant vers le nord-est dans l'hémisphère boréal, vers le sud-est dans l'hémisphère austral; l'autre inférieur, ayant une direction précisément contraire, par conséquent soufflant du nord-est ou du sud-est. « Ainsi naissent les grands vents de notre atmosphère, matériellement modifiés toutefois par la distribution irrégulière des terres et des eaux. Des vents de moindre importance naissent aussi de l'action locale de la chaleur, du froid et de l'évaporation. Il est des vents produits par l'échauffement de l'air dans les vallées des Alpes, qui quelquefois s'élancent avec une violence soudaine et destructive à travers les gorges des montagnes. Il est des bouffées agréables d'air descendant, produites par la présence des glaciers sur les hauteurs. Il est des brises de terre et des brises de mer dues aux variations de température du sol du rivage pendant le jour et la nuit. Le soleil du matin, échauffant la terre, détermine un déplacement vertical d'air, que l'air plus froid de la mer vient compenser en soufflant vers la terre. Le soir, la terre est plus refroidie par le rayonnement que les eaux de la mer, et les conditions sont interverties : c'est l'air plus froid et plus lourd des côtes qui souffle alors vers la mer. » (Tyndall.)

Les vents, comme on voit, ont tous pour origine première la chaleur du Soleil, qui s'exerce inégalement dans les diverses régions de la surface du sol terrestre, suivant la position de l'astre, position qui d'ailleurs varie sans cesse avec l'heure du jour et l'époque de l'année. La rotation et la translation de la Terre concourent donc avec la radiation calorifique solaire pour déterminer les courants atmosphériques. Ainsi se dépense sous forme de mouvement sensible une partie de la puissance mécanique que recèlent les ondulations éthérées émanant du Soleil.

Ce n'est pas tout. Les alternatives d'échauffement et de refroidissement du sol et des masses atmosphériques produisent, tantôt une évaporation de l'eau des mers, des rivières et des lacs, tantôt une condensation de la vapeur d'eau que contient l'atmosphère. Les vésicules

UNE TACHE SOLAIRE. STRIES DE LA PÉNOMBRE.

qui forment les nuages, refroidies, se réunissent en gouttes que leur poids précipite à la surface du sol, et l'on a la pluie. Se refroidissent-elles plus encore, elles se congèlent et tombent sous forme de neige, s'accumulant principalement sur les sommets des montagnes : dans les hautes régions, les neiges forment les glaciers. La chaleur du Soleil liquéfie de nouveau l'eau congelée dans les champs de neige et les glaciers ; les ruisseaux et les sources descendent sous l'influence de la pesanteur, se réunissent avec les eaux des pluies, forment les rivières et les fleuves, et retournent ainsi dans l'Océan d'où la chaleur du Soleil les avait fait sortir.

Ainsi la circulation des eaux comme celle des masses aériennes, ces mouvements incessants si indispensables à l'entretien de la vie à la surface du globe, puisent la force qui leur donne naissance en partie dans la puissance mécanique de la chaleur solaire, en partie dans la gravité de la masse terrestre.

D'autres courants liquides, ceux qui sillonnent les mers, depuis l'équateur jusqu'aux pôles, sont produits de la même façon : les températures inégales donnent lieu à d'inégales dilatations et à des mouvements ascendants et descendants des couches liquides ; l'évaporation produit un effet inverse en augmentant le degré de salure dans les points où la chaleur la rend plus forte, c'est-à-dire dans les régions de la zone équatoriale : de là des différences dans la densité et des mouvements ou courants qui en sont la conséquence.

La quantité de mouvement engendrée ainsi d'une manière continue par la chaleur solaire à la surface du globe terrestre est immense. Elle ne se borne point à la circulation aérienne, fluviale et océanique, ou, du moins, cette circulation même donne lieu à des modifications incessantes dans la croûte solide du globe. Une dégradation lente et continue des roches, des transports de matière, sables, graviers, terres, changent d'année en année, de siècle en siècle, la forme des rivages, le relief des collines et des montagnes. Et c'est encore la puissance mécanique de la chaleur solaire qui est la cause première de ces transformations.

LE RÔLE DU SOLEIL DANS LE MONDE PLANÉTAIRE. SES RADIATIONS CHIMIQUES.

Ce n'est pas seulement sous forme de lumière et de chaleur que le Soleil verse périodiquement sur la Terre ses puissants et féconds effluves : la présence de ses rayons se manifeste encore sous une forme moins apparente, mais non moins efficace, non moins propre à modifier les corps soumis à leur action : une multitude de combinaisons et de décompositions chimiques s'effectuent sous leur influence.

Ce mode d'activité des radiations solaires a été mis en évidence, pour la première fois par Scheele en 1770 : ce savant découvrit que le chlorure d'argent exposé à la lumière du Soleil prenait une teinte noire violacée. Depuis, le phénomène a été étudié et expliqué : ce n'est autre chose qu'une décomposition chimique du chlorure d'argent en ses deux éléments, l'argent métallique et le chlore. Le chlorure d'argent n'est pas d'ailleurs le seul composé chimique que la lumière solaire ait la propriété de réduire : l'azotate d'argent, le chlorure d'or, et en général les chlorures, les bromures, les iodures des métaux les moins oxydables, comme l'or, le mercure, l'argent, le platine, sont dans le même cas. Sous l'action prolongée des rayons du Soleil, l'acide

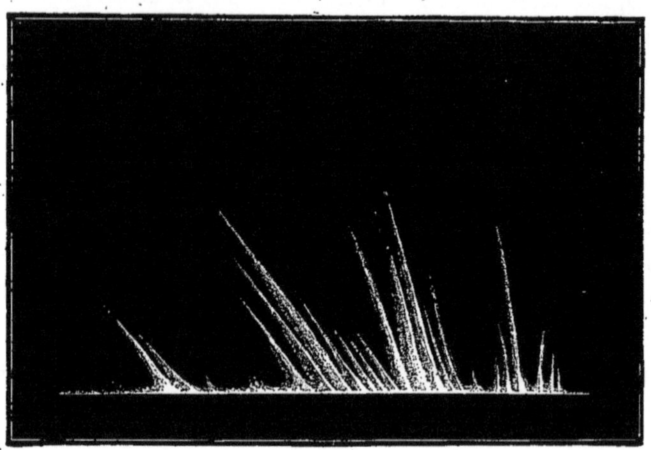

PROTUBÉRANCE DE LA CHROMOSPHÈRE. JETS RECTILIGNES D'HYDROGÈNE.

azotique concentré, qui est, comme on sait, parfaitement incolore, jaunit en perdant de l'oxygène et dégage des vapeurs rutilantes, et la même action réductrice a lieu pour d'autres combinaisons oxygénées placées dans les mêmes circonstances.

Une expérience bien connue de tous ceux qui ont étudié la chimie démontre un autre mode d'action de la lumière du Soleil. On sait combien est grande l'affinité du chlore pour l'hydrogène : un mélange de ces deux gaz, à volume égal, donne lieu à la formation de l'acide chlorhydrique; il suffit d'approcher une allumette enflammée de l'ouverture du flacon qui le renferme. Une vive détonation annonce aussitôt la combinaison des gaz. Mais la lumière produit le même effet que la chaleur, et si l'on jette en l'air, en un endroit éclairé par le Soleil, le ballon qui contient le mélange détonant, une explosion violente a lieu et le vase se brise en mille pièces, avant de retomber sur le sol. Ainsi la lumière du Soleil, que nous avons vue plus haut déterminer des décompositions chimiques, provoque aussi des combinaisons. Celle que nous venons de rapporter n'est pas la seule : le brome se conduit comme le chlore, quand on l'expose aux rayons solaires en présence d'un composé hydrogéné. La résine de gaïac s'oxyde à la lumière du Soleil, et de blanche qu'était sa couleur, elle passe au bleu foncé. »

Comme on a cherché à mesurer l'intensité de la lumière et celle de la chaleur du Soleil à la surface de la Terre, on a aussi calculé l'intensité de ses radiations chimiques. Deux chimistes contemporains, Bunsen et Roscoe, ont trouvé que la puissance du Soleil, à ce point de vue, peut se mesurer par un volume de gaz hydrogène et de chlore mêlés que renfermerait une couche de 35 mètres d'épaisseur enveloppant toute la Terre : en une minute, l'action des rayons solaires suffirait à transformer cette couche entière en gaz acide chlorhydrique. Là, comme pour la chaleur ou pour la lumière, l'atmosphère a une influence absorbante : sous l'inclinaison normale, la couche d'acide chlorhydrique formée ne serait plus que de 17 mètres; elle serait réduite à 11 mètres si les rayons du Soleil parvenaient à elle après avoir traversé l'atmosphère sous une incidence de 45 degrés.

En une année, la couche de gaz acide chlorhydrique que les radiations chimiques du Soleil auraient la puissance de combiner sur toute la surface du globe terrestre, atteindrait une épaisseur de 4600 kilomètres. Convertie en chaleur, cette puissance donnerait plus de quatre mille fois le nombre de calories provenant de la radiation calorifique du Soleil, et on a vu plus haut cependant quelle énorme quantité de chaleur le globe terrestre reçoit directement dans le cours d'une année.

Tout le monde sait aujourd'hui, grâce aux expériences admirables que les physiciens, les chimistes, les physiologistes ont accumulées sur ce point si important des sciences naturelles, depuis les Bonnet et les Priestley jusqu'aux Dumas, aux Boussingault, aux Draper, tout le monde, dis-je, sait comment s'exerce cette bienfaisante influence des rayons solaires sur les êtres vivants. On sait que les parties vertes des plantes, exposées aux rayons directs de la lumière solaire, décomposent le gaz acide carbonique contenu dans l'air, fixent dans leur substance le carbone et laissent en liberté une quantité équivalente d'oxygène, celle qui, combinée avec le carbone, formait l'acide carbonique. Dans l'obscurité, au contraire, l'oxygène de l'air est en partie absorbé par la plante, et il se dégage de l'acide carbonique provenant de l'oxydation d'une portion du carbone de la plante. Bien plus, Drâper a montré que la décomposition de l'acide carbonique par les parties vertes des plantes ne s'effectue que sous l'influence de la partie lumineuse du spectre solaire : les rayons purement calorifiques ou purement chimiques n'agissent pas sur cette élimination de l'oxygène.

Qui ne sait aussi quelle influence bienfaisante joue la lumière solaire sur les animaux, sur la santé de l'homme? L'expérience de

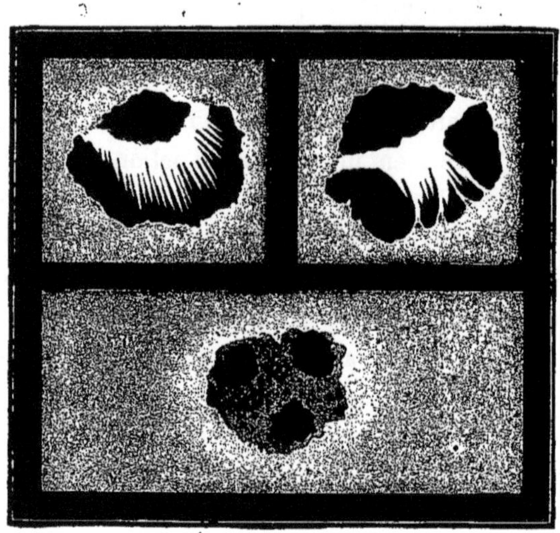

TACHES SANS PÉNOMBRE ET À NOYAUX MULTIPLES.

tous les jours suffirait à nous l'apprendre. Que l'on compare, en effet, ceux qui passent une notable partie de leur existence en plein air, au beau soleil, avec les misérables habitants des ruelles obscures des grandes villes. Les habitations mal éclairées, outre qu'elles sont en même temps mal aérées, froides, humides, sont malsaines par cela seul qu'elles ne sont point vivifiées par les rayons solaires.

Le mode d'action de ces rayons sur les animaux est tout différent d'ailleurs de celui qu'ils exercent sur les végétaux. Tandis que les plantes exhalent de l'oxygène en fixant le carbone de l'acide carbonique de l'air, les animaux consomment de l'oxygène et exhalent de l'acide carbonique; les uns produisent l'élément nécessaire aux autres, et réciproquement. Il n'est donc pas étonnant que le séjour dans une verte campagne, que les promenades pendant le jour au milieu des bois soient salutaires à la santé. Les feuilles des arbres, l'herbe des prés, toutes les plantes qui couvrent la terre exhalent de l'oxygène en abondance; on y respire donc à pleins poumons l'air le plus pur, le plus vivifiant.

Moleschott a fait de nombreuses expériences qui prouvent que, toutes choses égales d'ailleurs, chaleur, pression atmosphérique, nourriture, etc., la quantité d'acide carbonique exhalée par un animal augmente avec l'intensité lumineuse, et atteint sa limite inférieure dans l'obscurité complète, « ce qui revient à dire, ajoute ce savant, que la lumière du Soleil accélère le travail moléculaire chez les animaux ».

Ainsi les rayons du Soleil sont, à tous les points de vue, une condition première de l'existence des êtres organisés à la surface de la Terre. Ils leur fournissent la chaleur, sans laquelle la vie serait bientôt éteinte, la lumière qui préside à la nutrition des plantes, et par là même à celle de tous les individus du règne animal; ils agissent, par une influence de tous les instants, comme causes déterminantes de nombreuses combinaisons et décompositions chimiques. C'est une source incessamment et périodiquement renouvelée de mouvement, de puissance, de vie. Les générations humaines actuelles profitent, non seulement de la prodigieuse quantité de force que le Soleil verse annuellement sur la Terre, sous forme d'ondulations calorifiques, chimiques et lumineuses, mais elles consomment encore la réserve qu'ont accumulée les siècles. Que sont, en effet, les couches de houille ensevelies sous terre par les évolutions géologiques, sinon le produit de la lumière solaire qui s'est condensée, il y a quelque cent mille années, en forêts gigantesques? Le carbone transformé par une sorte de distillation lente s'aggloméra d'abord en tissu tourbeux, puis en roches de compacité croissante, jusqu'à ce que les couches de détritus végétaux fussent totalement transformées en lits de houilles fossiles. Aujourd'hui, dans les usines, les locomotives et les machines des steamers, ces précieux fossiles rendent à l'homme, en lumière, en chaleur et finalement en force mécanique, tout ce qu'ils avaient accaparé, il y a des milliers de siècles, de la puissance contenue dans la radiation solaire.

La page suivante, empruntée à un physicien anglais contemporain,

Tyndall, résume admirablement tout ce que l'on sait du rôle des radiations solaires à la surface de notre planète :

« Autant il est certain que la force qui met la montre en mouvement dérive de la main qui l'a remontée, autant il est certain que toute puissance terrestre découle du Soleil. Sans tenir compte des éruptions des volcans, du flux et du reflux des mers, chaque action mécanique exercée à la surface de la Terre, chaque manifestation de puissance, organique et inorganique, vitale ou physique, a son origine dans le Soleil. Sa chaleur maintient la mer à l'état liquide, et l'atmosphère à l'état gazeux; et toutes les tempêtes qui les agitent l'une et

TACHES DU SOLEIL.

l'autre sont soufflées par sa force mécanique. Il attache au flanc des montagnes les sources des rivières et les glaciers, et, par conséquent, les cataractes et les avalanches se précipitent avec une énergie qu'elles tiennent immédiatement de lui. Le tonnerre et les éclairs sont à leur tour une manifestation de sa puissance. Tout feu qui brûle et toute flamme qui brille dispensent une lumière et une chaleur qui a appartenu originairement au Soleil. A l'époque où nous sommes, hélas! force nous est de nous familiariser avec les nouvelles des champs de bataille; or chaque charge de cavalerie, chaque choc entre deux corps d'armée est l'emploi ou l'abus de la force mécanique du Soleil. Le Soleil vient à nous sous forme de chaleur, il nous quitte sous forme de chaleur; mais, entre son arrivée et son départ, il a fait naître les puissances variées de notre globe. Toutes sont des formes spéciales de la puissance solaire, autant de moules dans lesquels celle-ci est entrée temporairement, en allant de sa source vers l'infini.

« Présentées à notre esprit sous leur véritable aspect, les découvertes et les généralisations de la science moderne constituent donc le plus sublime des poèmes qui se soient jamais offerts à l'intelligence et à l'imagination de l'homme. Le physicien de nos jours est sans cesse en contact avec un merveilleux qui ferait pâlir celui de Milton : merveilleux si grandiose et si sublime, que celui qui s'y livre a besoin d'une certaine force de caractère pour se préserver de l'éblouissement. Considérez l'ensemble des énergies de notre monde, la puissance emmagasinée dans nos houillères, nos vents et nos fleuves, nos flottes, nos armées et nos canons. Qu'est-ce que tout cela? Une fraction de l'énergie du Soleil au plus égale à un 2 150 000 000e de l'énergie totale. Telle est en effet la portion de la force solaire absorbée par la Terre, et encore nous ne convertissons qu'une minime fraction de cette fraction en pouvoir mécanique : en multipliant toutes nos énergies par des millions de millions, nous n'arriverons pas à représenter la dépense totale de chaleur du Soleil. »

En présence de ces déductions de la science, désormais irréfragablement prouvées, et que ses progrès ultérieurs ne peuvent que développer et étendre, il est impossible de n'être point frappé de l'accord qu'elles présentent avec les conceptions religieuses primitives qui sont le fonds et la substance de toutes les religions et de tous les cultes, anciens et modernes. L'adoration du feu, le culte du Soleil étaient des traductions naïves d'une idée profondément vraie, celle que toute puissance terrestre, mouvement, vie, pensée, a son origine dans les triples radiations calorifiques, lumineuses et chimiques du Soleil.

L'AGE DU SOLEIL.

Si le Soleil est le foyer commun où toute vie s'alimente sur la Terre et sur toutes les planètes qui lui font cortège, il est bien intéressant de savoir combien durera son activité rayonnante. Depuis quand existe-t-il à l'état de masse incandescente, lançant de toutes parts ce flux de chaleur et de lumière dont nous recevons aujourd'hui notre petite part? Quelle est sa dépense annuelle et comment entretient-il cette activité prodigieuse dont la science a essayé de mesurer l'intensité?

Autant de questions qui sollicitent les recherches du savant, comme elles provoquent les méditations du penseur.

J'ai donné pour titre à ce chapitre *Notre étoile*. Le Soleil est une étoile en effet. Qu'on le recule par la pensée à la distance de l'étoile

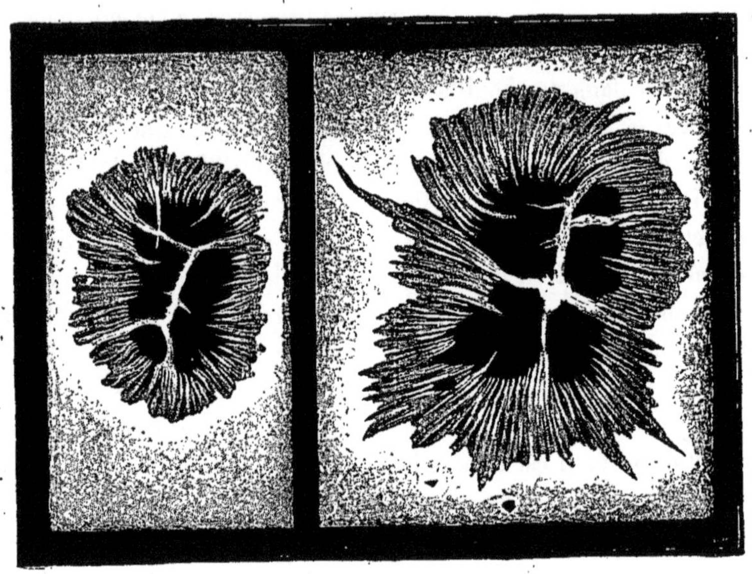

TACHES SOLAIRES. PONTS LUMINEUX (LUMINOUS BRIDGES).

la plus rapprochée de la Terre, qu'il s'enfonce dans l'espace jusqu'au point où il sera 200 000 fois plus éloigné de nous qu'il ne l'est en ce moment. Sa lumière, pendant ce trajet qui ne durerait pas moins de trente mille ans si sa vitesse n'était que de 29 kilomètres par seconde (celle de la Terre dans son orbite), sa lumière, dis-je, graduellement décroissante, finirait par s'abaisser jusqu'à celle d'une étoile de 2e grandeur. Que le Soleil soit une étoile, ou que les étoiles soient des soleils, ce qui revient au même, cela n'est pas douteux; c'est un fait prouvé d'ailleurs par d'autres arguments que celui qu'on vient d'invoquer. On sait aujourd'hui analyser la lumière d'une source quelconque; on peut reconnaître, par cette analyse, quelle est la nature chimique des substances dont l'incandescence produit cette lumière, et c'est ainsi qu'on a reconnu l'analogie de la lumière du Soleil et de celle d'un grand nombre d'étoiles.

Or, parmi les millions d'étoiles qui brillent dans les profondeurs de l'espace, il en est dont la lumière est sujette à des variations d'intensité, qui, par exemple, ont diminué d'éclat au point de devenir invisibles, qui, en un mot, pour nous du moins, se sont éteintes. Le Soleil ne serait-il pas une étoile de ce genre? Qui nous dit qu'après avoir brillé pendant un temps donné avec l'éclat que nous lui connaissons, il ne viendra point un jour où cet éclat baissera, soit lentement, soit brusquement? N'a-t-on pas vu, il y a vingt ans, une étoile de la Couronne boréale grandir en quelques jours au point d'atteindre et de dépasser en éclat la *Perle*, la plus brillante étoile de cette constellation, puis lentement revenir à sa première intensité, assez faible pour être comme auparavant invisible à l'œil nu? L'étude des phases de cet événement singulier, qui n'est pas unique dans les annales du ciel, l'analyse de la lumière de l'astre aux diverses périodes d'éclat, ont prouvé que cette augmentation si rapide était due à la combustion du gaz hydrogène. L'étoile, par un dégagement gazeux dont les causes sont inconnues, s'est trouvée subitement enveloppée d'une couche de ce gaz assez abondante pour donner lieu à cette immense conflagration.

Supposons que le Soleil, dont nous allons voir la surface recouverte précisément d'une couche continue de ce même gaz hydrogène, éprouve une semblable transformation, que, par l'immense incendie qui en résulterait, sa chaleur et sa lumière viennent à doubler, à tripler, à décupler d'intensité, comme a fait sous nos yeux ce soleil de la Couronne boréale. Imaginez les conséquences de cet accroissement de chaleur pour la Terre, pour les planètes et tous les astres de notre monde solaire! On a vu plus haut ce qui leur arriverait dans l'hypothèse de l'extinction du Soleil; ici les conséquences, toutes contraires, ne seraient pas moins désastreuses. Gelés dans un cas, consumés ou rôtis dans l'autre, la destruction ne serait pas pour nous moins certaine.

Extinction ou subite conflagration, voilà deux genres de catastrophes qui ne sont pas impossibles, mais que, dans le cours naturel des choses, il est permis de considérer comme des exceptions, comme des cas extraordinaires. Mais ce qui est probable, c'est que l'intensité de la radiation solaire est soumise à cette loi générale qui veut qu'il n'y ait pas de dépense sans un affaiblissement correspondant, à moins que des causes extérieures ne viennent à tout instant entretenir l'intensité de cette radiation. Ce que l'on peut dire, c'est qu'il n'est pas possible d'assimiler le globe du Soleil à une masse en combustion, brûlant par exemple comme un globe de houille de même dimension. « Si le Soleil était un bloc de houille, dit Tyndall, et qu'on l'approvisionnât d'oxygène en quantité suffisante pour le rendre capable de brûler au degré qu'exige la radiation mesurée, il serait entièrement consumé au bout de 5000 ans. » Selon ce savant physicien, aucune des combustions, aucune des affinités chimiques que nous connaissons ne saurait

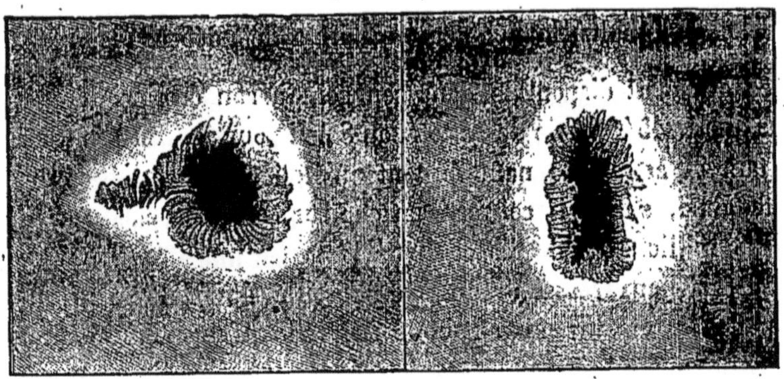

TACHES DU SOLEIL. FACULES.

entretenir la radiation solaire. L'énergie chimique de ces substances serait trop faible, et elles se dissiperaient trop vite dans l'espace.

On a donc eu recours à d'autres hypothèses.

Les uns ont supposé que la radiation solaire était entretenue par des chutes de météores à la surface du Soleil. Cette théorie a été soutenue par Mayer, Waterston, W. Thomson.

Outre les planètes et leurs satellites, outre les comètes périodiques ou autres, on sait qu'il circule autour du Soleil une multitude de corpuscules groupés par essaims, par traînées : ce sont ces corps qui, en frôlant l'atmosphère de la Terre, lorsqu'ils viennent à rencontrer notre planète, donnent lieu au phénomène des étoiles filantes. On admet qu'à la longue chacun de ces courants de matière, voyant sa vitesse accélérée par la résistance du milieu où ils se meuvent, doit venir tomber à la surface du Soleil. Une telle pluie de météores, incessamment renouvelée, donne lieu, par suite du choc qui en résulte, à une production considérable de chaleur. Leur vitesse minimum, en arrivant à la surface de l'astre, dépasserait 400 kilomètres par seconde.

D'autres, comme Balfour-Stewart, Helmholtz, pensent bien que la radiation solaire est entretenue par une transformation de force vive en chaleur. Seulement, ce ne sont pas des corps étrangers au Soleil, que la gravitation oblige à tomber à sa surface, qui produisent par leur chute l'accroissement voulu de chaleur; d'après eux, ce sont les molécules mêmes de la masse solaire, lesquelles, continuant d'obéir à la force de gravitation qui dès l'origine les a peu à peu condensées, transforment la nébuleuse primitive, infiniment étendue, en un noyau limité, lumineux ou incandescent.

Selon Helmholtz, la nébuleuse solaire a déjà dépensé les $\frac{453}{454}$ de la force qui était disponible dans son sein à son origine. Il ne reste plus que la 454e partie de ce total au Soleil pour achever son existence en tant qu'astre rayonnant, en tant qu'étoile. A la vérité, ce qui lui reste ainsi, s'il était converti en chaleur, suffirait encore à élever de 28 millions de degrés centigrades la température d'une masse d'eau égale aux masses réunies du Soleil et des planètes : c'est une quantité de chaleur qui vaut 3500 fois celle qu'engendrerait la combustion du système solaire tout entier, s'il formait une masse de houille pure. En ce cas nous pouvons évaluer à bon nombre de millions d'années le temps qui reste encore au Soleil avant son extinction. On voit que la fin du monde, par l'extinction de notre étoile, est encore bien éloignée de nous.

Nous pouvons donc dormir tranquilles, nous et les générations qui suivront la nôtre, pendant bien des myriades de siècles. Notre approvisionnement de chaleur et de lumière se trouve assuré pour un avenir dont nous ne saurions mesurer la durée. L'humanité, si on compare son âge à celui de la Terre, est dans la période de la plus tendre enfance. Qu'on songe que, selon Bishof, notre globe lui-même, jadis fluide et incandescent, a mis, pour se refroidir de 2000 à 200 degrés centigrades, au moins 350 millions d'années. A cette dernière température, il ne pouvait y avoir encore d'êtres organisés à sa surface : à quelle période antérieure faudrait-il remonter pour fixer la date de cette époque reculée? Que serait-ce, si l'on évaluait le temps nécessaire à la condensation que la nébuleuse solaire a dû subir avant d'arriver à constituer le Soleil, puis les planètes?

Que faut-il conclure de tout ce qui précède? Que si le Soleil n'est pas, comme le croyaient les Anciens, un feu pur, une masse formée d'une substance incorruptible, s'il a eu un commencement et s'il aura un jour une fin, du moins cette fin semble devoir être si reculée que, vis-à-vis de nos existences d'un jour, la sienne est comme éternelle.

Une autre preuve de sa corruptibilité, ce sont les accidents qu'on observe à sa surface. Avant Galilée, avant les lunettes, on ignorait que ce disque si éblouissant, dont les yeux ne peuvent soutenir la vue que sous la protection d'épais brouillards, ou examiné à l'aide de verres de couleur foncée, était quelquefois, comme les plus belles et les plus pures choses de ce monde, couvert de taches. Mais, avant de donner quelques détails sur les taches du Soleil et sur tout ce que le télescope a permis de voir des phénomènes qui se passent à sa surface, mentionnons quelques autres données relatives à notre étoile.

Parlons d'abord de sa distance. Les mesures prises par les astronomes, à diverses reprises et par diverses méthodes, accusent pour cette distance un nombre peu différent de 23 200 rayons équatoriaux de la Terre. Il est aisé de transformer ce nombre en unités de distance usuelles, en kilomètres par exemple.

On trouve alors, en nombre rond, 148 millions de kilomètres. En été, le Soleil est un peu plus éloigné de la Terre qu'en hiver ; cet écart est de 778 rayons terrestres, soit 5 millions de kilomètres. Quelques comparaisons donneront une idée plus nette de la grandeur de l'intervalle moyen qui sépare le Soleil de notre globe. La distance où nous sommes de la Lune est 385 fois plus petite. La lumière, qui parcourt 298 000 kilomètres par seconde, met 8 minutes 16 secondes à nous venir de l'astre radieux. Si une explosion sonore pouvait se transmettre du Soleil à la Terre, dans une atmosphère aérienne, à la température de 15 degrés, le son ne mettrait pas moins de quatorze ans à parvenir à notre oreille. Si la même explosion était celle d'un canon susceptible de nous lancer un boulet avec une vitesse constante de 500 mètres par seconde, le projectile arriverait sur la Terre cinq ans plus tôt que le bruit même de la détonation : neuf ans un quart lui suffiraient.

Enfin, prenons un exemple dans des vitesses qui nous soient plus familières. Imaginons un train de chemin de fer partant du Soleil le 1er janvier 1888, et voyageant sans s'arrêter à la vitesse de 50 kilomètres par seconde. Il n'arriverait à la Terre qu'après un voyage de près de trois siècles et demi, c'est-à-dire vers le milieu de l'an 2225 !

La distance du Soleil étant connue, on en a déduit aisément sa grosseur, son diamètre, sa surface, son volume.

Le diamètre solaire est un peu plus de 108 fois le diamètre de notre globe ; il mesure donc 1 380 000 kilomètres, ce qui donne pour la circonférence de l'immense sphère 4 332 000 kilomètres, plus d'un million de lieues. Sa surface équivaut à 12 000 fois celle de la Terre, son volume à 1 273 000 globes terrestres. C'est six cents fois au moins le volume de toutes les planètes réunies.

On met encore en parallèle, d'une façon saisissante, les volumes du Soleil et de la Terre, en représentant notre planète par un globe de 30 centimètres de diamètre. En ce cas, le Soleil, représenté par un ballon de 32 mètres de diamètre, la moitié de la hauteur des tours de Notre-Dame à Paris, devrait être reculé à 3 kilomètres et demi du premier, pour conserver le rapport entre les dimensions et la distance.

La masse du Soleil est proportionnellement moins forte : elle ne vaut que 324 000 fois environ la masse de la Terre. Ce n'est guère que le quart du poids qu'il devrait avoir, si sa densité était égale à la densité de notre globe. Cette densité de la matière qui compose le globe solaire est donc à peu près le quart de celle du nôtre, laquelle est évaluée à 5,56, quand on prend la densité de l'eau pour unité. En définitive, un mètre cube de la matière solaire pèse seulement 1400 kilogrammes.

En revanche l'intensité de la pesanteur à la surface du Soleil est 27 fois plus forte que celle qui affecte les corps sur notre globe. Un poids d'un kilogramme y pèse sur son appui avec la même force que 27 kilogrammes à la surface de la Terre, ou, si l'on veut, ce poids appliqué au ressort d'un de nos dynamomètres transporté sur le Soleil lui ferait marquer la division qui correspond à 27 kilogrammes.

Toutes ces données ont un grand intérêt dans toutes les questions ayant pour objet quelque phénomène de la dynamique ou de la physique solaire. Si je les mentionne ici, c'est afin que le lecteur se rende bien compte de ce fait que, toutes les fois qu'on passe d'un corps céleste à un autre, il faut avoir soin de se rappeler que les conditions des phénomènes physiques ou mécaniques ne sont pas les mêmes sur l'un et sur l'autre.

En voici encore un exemple en ce qui concerne le Soleil.

Cet astre tourne autour d'un de ses diamètres, et le sens de cette rotation est le même que le sens de la rotation de la Terre et des autres planètes connues. Mais la durée en est bien différente : elle n'est pas moindre de vingt-cinq jours et demi. Comment et quand ce mouvement a-t-il été reconnu, c'est ce que nous allons dire maintenant, en abordant le sujet de la constitution physique du Soleil.

NATURE DES TACHES ET CONSTITUTION PHYSIQUE DU SOLEIL.

C'est à un astronome hollandais, Jean Fabricius, que revient l'honneur de la découverte des taches du Soleil. Galilée les aperçut la même année, et l'un et l'autre tirèrent de leurs observations la même conclusion, à savoir, la rotation du Soleil. Fabricius prit d'abord la tache noirâtre et d'assez grande dimension que sa lunette lui montrait sur le disque, pour un nuage qui passait au-devant de l'astre. Mais il fut obligé pour s'en assurer de remettre l'observation au lendemain. Alors, en effet, on n'avait point encore pris la précaution d'armer l'oculaire d'un verre noir pour observer le Soleil. On l'examinait près de l'horizon, le matin ou le soir, quand son éclat était affaibli par l'interposition des couches d'air les plus épaisses. Quand le mouvement diurne de l'astre lui faisait dépasser une certaine hauteur, sa lumière éblouissante ne permettait plus l'observation. Le lendemain et quelques jours après, Fabricius revit la tache, mais elle s'était avancée vers le bord occidental du disque. D'autres taches se montrèrent et parurent, comme la première, se mouvoir à la surface et dans le même sens. L'étude de ces mouvements fit bientôt voir à Fabricius qu'ils ne pouvaient s'expliquer que dans l'hypothèse du mouvement du Soleil lui-même, tournant uniformément autour d'un de ses diamètres. Galilée, de son côté, arriva à la même conclusion ; mais il fut plus précis que l'astronome hollandais : il fixa à quatorze jours environ la période de visibilité des taches, ce qui donne vingt-sept à vingt-huit jours pour la durée de la rotation apparente. Depuis, on a constaté que cette période de visibilité n'est pas rigoureusement la même pour toutes les taches : d'où il suit qu'elles sont affectées de mouvements propres, ou, si l'on veut, ne sont pas absolument immobiles aux mêmes points de la surface solaire.

De la durée apparente on déduisit aisément la durée réelle de la rotation des taches, moindre que la première d'environ deux de nos jours. 25 jours et demi, telle est donc à peu de chose près la durée de rotation moyenne d'une tache située sur l'équateur solaire, ou du Soleil lui-même sur son axe.

Ainsi, premier point important, les taches découvertes par Fabricius et Galilée montrent le Soleil doué, comme les planètes qu'il gouverne, d'un mouvement de rotation autour d'un axe de direction constante. Comme il a été démontré depuis qu'il est également soumis à un mouvement de translation dans l'espace, il en résulte que la loi de ce double mouvement est générale, générale dans le monde solaire, et, ajoutons-le, dans l'univers entier.

Mais que sont les taches elles-mêmes? Qu'indiquent-elles sur la constitution physique de l'astre auquel elles appartiennent? Avant de répondre à ces questions, toujours très controversées, décrivons d'abord sommairement les phénomènes.

Au télescope, sans user d'ailleurs de grossissements considérables, examinons une tache solaire. Dans la grande majorité des cas, nous la trouverons formée de deux parties : l'une, centrale, est noire ou du moins semble telle, en comparaison de la lumière dont brille la surface du disque, la *photosphère*. C'est le *noyau* de la tache. Ce noyau est ordinairement entouré, sur toute sa périphérie, d'une partie grisâtre, qu'on nomme la *pénombre*, et dont la forme générale est sensiblement la même que celle du noyau. Il n'est pas rare, du reste, qu'une même pénombre enveloppe plusieurs noyaux, séparés soit par une teinte grisâtre semblable, soit par des filets plus lumineux.

Les taches sombres du Soleil sont presque toujours constituées comme on vient de le dire. Cependant on observe parfois des taches noires, des noyaux dépourvus de pénombre, comme aussi des pénombres sans noyau.

En ce qui regarde leur forme et leurs dimensions, rien de plus varié que les taches du Soleil. Il en est d'à peu près rondes, d'ovales; souvent aussi elles affectent les formes les plus irrégulières, qui défient toute description. On peut s'en rendre compte en jetant un coup d'œil sur les divers dessins de taches solaires dont notre texte est accompagné. Il en est de même pour les dimensions. Certaines taches sont à peine perceptibles; d'autres embrassent une notable portion de la surface du disque. Le diamètre apparent du Soleil, tel que nous le voyons de la Terre, est égal à un peu plus d'un demi-degré, soit 32 minutes d'arc. Or il n'est pas rare d'observer des taches qui ont 1 minute de longueur; Arago en cite une qui mesurait 167 secondes, près de 3 minutes. Une tache mesurée par Schrœter avait une surface égale à quatre fois celle d'un cercle de même rayon que la Terre; son diamètre n'était pas moindre de 12 000 lieues. W. Herschel en observa

GRANDES TACHES SOLAIRES OBSERVÉES PAR LE CAPITAINE DAVIS.

une, en 1779, dont le diamètre mesurait 17 000 lieues. Un astronome anglais, le capitaine Davis, a vu, en 1839, sur le Soleil deux groupes d'énormes taches. La figure ci-dessus est la reproduction du dessin de cet observateur. En considérant la plus étendue de ces taches (qui est double, il est vrai, étant formée d'un double noyau), on constate que, dans sa plus grande longueur, elle ne mesure pas moins de 300 000 kilomètres; sa surface totale, pénombre comprise, était d'au moins 200 millions de myriamètres carrés. La plupart des astronomes regardent les taches sombres du Soleil comme des dépressions de la photosphère, comme des trous, des cavités dans la matière dont cette photosphère est formée. Si cette hypothèse est fondée, on voit que si notre globe terrestre pouvait être projeté dans un de ces gouffres, il y disparaîtrait comme une pierre dans un puits.

Outre les taches sombres, le télescope montre sur le disque solaire des parties plus brillantes que la photosphère. Ces taches blanches sont les *facules*, qui sont quelquefois isolées, mais le plus souvent accumulées sur le rebord extérieur des pénombres. Les facules isolées, lorsqu'elles apparaissent en une région du disque, sont presque toujours le symptôme précurseur de la formation, en ce point, d'une tache ou d'un groupe de taches. De même, quand une tache noire disparaît, les facules qui l'accompagnaient persistent encore quelque temps après sa disparition, en sorte que taches sombres et taches brillantes ont tout l'air d'être des phénomènes connexes à la surface du Soleil.

Pour achever cette description très abrégée des accidents qu'on voit sur le disque solaire, quand on l'examine au télescope, disons un mot de la structure de toutes les parties de la surface que n'envahissent ni les taches sombres, ni les facules. C'est de beaucoup la plus étendue : car si les taches sont parfois nombreuses, même alors elles ne font en tout qu'une assez faible fraction de la photosphère; il arrive aussi qu'on en voit une ou deux au plus, ou qu'il n'y en a aucune.

Si la lunette avec laquelle on étudie l'astre n'a qu'un faible pouvoir grossissant, la photosphère paraît être partout d'un blanc uniforme et donne l'idée d'une surface parfaitement lisse et nivelée. Il n'en est plus ainsi quand on observe avec un télescope d'une assez grande puissance. Alors la surface brillante apparaît comme sillonnée d'une multitude de rides lumineuses et de rides plus sombres, qui s'entrecroisent dans tous les sens et la font ressembler, ainsi qu'on l'a dit bien des fois, au pointillé d'un fond de gravure. Plusieurs de nos figures donnent une idée de cet aspect du disque solaire. Ces points plus sombres de la surface sont les *pores*, les plus brillants sont les *lucules;* on les aperçoit dans toutes les régions du disque, tandis que les taches et les facules n'apparaissent le plus souvent que dans une zone limitée de chaque côté de l'équateur solaire. Il faut en excepter toutefois les facules elles-mêmes et les noyaux des taches, dont les teintes sont à peu près uniformes; mais les parties des taches qui, sous des teintes très variées, constituent les pénombres, examinées avec un grossissement suffisant, offrent une structure qui a la plus grande analogie avec la surface granulée du disque. La différence paraît surtout consister en ce que les interstices ou pores y sont beaucoup plus larges, de sorte que les parties relativement brillantes de la pénombre paraissent détachées les unes des autres sur un fond plus sombre. Leur forme allongée leur a fait donner par un astronome anglais contemporain, M. Nasmyth, le nom de « feuilles de saule » (*willow-leaves*). D'autres observateurs ont reconnu l'existence de ces mêmes fragments lumineux et les ont comparés, M. Dawes à des brins de paille déchiquetés, M. Stone à des grains de riz; M. Huggins les nomme simplement des granulations. Ces différences d'aspect (ou plutôt de

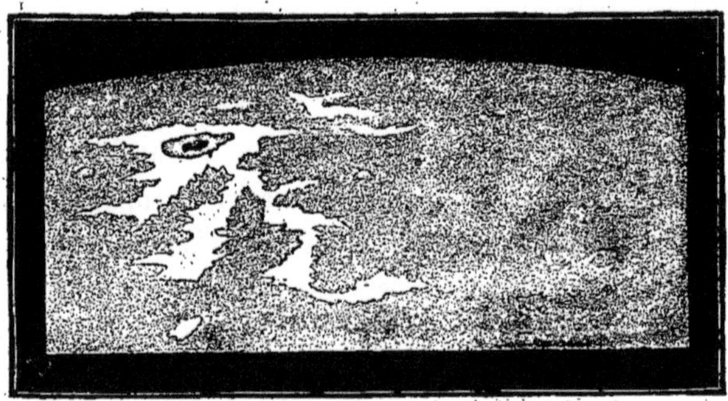

TACHE ET FACULES SUR LE BORD DU SOLEIL.

dénominations) sont-elles réelles ou viennent-elles de ce que les observateurs étaient diversement impressionnés? C'est ce que les photographies de la structure de la photosphère, telles que les obtient le savant directeur de l'Observatoire de Meudon, M. Janssen, permettront de décider. En attendant, voici une description du P. Secchi et deux dessins de MM. Nasmyth et Huggins, qui suffiront à donner au lecteur une idée de la structure de la photosphère du Soleil.

« Le fond lumineux du Soleil, dit l'astronome romain, se voit comme un véritable réseau semé d'une foule de points blancs plus ou moins allongés et séparés par une maille plus sombre, et les nœuds de cette maille paraissent de très petits trous noirs. Les pénombres des taches sont plus remarquables : on voit surtout une grande quantité de corps blancs allongés, qui, se plaçant à la suite les uns des autres, produisent comme des filaments, et c'étaient ceux-ci que j'avais nommés *courants* dans mes observations antérieures. Cette configuration cependant n'est pas constante, et les corps blancs ne sont pas toujours séparés dans les pénombres. Il est difficile de trouver un objet auquel on puisse les comparer : je les comparerai à des amas de coton allongés, de toutes les formes imaginables, quelquefois enchevêtrés les uns dans les autres, quelquefois aussi dispersés et isolés.

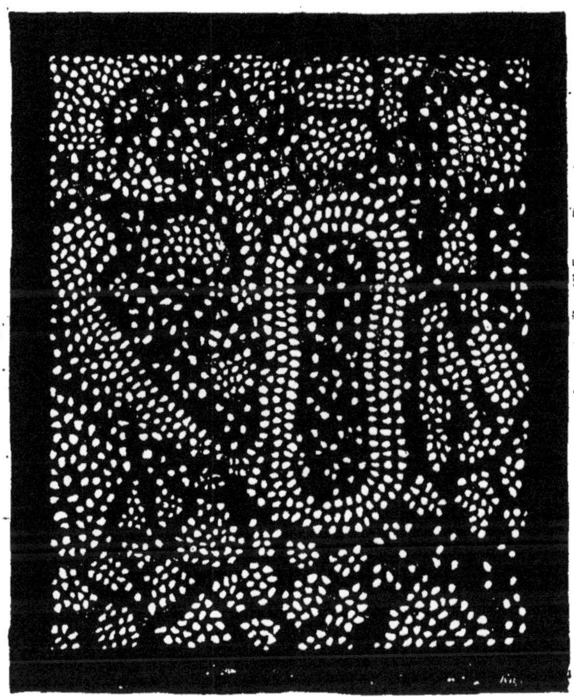

GRANULATIONS DE LA PHOTOSPHÈRE, D'APRÈS HUGGINS.

Parfois ces amas sont très bien terminés et nettement tranchés, parfois ils sont épanouis et mal terminés. Leur tête est en général tournée vers le centre du noyau. Ils ressemblent à de gros coups de pinceau, d'un blanc très fort à la tête et décroissant vers la queue. Le fond général sur lequel sont dispersés ces corps est une faible lumière qui constitue la pénombre. Une faible lumière se prolonge en traînées très épanouies, et a toute l'apparence de nos cirrus dans l'atmosphère, comme les autres parties ressemblent aux cumulus. Le contour de la tache générale est lui-même formé par les têtes de ces corps blancs qui lui donnent l'aspect d'une crémaillère à dents proéminentes. »

On verra plus loin comment on interprète cette structure granulaire de la surface photosphérique, quelle est la nature de ces corps qu'on retrouve jusque dans les pénombres, et j'insisterai surtout sur l'extrême mobilité des taches, des facules, en un mot de toutes les parties de la photosphère.

Pour un observateur qui aurait la faculté de suivre d'une manière continue le disque solaire dans sa lunette, les taches passeraient successivement sous ses yeux par toutes les phases de leur existence : symptômes précurseurs de leur apparition dans la production des

TACHES EN FORME DE TOURBILLON, D'APRÈS LE P. SECCHI.

facules, points noirs s'élargissant pour former le noyau et s'entourant de pénombre, changements incessants de grandeur et de forme, division, séparation, puis diminution et disparition finale. Il est malheureusement impossible de réaliser effectivement cette permanence de l'observation. D'une part, la fatigue serait excessive, et d'ailleurs le Soleil est loin d'être toujours visible : les nuages, la nuit, le masquent, et puis une seule moitié reste en vue et le mouvement de rotation entraîne l'objet observé dans l'hémisphère invisible. Néanmoins les nombreuses observations partielles ont suppléé à ces difficultés.

Certaines taches ne font pour ainsi dire qu'apparaître et disparaître ; mais il en est qui persistent pendant plus d'une rotation et qu'on voit reparaître au bord oriental après avoir disparu derrière le bord occidental du disque. Cassini signalait une tache qui resta visible pendant deux mois et dix jours. En 1779, une tache solaire eut une durée de 6 mois, et Schwabe, en 1840, en vit une qui persista pendant 8 rotations, près de 7 mois entiers.

Enfin, si l'on suit dans le cours des années le nombre des taches solaires ou leur fréquence, on reconnaît que cette fréquence est soumise à une loi de périodicité fort remarquable : tous les onze ans environ, le nombre annuel des taches passe par un maximum, et le même intervalle sépare les minima des périodes intermédiaires;

TACHE DU SOLEIL EN TOURBILLON, D'APRÈS TACCHINI.

l'augmentation et la décroissance ont lieu d'ailleurs selon une progression très marquée.

C'est en s'appuyant sur ces données, qui résultent d'une longue suite de recherches, qu'on a assimilé le Soleil à une étoile variable. Quand les taches sont plus nombreuses, la radiation lumineuse est moindre; l'étoile est à son minimum d'éclat; elle atteint le maximum quand le nombre des taches diminue ou qu'il n'en existe point. Mais si la lumière croît ou décroît en raison du petit ou du grand nombre de taches, il n'est pas sûr qu'il en soit de même de la chaleur émise. Sir J. Herschel pensait que là où les taches se produisent, où la photosphère se découvre pour ainsi dire pour laisser voir l'intérieur du noyau solaire, l'émission de chaleur est au contraire plus intense que celle des parties les plus lumineuses du disque. Disons tout de suite que des observations faites par divers astronomes, Secchi, Chacornac,

Langley, ont conduit à une conclusion tout opposée : les taches rayonnent moins de chaleur, à surface égale, que la photosphère, excepté sur l'extrême bord du limbe, où l'absorption de chaleur et de lumière est considérable.

Depuis l'époque de leur découverte — il y a 276 ans — bien des hypothèses ont été proposées pour expliquer les taches du Soleil. Cela était tout naturel ; il est bien difficile à un savant mis subitement en présence d'une énigme de la nature de ne pas chercher aussitôt une solution, et d'attendre patiemment le résultat des recherches ultérieures. On brûle de savoir et l'on se hâte de proposer des théories avant d'avoir recueilli assez de faits pour leur donner une base solide. Mais cette précipitation, qui a ses inconvénients, n'est pas sans avoir ses avantages. Elle provoque des observations nouvelles : les unes ont pour objet de confirmer la théorie proposée; les autres, au contraire, de fournir des objections à ses adversaires; mais les unes et les autres profitent à la science, dont les progrès sont subordonnés à la découverte de faits nouveaux. C'est ce qui est arrivé pour la théorie des taches du Soleil.

Galilée regarda tout d'abord les taches comme une espèce de fumée, de nuage ou d'écume, se formant à la surface du Soleil et nageant sur un océan de matière subtile ou fluide. Hévélius partagea l'opinion du grand Florentin. D'autres considéraient aussi les taches comme flottant à la surface du Soleil ; mais tantôt ils en faisaient des matières lumineuses, lancées par des volcans sous-jacents ; tantôt c'étaient des corps solides et irréguliers, plongés dans le fluide et apparaissant de temps à autre à la surface.

D'autres enfin les regardaient comme les sommets de montagnes opaques que les mouvements du fluide lumineux couvraient et découvraient successivement.

Ces explications primitives des taches solaires ne sont que des interprétations grossières des phénomènes, tels qu'ils furent observés d'abord : on n'avait point encore étudié les taches dans tous leurs détails de mouvements et de structure, et on n'éprouvait pas le besoin de rendre compte de particularités encore inconnues.

Une théorie qui a été longtemps adoptée par la plupart des astronomes, et qui d'ailleurs n'est pas complètement abandonnée, est celle de l'astronome anglais Wilson ; cette théorie a eu pour partisans d'éminents astronomes, parmi lesquels nous citerons Bode, W. Herschel, Arago, etc. Elle considère les taches comme des cavités, des ouvertures temporaires, existant dans l'enveloppe lumineuse du Soleil. Celle-ci, autrement dit la photosphère, n'est que la seconde atmosphère du globe solaire; au-dessous d'elle, existe une couche vaporeuse, formée de nuages moins lumineux et qu'on aperçoit dans les taches autour du noyau plus sombre qui constitue la partie solide du Soleil. C'est cette atmosphère nuageuse qui, vue dans le sens de son épaisseur au travers de l'ouverture des taches, donne lieu à l'apparence des pénombres.

Dans cette hypothèse, la formation d'une tache est due à une sorte d'éruption, de déflagration de masses gazeuses, qui déchirent successivement les deux atmosphères et y déterminent une ouverture d'une plus ou moins grande étendue, laissant voir le noyau central. L'écartement violent des portions de la photosphère produit par l'éruption donne lieu à une condensation de la matière lumineuse tout autour de la tache, et ainsi s'explique la présence des facules sur ce contour.

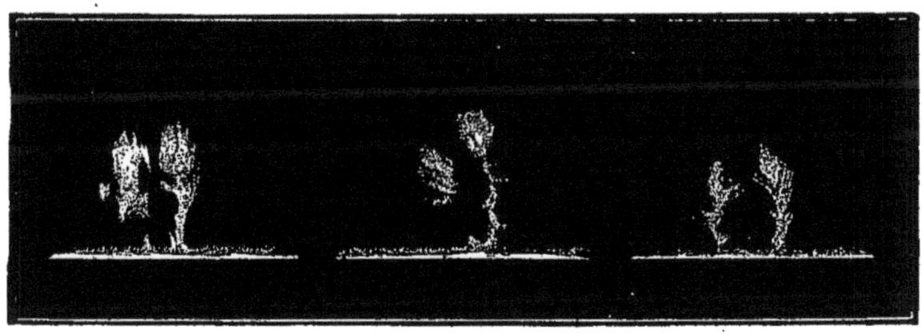

PROTUBÉRANCES HYDROGÉNÉES DU SOLEIL.

En se basant sur cette théorie, qui d'ailleurs rendait compte de la plupart des détails des phénomènes, on est allé jusqu'à prétendre que le Soleil peut être habité, que le noyau obscur est à une température relativement basse, se trouvant préservé du rayonnement de la photosphère par l'épaisse atmosphère vaporeuse interposée. Mais aujourd'hui personne ne croit plus à cette habitabilité. Personne ne pense qu'il soit possible qu'une mince enveloppe gazeuse incandescente fournisse des radiations aussi abondantes, répande dans le monde entier une chaleur aussi intense, tandis que le globe qu'elle enveloppe de toutes parts serait seul à ne recevoir qu'une fraction insignifiante de ce rayonnement.

Voici du reste d'autres phénomènes, inconnus du temps de Wilson, et qui ne permettent pas d'adopter cette composition compliquée du globe solaire. Sans entrer dans l'histoire de la découverte de ces phénomènes — cela nous mènerait trop loin et d'ailleurs sortirait du cadre de l'ouvrage — voici, en quelques lignes, en quoi ils consistent.

Tout autour de la photosphère dont la surface forme la limite de la partie la plus lumineuse du globe solaire, la seule visible dans les télescopes ordinaires, il existe une couche de matière incandescente dont l'épaisseur moyenne est de 8 à 9000 kilomètres, la 150e ou 160e partie du diamètre solaire. On l'a nommée la *chromosphère*, soit parce qu'elle offre une teinte colorée, rougeâtre, soit parce que les lignes brillantes du spectre de sa lumière sont elles-mêmes des raies colorées.

On a pu reconnaître — par des procédés spéciaux d'analyse — la nature de cette couche ou enveloppe : c'est du gaz hydrogène à l'état d'incandescence. La lumière relativement très faible de cette couche, si on la compare à la lumière photosphérique, était cause qu'elle restait invisible, sauf dans les circonstances assez rares des éclipses totales de Soleil. Aujourd'hui, grâce au spectroscope, il est possible de l'observer tous les jours. Son niveau extérieur n'est pas uniforme; il est, au contraire, fort inégal et tourmenté, et sillonné de filaments en forme de langues de feu. En outre, de temps à autre, sur tout le pourtour de la chromosphère, on voit s'élever des jets de matière enflammée, sous les formes les plus variées, comme si en ces points la chromosphère se soulevait au-dessus de son niveau à des hauteurs souvent considérables. C'est à ces jets qu'on donne le nom de *protubérances*.

Les unes, quels que soient d'ailleurs leurs contours. sont adhérentes au Soleil, à la chromosphère, sur laquelle elles reposent, comme une montagne, des arbres, des rochers reposent sur le sol qui leur sert de support. D'autres protubérances, au contraire, sont séparées de la chromosphère; elles sont suspendues comme des nuages dans l'atmosphère, où elles paraissent flotter en vertu de leur légèreté spécifique, si toutefois ce n'est pas seulement une vitesse acquise dans un mouvement ascensionnel qui les maintient ainsi dans l'espace circumsolaire.

Mais, parmi les protubérances qui reposent par leur base sur la couche chromosphérique, il y a des formes extrêmement variées. Les unes semblent n'être que des soulèvements de la masse générale, comme si la mer incandescente, agitée par les vents, était devenue houleuse. Les autres sont comme des exagérations des flammes formant le niveau chromosphérique ; elles s'élèvent au-dessus de ce niveau sous forme de langues coniques, tantôt droites, tantôt ondulées comme les flammes de nos foyers. D'autres encore ont l'aspect d'une agglomération de flammes semblables qui, réunies par la base, montent ensemble et s'amincissent par le sommet : le tout a l'aspect d'une montagne conique.

Mais si, au lieu de converger vers le haut, ces flammes divergent à partir de la base, tantôt on les verra former par leur réunion des

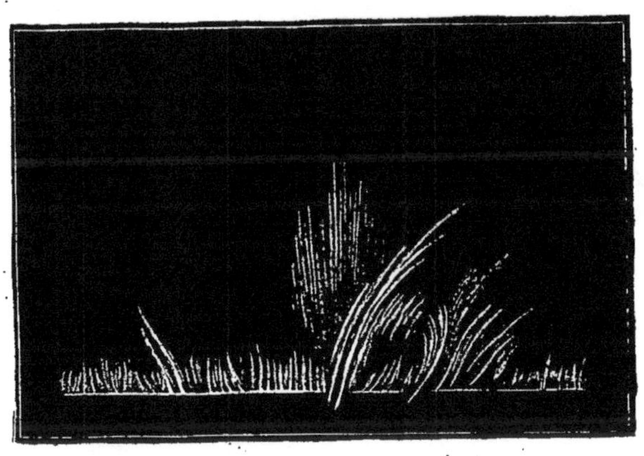

FORMES DIVERSES DE PROTUBÉRANCES.

gerbes, retombant à droite et à gauche comme les jaillissements d'un jet d'eau, tantôt les rayons qui divergent ainsi sont rectilignes et de forme aiguë, pareils à de longues aiguilles ou à des épées. D'autres fois les protubérances ressemblent à de hautes colonnes verticales, surmontées de panaches ou de masses arrondies comme le feuillage d'un arbre, ou coudées à angle droit, comme si un vent violent chassait la fumée du sommet d'une cheminée d'usine.

Souvent enfin des masses diffuses, des flammes diversement inclinées se pénètrent, s'enchevêtrent les unes dans les autres, et forment un ensemble bizarre, où l'on croit voir les arches d'un pont, les arceaux entrelacés d'une nef, les voûtes inextricables d'une forêt.

Quant aux nuages, ou protubérances séparées de la couche chromosphérique, il affectent aussi toutes sortes de formes curieuses, difficiles à définir, ainsi qu'on en peut voir divers exemples dans les dessins que nous reproduisons fidèlement d'après les observateurs. Quelquefois ces nuages sont arrondis comme nos cumulus, ou déchiquetés comme nos cirrus, ou n'offrent d'autre aspect que celui des flammes décrites plus haut, qui auraient été entraînées, par un mouvement ascensionnel, au-dessus de la couche incandescente où elles auraient pris naissance. Enfin, on aperçoit souvent des filets lumineux déliés, isolés dans la région des protubérances, les uns inclinés, les autres verticaux, donnant les uns ou les autres l'idée d'une pluie de feu au sein de l'atmosphère solaire.

Les dimensions des protubérances sont, en réalité, considérables.

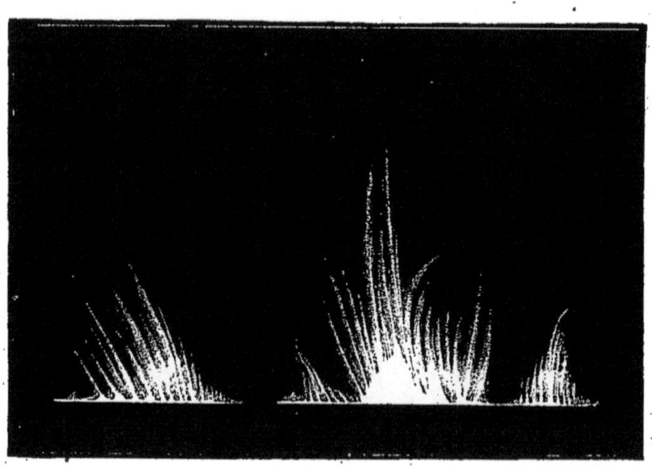

PROTUBÉRANCES SOLAIRES.

Nous avons déjà vu que l'épaisseur de la chromosphère ou de la couche rose continue varie entre 8000 et 9000 kilomètres environ. Dès la fin de 1868, Lockyer mesurait des protubérances dont les dimensions variaient entre 35 000 et 200 000 milles (56 350 et 322 000 kilomètres), ou un peu plus de 1′ à 7′ de hauteur verticale. Quant à l'étendue superficielle sur laquelle peut s'étendre une même protubérance, ou un groupe de ces accidents solaires, elle est en proportion avec la hauteur.

Si les taches solaires sont sujettes à des variations plus ou moins rapides, que dire des transformations des protubérances? Quelques heures suffisent souvent pour qu'elles subissent les changements de forme et de dimensions les plus étonnants. Qu'on songe à l'échelle gigantesque sous laquelle ont lieu ces phénomènes; notre pauvre petit globe terrestre, plongé dans la chromosphère, y serait englouti tout entier, et dans l'océan de feu qui l'envelopperait, on verrait se soulever des vagues étincelantes, des flammes s'élevant parfois à la prodigieuse hauteur de 80 000 lieues!

Lockyer a vu une protubérance de 64 000 kilomètres se réduire en fragments dans le faible intervalle de dix minutes. Un astronome hongrois, M. Jules Fényi, a observé le 1er juillet 1887 une protubérance d'un éclat splendide qui, en 28 minutes, a passé par les phases suivantes : à 10 heures 22 minutes, elle avait la forme d'une sorte d'arche de pont ogivale, dont le sommet s'élevait à 60″, soit environ 43 000 kilomètres. En 11 minutes, les deux portions à droite et à gauche de l'arche s'étaient dressées verticalement et la première s'élevait à la hauteur de 163″, c'est-à-dire à 117 000 kilomètres. Dans le court intervalle de 11 minutes, le jet d'hydrogène enflammé avait donc parcouru dans ce sens une distance d'au moins 74 000 kilomètres, avec une vitesse de 122 kilomètres par seconde de temps. Après un nouvel intervalle de 12 minutes, c'est-à-dire à 10 heures 45 minutes, la hauteur de la protubérance était réduite et la partie de droite ne mesurait plus que 48″, ou 34 500 kilomètres. Enfin, 5 minutes plus tard, on ne voyait plus qu'un très petit cône au-dessus de la chromosphère, puis qu'un tout petit point lumineux. Vingt-huit minutes avaient suffi pour l'apparition, le développement et la disparition du phénomène.

Un astronome américain, Young, fut témoin, en septembre 1870, d'un mouvement extraordinaire du même genre : un fragment détaché d'une protubérance s'éleva obliquement, en moins d'un quart d'heure, à 155 000 kilomètres; c'était une vitesse de 200 kilomètres par seconde. Citons encore un exemple de ce genre de phénomène observé par le même savant; ce fut, selon ses propres expressions, une manifestation de l'activité, de l'énergie solaire si remarquable par sa soudaineté et sa violence, qu'il mérite d'être décrit dans les termes et avec les détails donnés par le témoin lui-même :

« Le 7 septembre, à midi précis, celui qui écrit (Young, *Boston Journal of Chemistry*) avait étudié au télespectroscope une énorme protubérance, ou nuage d'hydrogène, sur le bord oriental du Soleil. Elle était restée depuis le midi précédent sans changement appréciable, longue, basse, calme, ni très dense ni très brillante, n'ayant rien de remarquable, si ce n'est son diamètre. Elle était composée en grande partie de filaments à peu près horizontaux et flottant au-dessus de la chromosphère; sa surface inférieure avait une hauteur de 15 000 milles, mais elle était reliée, comme c'est le cas ordinaire, à la surface chromosphérique par trois ou quatre colonnes verticales, plus brillantes et plus vives que les autres parties. Lockyer compare de telles masses aux figuiers du Bengale. En longueur, elle mesurait

EXPLOSION DANS LA CHROMOSPHÈRE DU SOLEIL.

3′ 45″, et en élévation 2′ à sa surface supérieure, c'est-à-dire 100 000 milles de long sur 54 000 milles de hauteur (161 000 kilomètres sur 87 000 kilomètres).

« A midi 30 minutes, heure où je fus appelé au dehors pour quelques minutes, rien ne faisait présager ce qui allait arriver, si ce n'est que le pilier soutenant l'extrémité méridionale était devenu extrêmement brillant et singulièrement courbé d'un côté, et que près de la base du pilier nord s'était développé spontanément un petit amas brillant ayant la forme d'une nuée orageuse.

« Quelle ne fut point ma surprise quand, revenu moins d'une

demi-heure après, je vis que dans ce temps l'objet tout entier avait été littéralement réduit en morceaux par quelque incroyable explosion de bas en haut! A la place du nuage en repos que je venais de quitter, l'*air* (si je puis employer cette expression) était parsemé de *débris* flottants, de filaments en forme de fuseaux verticaux (de 10″ à 30″ de longueur sur 2″ ou 3″ de largeur), plus brillants et plus serrés là où se trouvaient les piliers, et s'élevant rapidement.

« Quand je les aperçus en premier lieu, quelques-uns de ces filaments avaient atteint déjà une hauteur d'à peu près 4′ (172 000 kilomètres); je pus ensuite suivre des yeux leur mouvement ascensionnel, qui, en dix minutes, les porta à 200 000 milles au-dessus de la surface solaire. Ces nombres furent obtenus par une mesure soigneuse; la

FIN DE L'EXPLOSION D'UNE PROTUBÉRANCE.

moyenne de trois déterminations concordantes donne 7′49″ pour l'extrême altitude atteinte. J'insiste particulièrement sur cette mesure, parce que, à ma connaissance, la matière chromosphérique (l'hydrogène rouge en ce cas) n'avait point été observée jusqu'ici à une hauteur dépassant 5 minutes. La vitesse d'ascension de 166 milles (260 kilomètres) par seconde est la plus considérable de toutes celles constatées jusqu'ici. La figure ci-dessus (page 317) donne une idée générale du phénomène au moment où il atteignit son élévation maximum.

« A mesure que les filaments s'élevaient, ils s'effacèrent graduellement comme une nuée qui se dissout; à 1 heure 15 minutes, quelques parcelles nébuleuses, et plus bas, près de la chromosphère, quelques bandes plus brillantes restaient seules à la place du phénomène.

Mais, dans cet intervalle, le petit nuage orageux avait grandi, s'était développé d'une façon surprenante en un amas de flamme roulant et changeant incessamment de forme, pour parler selon les apparences. D'abord ces flammes étaient comme refoulées en bas, le long de la surface solaire; puis elles s'élevèrent comme une pyramide de 50 000 milles de hauteur, dont le sommet s'étira en longs filaments fort curieusement enroulés en arrière et de haut en bas, comme les volutes d'un chapiteau ionien; à la fin elles s'affaiblirent, et à 2 heures 30 minutes elles s'évanouirent comme tout le reste. La figure montre ces flammes dans leur plein développement, à 1 heure 40 minutes, puis à 1 heure 55 minutes. »

Je me borne à cette sommaire description de la chromosphère, des agitations auxquelles est en proie cet océan d'hydrogène enflammé, des explosions qui projettent la matière dont il est formé hors de ses limites habituelles. Si j'ajoute que ces explosions paraissent avoir avec les taches elles-mêmes une étroite connexion, et qu'ainsi les orages de l'enveloppe hydrogénée traduisent sans doute les perturbations de la photosphère, on sera porté à croire que la couche chromosphérique, relativement mince, n'est que le produit des exhalaisons gazeuses qui s'échappent continuellement de la fournaise solaire.

Maintenant, qu'est le globe du Soleil lui-même? Tout fait supposer que sa masse entière est à l'état gazeux, qu'une énorme pression maintient, malgré sa température excessive, à une densité relativement élevée. Du sein de la masse interne, des courants ascendants amènent incessamment à la surface des particules solides qui expliquent la vive incandescence de la surface. Ce sont elles qui par leur réunion forment ces nuages dont l'accumulation donne à la surface de la photosphère cet aspect granulé qu'on voit aussi sur les bords des taches et à l'intérieur des pénombres. Quand les mouvements intestins de la masse intérieure ont lieu avec une certaine violence, ils se traduisent à la surface par des trouées dans l'enveloppe nuageuse ou dans la photosphère; alors ces trouées laissent apercevoir l'intérieur du globe, relativement obscur, et la condensation des nuages incandescents déplacés donne lieu au phénomène des facules. D'après M. Faye, le plus grand nombre des taches ne seraient autre chose que des tourbillons, qu'il compare aux cyclones de notre globe, et dont la formation serait due à des causes analogues.

A ces données sur la constitution physique de notre étoile la science en a, depuis bientôt trente ans, ajouté d'autres, non moins curieuses, sur sa constitution chimique. C'est par l'étude de sa lumière, analysée dans ce merveilleux instrument qu'on nomme le spectroscope, qu'on est arrivé à reconnaître à distance quels sont les corps simples qui entrent dans la substance du Soleil.

On vient de voir déjà que l'hydrogène est un de ces corps, puisqu'il recouvre le Soleil tout entier sous une épaisseur d'une dizaine de milliers de kilomètres. Mais il y a nombre d'autres corps, et principalement de métaux, dont l'existence est démontrée. Je citerai notamment le fer, le manganèse, le nickel, le cobalt, le zinc, puis le sodium, le calcium, le magnésium, etc. Tous ces corps, réduits en vapeur, forment au-dessus de la photosphère une couche absorbante, la partie la plus basse de la chromosphère. Il ne paraît point que d'autres métalloïdes que l'hydrogène et l'oxygène existent dans le Soleil; on n'a pu y reconnaître ni l'azote, ni le carbone, ni le soufre, le chlore, le brome, l'iode. De même, il ne s'y trouve ni or, ni argent, ni mercure. Dans certaines protubérances, qu'on nomme pour cette raison métalliques, outre le gaz hydrogène qui les compose, on a trouvé des traces de plusieurs métaux, ce qui s'explique si ces protubérances sont le produit d'éruptions parties des profondeurs de la photosphère ou des taches.

Il y aurait bien d'autres choses à dire du Soleil et des phénomènes dont il est le siège; mais j'ai déjà dépassé de beaucoup les limites de ce que je m'étais proposé de rapporter ici. Ce qui précède suffira, je pense, pour faire comprendre l'importance du rôle que l'astre radieux joue dans notre monde et surtout de son influence sur notre Terre, particulièrement sur la vie de tous les êtres qui s'agitent à sa surface. Que le Soleil ne soit pas habitable, c'est ce qui me paraît ressortir de l'état physique où nous venons de voir que se trouvent sa surface et sa masse même. Mais qu'importe? s'il ne renferme point d'êtres organisés, s'il ne contient pas la vie en lui-même, il fait bien plus : il est pour des centaines d'astres, tels que la Terre, la condition de toute organisation et la source de tout mouvement et de toute vie!

FIN

www.ingramcontent.com/pod-product-compliance
Ingram Content Group UK Ltd.
Pitfield, Milton Keynes, MK11 3LW, UK
UKHW021850190726
13855UKWH00001B/238

9 782013 562034